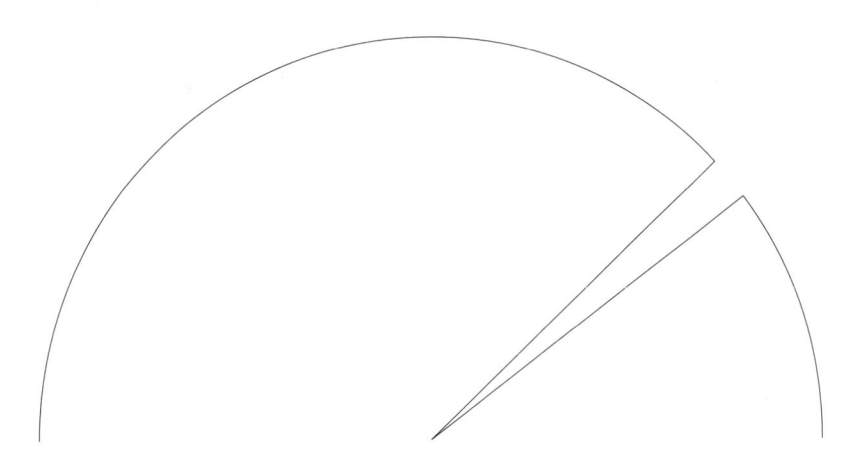

WHY OUR INTUITIVE THEORIES ABOUT THE WORLD ARE SO OFTEN WRONG

# SCIENCEBLIND
# 迷人的误解

从引力、宇宙到生命、进化，
万物运转背后的神奇盲区

[美] 安德鲁·斯托曼
Andrew Shtulman 著

夏高娃 译

北京联合出版公司
Beijing United Publishing Co.,Ltd.

献给凯蒂、泰迪与露西

# CONTENTS

目录

**1. 为什么我们会对世界产生误解？**     **1**

      ——牛奶如何成为致命的毒药？

## 第一部分：物理世界的直觉理论

### 2. 物质     22

      ——世界是由什么组成的？

      这些组成部分如何相互作用？

### 3. 能量     46

      ——什么为事物带来温度？

      什么为事物带来声音？

### 4. 引力     67

      ——什么让事物拥有重量？

      什么让事物下落？

### 5. 运动     86

      ——什么让物体移动？

      物体沿着什么样的轨迹移动？

### 6. 宇宙     107

      ——我们的世界是什么形状？

      它在宇宙中处于什么位置？

### 7. 地球     128

      ——为什么板块会漂移？

      为什么气候会变化？

## 第二部分：生物学世界的直觉理论

**8. 生命**         **152**
——我们因何而生？
我们因何而死？

**9. 生长**         **174**
——我们为什么会长大？
我们为什么会变老？

**10. 遗传**         **197**
——我们为什么长得像父母？
我们从哪里继承了自己的特质？

**11. 疾病**         **219**
——是什么让我们生病？
疾病是如何传播的？

**12. 适应**         **241**
——为什么有那么多种生命形式？
它们如何随着时间的推移而变化？

**13. 祖先**         **262**
——物种是从哪里来的？
不同物种之间具有什么样的联系？

**14. 结论**         **285**
——如何正确地理解世界？
为什么挪亚的乌鸦会"踩进"恐龙的脚印？

# 1. 为什么我们会对世界产生误解？

——牛奶如何成为致命的毒药？

如今，绝大多数人都不会认为牛奶有害健康。在我们看来，它是一种无毒无害的营养食品，最适合泡麦片或者配饼干享用。可它并不是一直如此无害的。仅仅在一个世纪以前，牛奶还是工业化世界最主要的食源性疾病致病源之一。饮用牛奶本身并不危险，毕竟人类已经这么做了好几千年了。可是，如果从牛奶被挤出来到被人饮用间隔的时间太长，那么喝牛奶就变成一件危险的事了。一般来说，人们饮用牛奶之前不会加热，但是加热能够有效地去除食物中固有的细菌，而富含糖和脂肪的牛奶为细菌的滋生提供了极好的媒介。在新挤出的牛奶中，原本可以忽略不计的微量细菌每个小时都会翻倍增长——第一次工业革命发生的19世纪下半叶之前，饮用牛奶的人们对这个生物学现象一无所知。

工业革命改变了人们工作和生活的环境。在欧洲和美国，大量人口离开了乡村前往城市，他们的工作地点也从农场变成了工厂。这些移居城市的人不再居住在奶源附近，奶农递送牛奶的距离越来越远，这就意味着人们饮用到的牛奶距离被挤出来的时间越来越长。

# 2

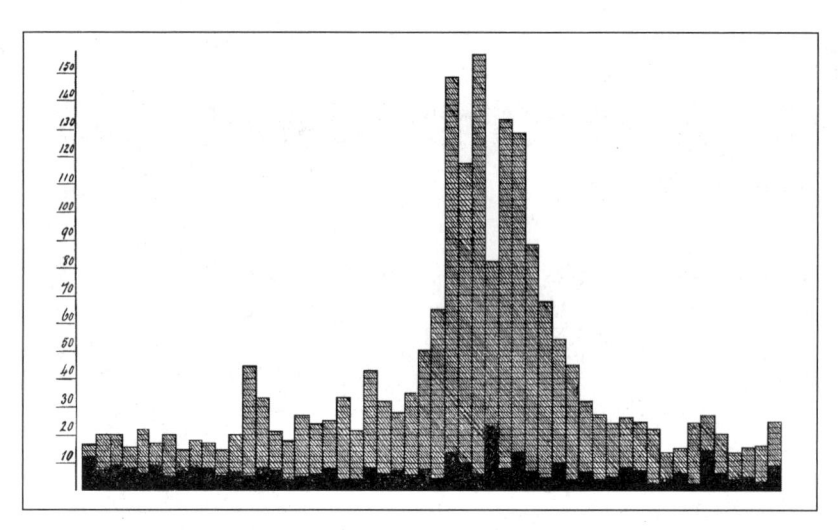

这张图表呈现了1903年全年巴黎1岁以下婴儿在出生后第一至第五十二周中因胃肠系统疾病而死亡的数字。母乳喂养的婴儿（在图中以深色表示）死亡的概率明显低于使用奶瓶喂牛奶的婴儿（在图中以浅色表示）。

在这一系列现象——人们习惯饮用未经加热的牛奶，牛奶是理想的细菌培养基，人们饮用到的牛奶往往是挤出来好几天之后的——的共同作用下，欧洲和美国暴发了数次诸如结核、牛痘、猩红热之类的大规模食源性传染病。因此，在19世纪医学专家的描述中，牛奶"就像毒死苏格拉底的毒芹一样致命"。

19世纪60年代，如何安全地饮用挤出后若干小时（乃至于数天）的牛奶这个问题终于以一种相对简单的方式得到了解决：在足以消除细菌又不至于改变口感与营养成分的时长内，以一定温度对牛奶进行加热。这种由路易斯·巴斯德发明的食物处理方法，就是如今我们熟知的巴氏灭菌法。巴氏灭菌法很快就带来了广阔而深远的影响。在此之前，19世纪因牛奶而感染疾病风险最高的人群是婴儿，用牛奶喂养的婴儿夭折的概率为母乳喂养婴儿的数倍。自从巴氏灭菌法广泛运用，城市中心区的婴儿死亡率很快就降低了20%左右。

在当今世界，经过巴氏灭菌法消毒的牛奶是最安全的食物之一。饮用这种牛奶而感染食源性疾病的概率只有不到1%。但奇怪的是，反而有越来越多的人更倾向于选择未经巴氏消毒的牛奶。2007至2009年间，仅在美国本土就出现了30起曲状杆菌、沙门氏菌或大肠杆菌引起的疾病暴发事件——每一起都与饮用未经巴氏消毒的牛奶有关。2010至2012年间，这个数字更是上升到了51起。人们似乎越来越愿意购买未经消毒的生牛奶，这背后有各种不同的思路和理由，比如"未经消毒的牛奶味道更好"、"生牛奶比消过毒的牛奶更有营养"（虽然很明显并不是这样）、"人类本来就是喝生牛奶的"、"消费者有权利选择要不要买消过毒的牛奶"等。但是那些拒绝巴氏消毒牛奶、选择更为"自然"的选项的人不知道的是，在巴氏灭菌法出现之前，成千上万的人饱受牛奶导致的器官衰竭、流产、失明、瘫痪等病症的折磨，因此而丧生者更是不在少数。

当人们拒绝巴氏灭菌法的时候，他们真的明白自己抵制的是什么吗？答案很可能是否定的。巴氏灭菌法无疑是违背直觉的，那是因为病原菌的存在本身也是违背直觉的。这里提到的"病原菌"是肉眼不可见的微生物，它们以无法察觉的方式在不同的宿主之间转移，而在与它们接触的短短几个小时或几天之内，我们就会感染上疾病。与此同时，"病原菌会让食物变成致病因素，但我们可以通过加热来消灭它"这个观点也是反直觉的。高温消毒来去除病原菌的方法早已广泛运用于食品工业，除了牛奶，还有很多种食品在送上货架前经过巴氏灭菌法（或其他高温消毒手段）处理，比如啤酒、红酒、果汁、水果罐头和蔬菜等。但是，未消毒牛奶的拥趸往往不会同时支持不消毒的

# 4

啤酒或者桃子罐头。这其中的原因可能有两种，要么是他们相信只有对于牛奶——而不是其他食物——来说，放弃巴氏灭菌法的风险是可以接受的；要么是他们既不理解巴氏灭菌法是什么，又不明白它为什么是防止感染食源性疾病的必要手段。

巴氏灭菌法背后的科学理论既合理又可靠，但是依然有许多人拒绝接受。实际上，他们拒绝的不仅仅是巴氏灭菌法及其原理，还有科学本身——是把从免疫学到地理学再到遗传学的一系列科学理论都拒之门外。近期的一次问卷调查显示，只有65%的美国成年人相信人类的出现经过漫长的进化，而在美国科学促进会（AAAS）——世界上最大的科学社团——的成员中，得到的测试结果是98%。同时，只有50%的美国成年人相信气候变化主要与人类活动有关，相信这一点的AAAS成员则有89%。只有37%的美国成年人认为转基因食品是安全的，而在AAAS成员中，这个比例有88%。

对科学的否定并不是现代社会独有的现象，诸如日心说、板块漂移以及病原菌致病等理论刚刚被提出的时候，也是被绝大多数人排斥的。然而，在当下这个时代——这个充斥着海量科学信息与科学教育的时代——对科学的否定就需要一些解释了。许多学者与媒体评论员认为原因在于宗教思想或政治意识形态。另一种观点则把这种现象归因于人们接收的错误信息——譬如疫苗导致自闭、转基因食品可能致癌这样的谣言。实际上，在抗拒科学这一现象中，以上这些因素都发挥着各自的作用：保守派往往比自由派更难接受科学，有宗教信仰者也往往比无宗教信仰的世俗人士更难接受科学，而谣言与错误信息又成了滋生对科学的敌意与怀疑的土壤。但它们不是导致这种现象的唯一原因。心理学家就发现了以上三种因素之外的又一种原因：直觉理论。

# 5

所谓的直觉理论，指的是我们"无师自通"地对世界做出的解释，是我们对一系列问题做出的猜想：我们为何要观察身边的种种事件？我们又是如何通过与之互动来改变这些事件的？直觉理论可以涵盖所有现象——不论是地理现象、地球引力、疾病成因还是生物适应——并且从婴儿时代开始就伴随我们的一生。然而一个严重的问题是，这些直觉理论往往是错的。就拿我们对疾病的直觉理论举个例子吧，这些理论的基础主要是行为（比如我们为了保持健康应该做什么、不应该做什么），而不是微生物知识。这一点让"加热牛奶就能让它变得更安全"，或者"往体内注射死掉的病毒就能让我们免疫疾病"之类的行为看起来就没有什么说服力了。地理学方面的直觉理论则让我们把地球视作一个静态的物件，而不是动态的系统，因此人类的行为可能对地球产生影响这种观点——比如水力压裂法可能导致地震，二氧化碳排放致使全球变暖——就显得难以让人信服了。

直觉理论是一把双刃剑。一方面来说，在面对亟待寻求解释的事物时，做出解释的直觉理论可以拓宽我们的视野，改善我们与这些事物互动的方式，因为拥有直觉理论总比一无所知要强得多。但是在另一方面，它也会让我们的思路面对与直觉理论相悖的观点或观察时更加封闭，从而难以认识事物的真实面貌。直觉理论不仅可能导致对现实的误解，而且可能导致对真相的忽视——我们会刻意无视那些与直觉理论不符的现象和结论。我撰写本书的目的正是向阅读本书的读者介绍直觉理论，帮助各位更好地认识它，了解它会在何时以何种方式对我们产生误导。

在这本书中，我主要希望向各位读者传达以下两个理念。其一，

# 6

我们的确对世界产生了错误的认识——我们根据一些知识领域的直觉理论把世界划分为许多实体与进程，然而这些实体与进程实际上并不存在。其二，为了正确地认识世界，我们需要的不仅是改变观念，还要改变塑造这些观念的认识。换句话说，想要正确地认识世界的话，我们不能只是简简单单地"改善"我们的直觉理论，而是要将它们从根本上解体重构。伽利略曾经宣称："一切真相在被发现之后都是容易理解的，困难的只是如何发现它们。"可惜他的这番话并不完全正确。很多真相理解起来一点儿也不容易，因为它们直接否定了我们对世界最早产生的最容易被联想到的认识。本书讲述的正是关于这些真相的故事：为什么我们一开始总会与它们失之交臂，我们又应该如何掌握它们。

从第一印象来说，我们能够构建直觉理论这一点颇具冲击性，因为它看起来好像是对我们认识世界的方式的一种过度智能化的解读。为什么并非物理学家的人要构建关于物质或者运动的理论呢？为什么并非生物学家的人要为遗传或者进化寻求解释？这是因为，物理与生物都是人类的生命中无法回避的组成部分，我们每一天的生活都处在诸多物理与生物学现象的包围之中。

我们在意的并不是抽象层面的运动，而是如何捡起盒子、倒出麦片、打篮球和骑自行车。我们当然不用关心抽象层面的物质，但是我们会关心如何融冰、烧水、除锈和点火。我们对遗传学的兴趣大概不会多于想知道自己会不会秃头或者罹患癌症；而关于进化论，我们想了解的可能也无外乎狗是从哪里来的或者为什么细菌会产生抗药性这样的问题。虽然大多数人都未必能够使用物质理论对生锈或燃烧等现象做出清晰的表达，也很难用详尽的原理来阐述家犬的驯化或抗药性的产生，但我们可以对这些现象做出一些连贯而系统的解释。

心理学家把这种解释称作"直觉"理论，因为它是我们在学习相关科学知识之前为了理解身边的现象而做出的最初的尝试。而这种解释之所以称为"理论"，是因为它代表了一种特殊的知识，那就是常识。常识是一种对因果关系的理解，它让我们得以根据观察的结果得出推论，这些推论可以是对之前发生过的事情的解释，也可能是对未来即将发生的事情的预测。

我们的直觉理论体现出的常识大多来自经验，但其中至少有一部分是与生俱来的。而判定具体的某种知识来自学习还是天生则是一个经验主义的问题，因为心理学家也只能通过对不同年龄段、拥有不同经验的人群进行研究，来寻找这个问题的答案。比如，对婴儿的研究表明，我们对运动和物质的许多预期实际上是天生的。然而，对来自不同文化背景的成年人的研究发现，我们对疾病和宇宙的观念则来自从身边的人群那里得到的见闻。但整体来说，我们的绝大多数直觉理论都是由先天因素和生活经验共同塑造的。婴儿降生时可能已经有了对物质实体的概念，但是这些概念还会在未来通过他们与这些实体的互动而加深。不同文化中关于疾病的理论各不相同，但所有理论都建立在关于疾病的具体表现（比如咳嗽、充血、发热）的共同经验上。

不同的直觉理论之间的差异不仅在于来源，也在于它们对因果关系的推断。大多数直觉理论对因果机制的推论都是具有自然倾向的，但也有一部分理论指向具有超自然倾向的因果推论。具有自然倾向的因果推论原则上是可观测且可控的，它们通常会被冠以某种科学的名号——比如温度、惰性、基因或者物竞天择——但它们实际上并不代表真正的科学理念。科学家口中的"热"这一概念（分子层级的能量

# 8

转移）与非科学家语境中的同一个概念（在物体内外流动并且可以被捕获和控制的无形实体）很明显相去甚远。另一方面，具有超自然倾向的因果推论则是无法被凡人观察与掌控的。这类因果机制——比如业力、魔法、灵魂和上帝——不可能在科学领域找到对应的概念，但它们依然为自然现象提供了系统化的解释（比如先祖的灵魂发怒）以及应对方式（比如奉献祭品）。超自然倾向的因果推论并不比自然倾向的缺乏实质性，比如"业力"这个概念不会比用"天冷""空气不好"来解释疾病的成因缺少实质性，神创论在实质性方面和用"突变"或者"自然发生"来解释物种起源也不会有很大的差别。

鉴于我们生活在一个全面科技化的世界里，你可能会认为直觉理论会逐渐消亡：我们在过去渴望科学信息的年代创造了这些理论，一旦科学知识越来越普及、获取知识越来越容易，我们就不会再制造直觉理论了。这一点你大可放心，直觉理论不会消亡，它是人类认知的固定组成部分。因为直觉理论是孩童的杰作，而小孩子是不会被科学知识在普及性和有效性方面的变化影响的。这并不是由于儿童注意力的持续时间比成人要短，或者儿童比成人更不关注自然世界，而是因为儿童缺少"解码"成人教导他们的科学知识的必要概念。

以"热"这个概念为例，儿童能够感受物体的温度，也能发现温度在不同物体之间传递，但他们不会知道那就是"热能"，因为人类没有感知分子集群运动的器官。为了理解"热"的科学概念，儿童必须先了解物质的分子理论。我们当然会教孩子们了解物质的分子理论，不过那要等到他们升入中学之后。可是，在那之前，他们已经建立了对于"热"这个概念的直觉理论——一种把热视作实体而非过程的理论（这一点将在第三章展开讨论）。我们也许可以在儿童教育的早期向他们介绍分子理论，从而提前干预这种现象，然而分子理论本身就是违背直觉的。所以，你要怎样向学龄前儿童解释什么是分子、什么是电子、什么是化学键呢？你又如何用"实体""包含"和"流"这样的概念来替换"冷""热""温""凉"等孩子们早已理解并掌握的对温度的描述呢？

显而易见的是，我们中的许多人都学习过热的科学概念，但是这项任务本身并不简单。它需要我们对热现象建立全新的思维模式——与我们能够自主建立的思维模式完全不同，心理学家将这种学习过程称为"概念转变"。这种学习过程也与普通的学习——比如了解动物的习性或者外国历史——有着很大的差别，后者在心理学中的称呼是"知识扩充"。把"概念转变"与"知识扩充"区分开的，是我们是否在开始学习之前就已经掌握了能够解读新知识的概念。

"知识扩充"是利用旧观念来获取新理念的过程，比如我们可以通过"鲸鱼""呼吸"和"空气"这三个概念来获得"鲸鱼呼吸空气"这一理念。在"概念转变"的过程中，我们获取的则是全新的概念，或者是全新类型的概念。比如我此时告诉你，亚马孙雨林中有一种吃人的老鼠，那么我就需要向你介绍一个全新的概念——"亚马孙食人鼠"。可是，这个概念不过是你已经了解的概念的子类别而已："老鼠"是"动物"这个概念的子类，而"动物"又是"生物"这个概念的子类。我们在学习已知概念下的新实例时不会遇到太多问题，因为这只不过是知识扩充的另一种形式，真正困难的是学习全新类型的概念。

我们不妨以乐高积木为例来解释这个现象。一套最基本的乐高积木是由规则的长方体插块组成的，只要插块的数量足够，你就可以用它们拼出能想到的任何东西，不论是实物大小的长颈鹿雕像还是柯

# 10

南·奥布莱恩[1]的等身像，都不在话下（确实有人用乐高拼过这种雕像）。不过，有几种东西是无法用基本组件拼出来的：轮子可以转动的汽车、螺旋桨可以旋转的飞机或者可以提起物体的起重机。想要用乐高拼出这样的结构，你就需要在普通的长方体插块的基础上补充全新的特别组件：车轮、转轴、齿轮和曲轴。如果没有这些组件，你用乐高拼出来的载具就肯定是不完整或者无法运行的。我们可以重现汽车的外形，但是对于真正的汽车来说，车轮与轴承是不可或缺的。

就像用乐高积木拼出能动的小汽车时遭遇的问题一样，对世界建立科学的认知需要一些对初学者，也就是孩子们来说难以获取的组件，这些组件就是"电""密度""速率""星球""器官""病毒"以及"共同祖先"之类的概念。概念就像是组建思维的积木插块，它们具有独特的结构与功能。没有"共同祖先"这个概念，接纳"人类和蒲公英拥有同一个祖先"这个说法就是完全不可能的；没有"密度"这个概念，理解"水的密度比冰大"也是不可能的。这些概念既不属于我们与生俱来的知识，也无法从每日积攒的经验中习得，它们只能通过概念转变来获取。

概念转变是一项来之不易的成就。它不论是开始还是结束都非常艰难，我会在之后的章节中尝试着用概念转变的具体例证来阐明这一点。目前我想要明确的一点是，直觉理论和概念转变在本质上是具有联系的。我们针对自然现象构建直觉理论，是因为构建科学理论需要概念转变。但是，要实现概念转变，我们又需要全面重建在缺乏科学理论的前提下建立的直觉理论。我们对世界产生误解的原因（直觉

---

[1] 美国脱口秀主持人、喜剧演员。

就像图中这个实物大小的三轮车模型一样，使用最基本的乐高积木块可以模仿车辆的外形，但想要搭建可以移动的车辆还是需要特殊的组件。

理论），也正是如何正确认识世界的答案（概念转变）。这是一个循环往复的过程，但绝对不是毫无希望的死循环，因为我们毕竟还是能够正确地认识这个世界的。

直觉理论是错误观念的主要来源，但它绝对不是唯一的来源。绝大多数错误观念只不过是简单的事实错误，就像拼写错误一样。比如，我们很多人都相信人类的大脑只利用了10%，以及我们舌头上的味蕾被划分成四个界限分明的区域，这两种观念都是错误的。但是，我们拥有这样的错误观念，并不代表着我们对大脑或舌头有什么深刻的误解，它们只不过是错误信息的副产品。

如果我们想要认识（并了解）直觉理论，辨认由深层次的错误观念带来的事实错误就具有关键性的意义。经过诸多研究，心理学家定义了三个可以将直觉理论与造成错误观念的其他来源分辨开来的特征。第一，直觉理论具有连贯性，它代表的是一系列在逻辑上彼此相

# 12

连的理念与预期。第二，直觉理论具有普遍性，不同年龄、来自不同文化背景或历史时期的人可以共享同样的直觉理论。第三，直觉理论具有稳定性，它在面临反证时不易发生变化。

为了更好地理解这三个特征，让我们一起来进行两个挑战你对物理运动的直觉的思维练习。其一，请想象自己手持猎枪站在一片开阔地上，你向着远处的地平线开枪射出一颗子弹，枪管与地面平行。在你扣动扳机的同时，另外一颗子弹开始从和枪管等高的位置垂直下落。那么，这两颗子弹中哪一颗会更早落地呢？其二，请想象自己站在一艘全速航行的海船的瞭望塔上，身边放着一枚炮弹。如果你把炮弹从瞭望塔上垂直扔下去，它会落在甲板上，还是掉进船后方的海里呢？

各位读者的预测结果很有可能和大多数人一样：你相信从枪口垂直下落的子弹会比射击出的子弹更早落地，因为子弹发射后会获得向前的助推力，从而在空中停留更长的时间。你应该也相信从瞭望塔上抛下的炮弹会落在船后方的海里，因为在炮弹垂直下落的同时，船也在不断地向前行驶。但这两种预测都是不正确的。

发射的子弹并没有额外获得能让它在空中停留更久的力。不论是发射还是掉落，两颗子弹开始运动后都只受一种力的影响，那就是引力，而引力会让这两颗子弹同时落地，只不过两个落点之间可能相距几百码远。至于那枚炮弹则会落在瞭望塔下方的甲板上，因为此时船和炮弹的水平速度相同。虽然船相对于炮弹的起落点来说的确向前进行了运动，但是炮弹下落的轨迹不是垂直的，而是一条由水平速度与下落加速度共同影响的抛物线，并且与船只前行的方向一致。

如此可见，绝大多数人对这两个问题的预测都是错的，但这两个问题本身都并没有什么古怪之处，它们不过是简单的下落问题而已。

我们的预测之所以会出错，是因为我们对运动的直觉理论认为，物体只有在被赋予了某种内在的"力"或者"动力"之后才会发生运动。这里要给"力"这个词打上引号，因为我们口中的"力"与科学家所指的力（质量与加速度的乘积）并不一样。力的作用可能会对物体的运动产生影响，但它并不是物体本身的特质，而是物体之间的反应。（这部分内容将在第五章进一步加以讨论。）

即便如此，我们对"力"以及"力"与运动的关系之类的不甚科学的观点依然保持着高度一致。此处不妨再以上文的两个错误观念作为例子：相信水平运动的物体（发射的子弹）会比没有做水平运动的物体（垂直掉落的子弹）受重力的影响更慢，以及被承载的物体（上文的炮弹）并不会延续它的载体（上文的船）所做的水平运动，两者看起来似乎并无关联，但它们是同一个基本观念的产物：投射物——并且只有投射物——是受外力作用影响的。我们会为那颗发射的子弹预设一种向前推动的力，并相信这种力会让射出的子弹在空中停留更长时间，从瞭望塔上抛下的炮弹也会因为没有受这种力的作用而垂直下落。

这种观念虽然是错误的，却具有内在的一致性，并且具有异常广阔的传播范围。从学龄前儿童到大学本科生，在所有年龄段的学生中都可能发现这种运动方面的错误观念。在中国、以色列、墨西哥、土耳其、乌克兰、菲律宾与美国都发现过这种观念，甚至在接受过多年大学水平的物理教育的学生中，这种错误观念也有可能存在。即便是拥有物理学学士学位的人，内心深处依然可能潜藏着自己编造的一套动力理论。

这种错误观念在不同个体之间的连贯性同样会在时间上向后延

# 14

伸，因为人们总是会依照自己的理解来编造动力理论，就连过去几个世纪的物理学家也不能例外。比如，伽利略曾经如此解释抛射体的运动："如果外加的动力大于抵抗它的重量，那么物体就会向上运动。可是，由于这种外力不断衰减，它最终会减弱到再也不能抵抗物体重量的程度。"这种解释比起惯性更倾向于外力，虽然时隔四个世纪，但它和如今许多人对这一现象的解释非常相似。虽然现在没有人再用"外加的动力"这样的词语了，但我们会用"内能""动力"或者"动量"这些词来表达同一种含义。对于物理学家来说，"动量"是质量与速度的乘积，但对于不是物理学家的人来说，"动量"就只是动力而已。

从伽利略的时代到当下，诸如上文的动力理论一样广为流传的直觉理论最引人注目的一点是，我们其实一直有充分的理由质疑它们。动力方面的直觉理论做出的预测实际上是永远不可能实现的，因为现实中的物体并不会依照预测的轨迹运动。比如，大炮射出的炮弹会沿着一条标准的抛物线进行运动，而不是直觉理论预测的垂直下落（按照直觉理论的推测，飞行的炮弹最终会失去动力，在重力的影响下开始下落）。

但是，如果让我们画一幅弹道示意图，可能很多人都会画出一条先呈抛物线状运动，再在后半程垂直下落的轨迹。然而我们不仅从未在现实生活中亲眼见过这种现象，也永远不可能见到这样的运动轨迹。这种动力理论虽然的确能够解释现实中的一部分现象，但也会让我们对它无法解释的内容视而不见。

在这个角度上，动力理论并不是孤例。所有直觉理论都具有内在逻辑上的连续性、在不同人群之间流传的广泛性以及在反例面前的稳定性，这三套马车让它具有了惊人的适应能力：在我们学习对自然现

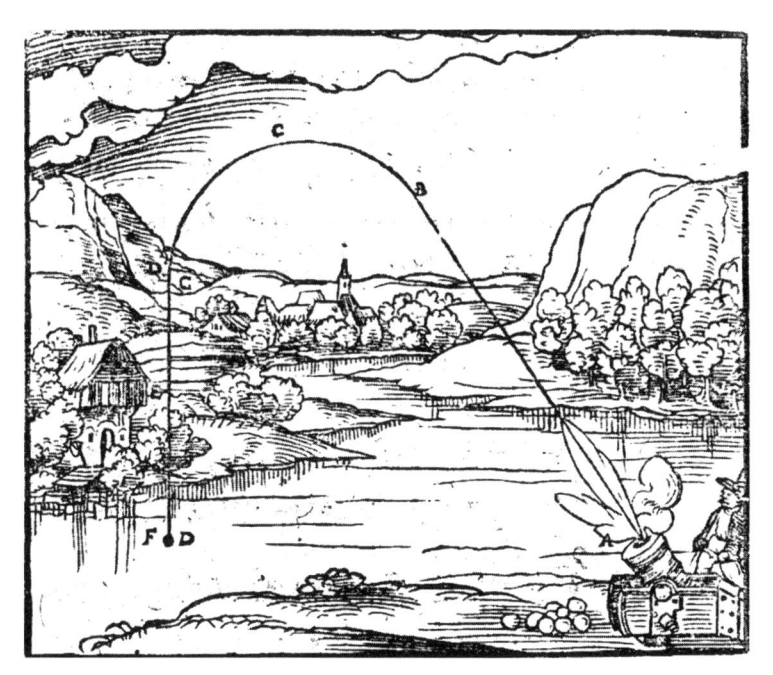

这幅16世纪学者瓦尔特·赫尔曼·利夫绘制的示意图表现了炮弹在它的"内能"或者说动力消失后径直下落的场景。然而这种情况是不可能在现实中发生的，因为现实生活中的抛物体的运动会呈现抛物线状的轨迹。

象更加科学精确的解释时，我们似乎无法同时遗忘既有的直觉理论。即使已经被我们抛弃，直觉理论还是会潜伏在我们思维的角落里，以一种微小却可察觉的方式影响着我们的思路与行为。

一个最好的例子就是我们判断某个物体是否具有生命的标准。对于一个4岁的幼儿来说，判断一个物体是否有生命的标准是它能不能自主移动，因此，在他们眼中，植物是没有生命的。但是，8岁的孩子会把植物判断为拥有生命，因为这个年龄的儿童不再以运动作为有生命的标准，而是会通过生长、繁殖之类的新陈代谢过程来判断（这部分内容将在第八章展开讨论）。在生命的前十年中，孩子们认为植

# 16

物并非活物的错误观念似乎会自然消失，但是，在要求接受过大学教育的成年人迅速判断一些动植物是否具有生命的测验中，他们在判定植物时不仅需要的时间更长，精准率也比判断动物时低。换言之，与认定动物相比，他们更容易认定植物"并不是活物"。

这样的发现曾经以许多不同的手段（比如感知任务、记忆任务、推理任务）在许多不同的科学领域（比如天文学、力学和进化学说）重复出现，它们从根本上改变了我们对概念转变的理解。因为概念转变需要的不是知识扩充，而是知识重组。人们一直相信，重组某人的知识结构会彻底抹去此人既有的观念，就像重新装修房屋一样。但是，"科学理论不会彻底覆盖直觉理论"这个发现指向另一种更贴切的比喻：概念转变就像所谓的"重写本"，即在已有文本的页面上直接覆盖书写的中世纪手抄本。

虽然我们在不断地学习科学知识，但直觉理论从未真正从我们的思维中消失。它们会模糊地潜藏在新获得的科学知识之下，就像中世纪"重写本"上虽然书写了新文本，但原有的文本依然依稀可辨。

重写本在中世纪欧洲很常见，因为用来书写的羊皮纸稀少而昂贵，所以抄写文本的修道士往往会把用过的羊皮纸节省下来重复利用，哪怕上面的字迹没有完全擦除干净。我们的思维就像这种重写本，是在既有的直觉理论上直接书写全新的科学知识，因此，两种理论会同时保持活跃，并同时对现象创造出彼此相反的解释与预判。以自主运动为依据来判断某物是否为生命体的标准与以新陈代谢为依据的标准彼此矛盾，把热视为物质的观点与把它视为过程的观点彼此冲突，基于动力的运动理论也和基于惯性的理论互相违背。在某些情况下，我们掌握的科学知识只不过是一层薄薄的面纱，掩藏在它背后的依然是在数十年前的孩提时代形成的错误观念。

在近期发表的一篇名为《我知道什么对我家人的健康最好，那就是魔力思维》的文章中，撰文的讽刺作家巧妙地通过一位心地善良却拒绝科学的母亲的口吻调侃了这种否认科学的现象。"我可不是傻子，"这位作家写道，"我也是上过大学的。我上过科学课，所以我知道微生物学、感染控制、解剖以及生理学等乱七八糟的。我也知道那些科学方法——比方说使用控制组、随机选择、双盲研究以及同行评审法——是人类破解自然的秘密、寻找治愈疾病的方法最有力的工具。科学当然很好，也为这个世界做过不少好事儿，它只是不适合我和我的家人而已。"

这篇文章精准地表现出了在科学成为主流的世界里抗拒科学的矛盾所在。绝大多数拒绝科学的人并非对科学一无所知，他们只是对科学持怀疑态度。这种怀疑的理由是多种多样的，比如政治理念、宗教信仰、文化身份。但是在本书中，我希望各位读者相信，诸多理由中

# 18

至少有直觉理论的一席之地。

既然你选择了阅读这本介绍直觉理论以及它如何让我们对真相视而不见的书，那就说明你应该不会强烈地抗拒科学。但是你可能认识这样的人，或者生活在一个从政策到实践都由否定科学的人指定的社会背景中。最重要的是，你可能多多少少会在无意中以无法察觉的方式抗拒科学：你的一些态度或许建立在不科学的观点之上，你的一些行为也与严谨的科学建议背道而驰。没有人能在每个科学领域都成为专家，更不用提把专业知识与生活中的方方面面结合起来了，但是我们至少可以充分了解让我们无法实现这一切的认知障碍。

因此，本书的目标正是向你解释直觉理论是什么，以及它如何影响了我们的观点、态度和行为。本书的前半部分着力于解释物理世界的直觉理论（关于质量、能量、重力、运动、宇宙和地球的理论），后半部分则重点关注生物学领域的直觉理论（关于生命、成长、遗传、疾病、适应和血统的理论），每种理论在起源、发展模式以及与日常生活经验的关系等方面都是特殊的，有些理论只会在儿童身上得到明显的体现，从早期认知阶段就开始对我们的行为和思路施加影响；而另一些理论则只在成人身上得以展现，并潜移默化地随时影响着我们每一天的行为与思路。这两种不同类型的情况凸显了直觉理论的广泛性与危害性——它们不仅伴随我们终生，而且就算是科学素养最高的人也无法从它的影响中幸免。

当然，直觉理论并非一无是处，如果它们真的只有危害性，我们就不会构建这种理论了。它们为我们提供了现实的合理假设，从而为干预这一现实提供了合理的基础。如果说直觉理论能帮助我们渡过难关，那么科学知识就能为我们带来繁荣与发展。科学知识为我们提供了从根本上来说更为精准的现实观念，让我们得以利用更有效有力的工具来掌控现实、对现实做出预判。研究表明，我们对感冒与流感的传染机制了解得越多，就越有可能采取有效的预防措施抵御疾病；我们对热平衡的理解越透彻，就越有可能在通过供暖与制冷来调整室温时达成最佳效果；我们对人体代谢食物的过程认识得越深入，就越有可能维持健康的体重指数。

何况，不能理解科学的恶劣后果也是非常明确的。就像上千人因为主动选择未消毒的牛奶或拒绝接种疫苗而罹患原本能够避免的疾病一样，直觉理论让我们对科学视而不见，这不仅仅会阻碍我们的思想，而且会影响我们的生活方式，还有我们做出的选择、接纳的建议以及追逐的目标。通过本书接下来的几个章节，我希望各位不仅相信科学对你和你家人的健康是最好的，而且相信对科学进行了解也是最好的。

# 第一部分：
## 物理世界的直觉理论

# 2. 物质

——世界是由什么组成的？这些组成部分如何相互作用？

当我们观察燃烧的蜡烛或沸腾的热水时，我们能够看到一些物质似乎消失了：蜡烛越烧越短，水也越煮越少。但不管是蜡还是水，都并没有真正消失，它们只不过是改变了形态，从可见的蜡转化为不可见的二氧化碳（与水蒸气），由可见的水转化为不可见的蒸汽。物质的存在看似短暂，实际上是不灭的，就像化学家告诉我们的一样，物质既不能被创造，也不能被摧毁。但是，在我们的常识中，物质的存在则有始有终，甚至称得上转瞬即逝。

长久以来，人们对物质一直抱有这种基于常识的认知，而最容易展现这种认识的群体是儿童。如果你认识可以接受测试的学龄前儿童，那么你自己都可以通过实验来认识这种现象。请准备两个透明的杯子，一个又高又细，另一个又矮又粗。先在矮一些的杯子里装上半杯水，把它给接受实验的孩子看一看，再把里面的水倒进又高又细的杯子里，接着向孩子提问："现在杯子里的水是变多了、变少了，还是和原来一样多？"因为此时细高杯子里的液面比之前矮粗杯子里的高，所以孩子很可能回答杯子里的水变多了。从一个杯子向另一个杯子倒水的过程在孩子们看来像是一个不可思议的戏法：你居然把水变多了。

学龄前儿童会认为右侧又高又细的容器（下图）中的水比左侧又矮又粗的容器（上图）里的水要多。即便他们亲眼看见了把水从一个杯子倒进另一个杯子的过程，孩子们还是会做出这种判断。

如果你接受过基础的心理学教育，那么你可能会发现，这个轻松的小把戏和皮亚杰的守恒实验非常相似。让·皮亚杰是一位瑞士心理学家，也是20世纪初期儿童发展领域的领军人物。他发现了几种振奋人心的现象：童年现实主义（把表象误以为是现实）、童年万物有灵论（认为非实物同样具有生命）、童年人工主义（将人类的涉及归因于自然）以及童年自我中心主义（认为其他人也应该知道自己知道的事情）。但他最有名的理论是"守恒"，或者说儿童对守恒认识的缺乏。

皮亚杰的守恒实验有很多版本，而幼儿无法通过任何一个版本的测试。在一版实验中，接受测试的孩子被要求观察两只大小完全一致的黏土球，然后判断这两只球是不是用同样多的黏土捏成的，它们的重量和体积是不是一致（如果接受测试的孩子认为两只球不一样，那就让他们通过从球上捏掉或填补小块的黏土来抹平这个差距）。接着把其中一只球完全拍扁，再向孩子提出同样的问题——现在黏土球和被拍扁的黏土片是否还是用同样多的黏土做成的（质量是否守恒），它们的重量是不是依然一样（重量是否守恒），以及体积是不是依然一致（体积是否守恒）。一般来说，学龄前儿童对这三个问题的答案都是否定的，上小学的孩子则只会对其中一个或两个问题给出否定的回答。直到上了中学，孩子们才能意识到，即使把黏土球拍成扁片，它的质量、重量和体积也都是不变的。

皮亚杰对孩子缺乏守恒观念的解释是他们还没有获得思维的操作逻辑，他将这种现象定义为思维的"前运思"阶段。皮亚杰同时指出，这种思维方式对儿童思想的影响并不仅限于他们对守恒的推断，而且渗透在他们思维的每个领域。幼儿对物理因果的推理和对道德行为的评判也是在前运思阶段决定的。不过，如今的心理学家已经不会在前运思期与运思期之间进行区分。他们对皮亚杰理论的质疑有诸多不同的原因，其中最突出的一点就是，儿童会在不同的领域以不同的速率发展逻辑能力。比如，在上小学前，儿童就能够掌握自然语言和自然数字的逻辑（语法和计数），但他们直到接受正规学校教育的大约十年后才能真正掌握演绎推理与比例推理的逻辑（论证与分数）。

在守恒理论的范围内也会体现出这种差别，儿童理解质量守恒要早于理解重量守恒，理解重量守恒又要早于理解体积守恒。"守恒"并不是单一的概念，也不可能一次性全部习得，它是了解特定的转换过程是否会使特定材质的特定属性发生改变的结果。把黏土球压成扁片并不会改变它的体积，给它加热却能达到这个效果；加热这个黏土球不会改变它的重量，把它送到月球上却可以。成功通过守恒实验需要大量物质领域的特定知识，这让"守恒"本身成了一项就研究认知发展而言非常古怪的任务。皮亚杰之后的发展心理学家又对守恒进行过不下千次的研究，但是，假如皮亚杰没有将探究方向引领到这个领域，我想他们可能根本不会考虑这个课题。对于年幼的孩子来说，物质现象太神秘也太多样了，这让他们无法本能地判断某一物质实体是否维持了守恒。

物质在许多变化过程中维持着守恒，即便这些变化从表象上看并非如此：水从敞口的容器中蒸发，蒸汽从沸水锅里逸出，木柴燃烧成灰烬，门在高温的作用下发生变形。而在某些看似保全了物质的整体的变化中，物质反而是不守恒的：水凝结成冰后体积不再守恒，橡皮筋被抻开后弹性不再守恒，食盐溶解后粒度不再守恒，蛋糕坯烘焙成熟后黏性也不再守恒。正因为物质的变化是如此难以捉摸，所以学龄前儿童"把水从矮粗的杯子倾倒进细高的杯子里之后质量会增加"这一观点并不能简单地被视为逻辑错误。

公平地讲，皮亚杰关注的不仅仅适用于物质的守恒，而且适用于数字量和空间量的整个数字概念的守恒。把一套玩具重新排列组合并不会改变它们的数量，就像把黏土球拍扁不会改变它的重量一样，而皮亚杰想要探究的正是儿童如何以及何时才能正确地理解这个结论。他的继承者关注的重点则有所不同：这些错误的理解往往是持续存在的。

想要纠正孩子对守恒的错误理解的话，最直接的尝试大概就是引

# 26

导他们关注物质转变的多方面——比如关注水在容器中的扩散，而不仅仅是它的高度。但是这种引导对纠正他们的错误收效甚微，尤其是在几周乃至于几个月后再次进行测试的情况下。在一次研究中，研究者分别向几百名儿童以如下四种方式之一介绍了守恒定律：针对他们对守恒状况的判断提供明确的反馈；鼓励他们在观察转变过程之前先做出判断；向他们展示这种转变过程是可以轻易逆转的；用符合逻辑的方式向他们解释为什么质量与体积在物质变化过程中是守恒的。在接下来的五个月里，这些孩子接受了三次守恒测试。测试的结果令人沮丧：不论以何种方式提前介绍过守恒理论，孩子们的理解都不会因此而有所改善。

惊人的一点是，上文提到的引导方式（以及其他许多研究用到的引导方式）都是缺乏对物质本身的认识的。皮亚杰把儿童的守恒错误归因于缺乏逻辑，导致后来的许多心理学家也倾向于用基于逻辑的引导方式来纠正这些错误。然而另一种引导的方向就是专注于守恒的成因——物质实体是由微小的粒子组成的，这些微小的粒子既不能被创造也不能被毁灭（核子反应除外）。如果请化学家给孩子解释物质守恒，他们很可能会从分子讲起，而不会解释什么是等价关系、定量或不变量，这种解释方式往往更加有效（这一点下文将进一步讨论）。皮亚杰开创了守恒测试，并将其作为衡量儿童逻辑推理能力的标准。在几十年后的今天，我们却发现，孩子们无法通过测试并不是因为他们缺乏逻辑，而是因为他们误解了物质的本质。

原子是组成物质的成分，一切固体、液体与气体都是由原子构成的。就像一则网络冷笑话说的那样："千万不要相信原子，因为什东西都是它们攒出来的。"孩子们无法直接感知原子，也就不知道它们的存在。19世纪的化学家们取得突破性发现之前（比如约翰·道尔顿提出了化学合成原理、J.J.汤姆森发现了电子），全人类都对此一无所知。因为我们无法通过感知上的经验得知物质具有粒子性，我们身边的物体又往往是看似彼此独立的个体，比如岩石、树木、木材、砖块、桌椅、鞋帽、铅笔、锤子等。这些物体无法体现出它们由分子组成的特性，它们看起来都是连续的，并且是一个个整体。

我们不仅不了解宏观物体的微观属性，而且会对这些物体的特质产生误解。一切物质都具有重量和体积，但是人类没有直接感知重量和体积的能力，我们的身体构造只能通过触觉感受重量（重量感），通过视觉估计体积（体量感）。重量感与重量本身产生差异的原因在于混淆了重量与密度，重量相等的两件物体可能因为密度的不同而给人带来不同的重量感，比如十磅[1]重的钢铁比同样是十磅的泡沫塑料感觉重得多。体量感与体积的区别则在于会与表面积混淆，体积相等的物体可能会因为表面积的差异而让人产生不同的预判，比如撑开了的篮子比折叠着的篮子看起来体积大。重量感与体量感的主观属性让它们能够以重量与体积无法实现的方式发生变化。一切物质都具有重量，但不是一切物质都具有重量感（比如雪花和灰尘）。同样，一切物质都具有体积，但不是一切物质都具有体量感（比如蒸汽和氦气）。这一系列观念的集合——物质具有连续性、物质具有重量感、物质具有体量感——共同构成了儿童最初的物质理论："整体物质论"，这种理论最终会在青春期末尾被"粒子说"取代。

---

[1] 1磅约等于0.45千克。

儿童的守恒错误正与这种整体物质论相关，即认为当物质的外表发生变化（比如高度、宽度和表面积出现改变）时，物质本身也发生了变化。但守恒错误并不是整体物质论唯一的体现，另一种主要的表现是儿童对某物是否属于物质的判断。在被问及岩石、树木、木材和砖块等固体是否由物质组成时，学龄前儿童和小学生都会一致给出肯定的答案。看得见、摸得着的非固体（比如水、盐水、果汁和果冻）也会被他们判定为物质。但是，那些不算非常有形的存在（比如灰尘、云朵、墨水斑点和泡泡）是否属于物质则会让他们犹豫不决，可见而无法触摸的存在（比如阴影、彩虹、闪电和阳光）更是如此。其中，让孩子们感觉最为困惑的是空气。他们知道人们生活在充满空气的环境里，也知道自己的肺部充满了空气，然而他们还是会认为空气不是物质。孩子们同样认为空气没有体积——他们会认为空盒子里的空气没有占用任何空间。这是因为空气与儿童内心的整体物质论相悖，它的体积无法用肉眼看到（也就是没有体量感），重量也不能用触觉感受到（也就是没有重量感）。

儿童的整体物质论还能在他们对浮力的预判中体现出来。一个物体是否能在水中漂浮主要是由它的平均密度决定的，但是孩子们没有测算密度的感觉器官，他们只能测量物体的体量感和重量感，这就导致了后续的一系列错误。在一项研究中，研究人员给几个4岁的儿童展示了一些重量和尺寸各不相同的积木块，并请他们预测哪些积木块能漂在水面。孩子们的判断标准主要是重量：不论积木块的密度比水大还是小，他们都判定重量在100克以下的积木块能够漂浮，100克以上的则会沉底。因此，在积木块重量较轻且密度的确低于阈值，以及积木块重量较重且密度高于阈值的情况下，孩子们的判断就是正确的。然而，在积木块较轻、密度却高于阈值，以及重量较重、密度却低于阈值的情况下，他们的预判就失灵了。另外一些研究表明，孩子们可以在引导下通过整合重量和尺寸来推测密度，但他们是很难在独立自主的情况下达成这一点的。在整体物质论中，密度并不突出。

儿童会本能地把是否具体有形当作判定物质的标准，所以他们既能准确地判断出砖块是由物质组成的，而人的思路并不是物质；又很难判断泡泡或者阴影这样"半有形"的存在是否属于物质。

另一项实验更加清晰地展示了儿童的整体物质论。在这项实验中，研究人员要求孩子们去思考一种无法察觉的物质转变：微观分裂。他们先是向孩子们展示一块泡沫塑料，然后请他们想象如果把这块泡沫塑料不断地对半分，它的质量、体积和重量会发生什么变化。下面这段发生在研究人员和一个三年级学生之间的对话很好地展示了10岁以下的儿童会对这个问题做出什么样的反馈：

研究员：请你想一想，假如咱们把这一小块泡沫塑料先切一半，然后切成一半的一半，接着不停地重复这个切一半再切一半的过程，这块泡沫塑料最终就会完全消失吗？

　　孩子：会的。一年以后就得停下来了，因为那时候就彻底切没了。

　　研究人员：那咱们再来想象一下，假如有一块特别特别小的泡沫塑料，小到你根本看不见，那么这块泡沫塑料还会占用空间吗？

　　孩子：不会啊，如果你的桌上放着特别大的东西，那把这个小块放到角落里，不就不占地方了吗？

　　研究人员：那你觉得这个特别小的泡沫塑料块有重量吗？

　　孩子：没有啦。

　　研究人员：所以它的重量是0克，对吗？

　　孩子：对的，假如你把那个小块拿起来，感觉肯定就像什么都没拿一样，因为它一点儿重量也没有。

请你留意，在这个孩子的回答中，体积很明显是等同于体量感的（那个小塑料块"放在角落里就不占地方了"），而重量也是等同于重量感的（"感觉就像什么都没拿一样"）。年龄大一些的孩子在回答这些问题时则会展现出一种截然不同的模式。

　　研究员：请你想一想，假如咱们把这一小块泡沫塑料先切一半，然后切成一半的一半，接着一直不停地重复这个切一半再切一半的过程，这块泡沫塑料最终会完全消失吗？

　　孩子：它的一半还是在的，那一半会被分得非常非常小，不过是不会消失的，因为不可能把什么东西分成一半就给分没了。

研究人员：如果咱们继续对半切分这块塑料，那么我们有没有可能切出一个一点儿空间都不占的小块？

孩子：不可能的，不管东西有多小，只要它是物质，就肯定会占用空间。

研究人员：那我们有可能切出一个没有重量的小块吗？

孩子：它的重量可能轻得无法称量，但还是有的。假如让一个很小很小的人去把那一小块泡沫塑料拿起来，这个小人还是能感受到它的重量的。

在这个六年级学生的观念里，物质是不灭的，并且即使是微小得无法用肉眼观测的物体也具有重量和体积。虽然她像前一个例子中更小的孩子一样倾向于把重量与重量感联系起来，但是她已经能够认识到，自己对重量感的认识与物体是否拥有重量无关（那段关于"小人"的表达正体现了她的这种观点）。

最后一项可以体现物质实体论的例证是，孩子们在中学第一次学到有关气体的知识时会感觉非常困惑。中学生的确可以接受气体由物质构成这个概念，但是他们很难把气体的宏观特性与微观粒子联系起来。因为他们会出于直觉地把气体解释为与固体一样具有整体性和同质性的存在，这种认识让孩子们倾向于否认诸如气体粒子处于恒定的运动之中、气体粒子被空间分隔、气体粒子的间隔取决于气体本身的体积等观点。许多成年人也会否认这些理论。对于固体的宏观特性（比如浮力）及微观特性（比如密度）的关系，我们可能的确已经有了很多认识，但事关气体时，我们还需要把这些重新学习一遍。

如果在若干次实验中不断地改变物品隐藏的位置，参与实验的十二个月以下的婴儿会很难找到它，这就是所谓的"A非B"谬误。在上图中，一个婴儿就在寻物时犯了这样一个错误。他想找到左侧藏在一块布下面的玩具，寻找的却是没有放玩具的右侧容器。有趣的是，婴儿有时的确会看向正确的位置（左边的容器），但手还是会伸向不正确的方向。

儿童对物质的理解正是婴儿对物质的理解的延伸，然而，在相当长的一段时间里，心理学家一度相信婴儿并不具备这种理解。他们认为婴儿缺乏对客体永久性的理解，换言之，婴儿缺乏理解物体就算不在视线范围之内也依旧存在这一点的能力。

客体永久性的发展是缓慢且滞后的。对于四个月以下的婴儿来说，如果把他们想要的物品用布或者屏障遮挡起来，他们是不会再试图伸手拿的。四至八个月大的婴儿会对部分被掩盖的物体做出反应，却依然不会去拿取完全被遮盖的物体。到了八至十二个月大，婴儿就会试图拿取完全被遮盖的物品了，可他们会犯一个有趣的错误：如果某个物体在同一个位置（位置A）藏过几次后突然更换到一个全新的位置（位置B），孩子们还是会在原有的位置寻找，这种行为就是所谓的"A非B"谬误。直到十二至十八个月大，婴幼儿才能顺利地找到被遮盖起来的物体，并不再受隐藏地点发生变化的影响。

最先发现并记录下客体永久性发展过程的正是皮亚杰——那位发现守恒错误的心理学家。他的结论是，除了对物质的守恒缺乏认识，婴儿对物质的持久性也没有与生俱来的认知，但是他们会在生命的第一年中逐渐建立起这种观念。这个结论的问题在于，它把概念错误与动作错误混为一谈了。婴儿无法找到隐藏起来的物品，可能是因为他们忘记了物品的存在（这属于概念错误），也可能是因为他们无法成功地执行拿取的动作（这属于动作错误）。当一个十个月大的婴儿表现出"A非B"谬误的时候，第一印象上很容易让人以为这是一个动作错误，因为孩子在错误的地点寻找时眼睛总是看着正确的方向，他们的眼睛表明他们拥有正确的认识，但他们的手似乎无法做出正确的反应。

能够有效地区分概念错误与技能错误的一种方式是使用不需要运动技能（物理抓取物品）的方法来诱发婴儿对物体的期望。这种诞生于20世纪70年代的手段被称为"优先注视法"，彼时皮亚杰已经走到了生命的尽头。婴儿与成人相似的一点是，和预期内的事件（比如两个物体彼此碰撞）相比，他们会对预期之外的情况（比如一个物体穿过另一个物体）注视更长的时间，优先注视法利用的正是这一点。通过计算与对比婴儿分别注视若干组运动的时长，研究人员发现，婴儿对物体拥有丰富而多样的预期，而这些预期出现得远比他们能够做出反应或表达要早很多。

在一项著名的研究中，研究者让五个月大的婴儿先熟悉一面以底边为轴旋转的隔板，接着在婴儿的视线之内把一个小盒子藏在隔板后方，然后受试婴儿会观察以下两种运动之一：其一是隔板的旋转提前停止，看起来就像碰到了后面的盒子一样；其二是隔板继续按照轨迹旋转，看起来就像径直从盒子里穿过去了一样。观察这两种运动的成年人会因为第二种情况而感到意外，第一种则不会，因此他们注视第二种运动的时间会比第一种长。婴儿会做出同样的反应，他们也会对第二种运动注视更长的时间，这证明第二种运动也会让婴儿感到意

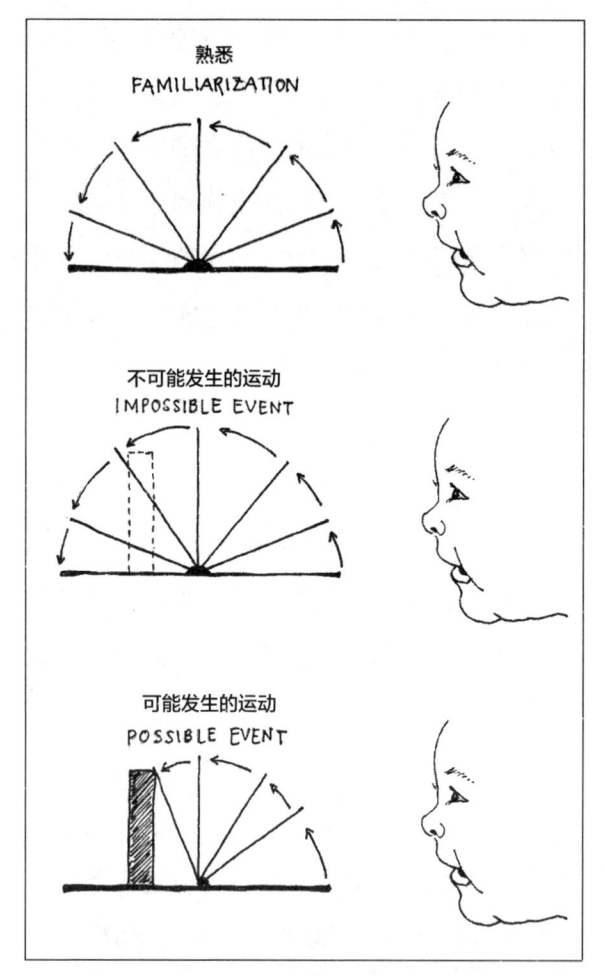

仅四个月大的婴儿就会对旋转的隔板似乎穿过了固体的盒子（不可能发生的运动）注视更长时间了，而注视隔板被盒子挡住停止运动（可能发生的运动）的时间则较短。

外，但第一种同样不会。

这项发现表明，婴儿不仅能够预期物体接触时会发生碰撞（而不是直接穿过），而且能够留意到视线之外的物体，并且可以根据不可见的物体（后面的盒子）对可见的物体的动作（旋转的隔板）做出预判。由此可见，婴儿早在可以实现用手抓取物体之前就对物质的恒存性有了认识。实际上，仅三个月大的婴儿就可以对一个隐藏在后面的盒子阻挡了隔板的旋转做出预期了。

这个年龄段的婴儿还能够预期物体与其他对象接触后会发生运动，并对移动的轨迹做出预判。当他们看见不符合常理的情况时——比如某物不经其他物体接触自行开始运动，或者物体闪烁式地出现又消失——也会难以置信地长时间盯着它看。当然，这种情形是不可能出现的。但是，机智的研究员们通过巧妙的设备的戏法实现了近似的效果。与皮亚杰的想法恰恰相反的是，婴儿的确对物体具有期待，这种期待一直延续到了我们的成年时代。然而，婴儿对沙子或者盐这样整体性稍弱的物质并没有预期，只有独立且有明确边界的物体才能激起他们对物体稳固性、接触性和连续性的预判。

在一项研究中，研究人员测试了八个月大的婴儿是否有能力追踪不透明隔板后的两种不同的物体，其一是一堆沙子，其二是看起来像一堆沙子但运动时会保持整体的物体（沾了一些沙子的泡沫塑料块）。在使用沙子的场景中，研究人员向隔板后面先后倒了两次沙子，然后放下隔板，向婴儿展示一堆或两堆沙子。在这种情形之下，婴儿注视两种情况的时长相同，说明他们对隔板后应该有几堆沙子并没有预期。在使用泡沫塑料块的场景中，测试人员把两件物品放到隔板后面，然后降下隔板，向婴儿展示一件或两件物品。这时婴儿就会对隔板后只有一件物品的情形注视更长的时间，说明他们原本期待两件物品都在隔板后方。

研究人员担心，虽然观察沙子的婴儿看到了两次（在不同的地点）倒沙子的动作，但他们可能无法判定最终会形成一堆还是两堆沙子。因此，他们又进行了一次实验，这次改为在两块相隔十六厘米的隔板后面分别倒沙子，然后降下隔板，给婴儿展示一堆或两堆沙子。然而，婴儿注视两堆沙子的时长依然是一致的。这说明，虽然实验道具的外形看起来相差无几（用来对照的固体做成了沙堆的造型），但婴儿并不能像追踪聚合物体一样追踪沙子的变化。

人类婴儿并不是唯一有能力追踪内聚的物体却无法追踪非黏性物质的灵长类动物。研究人员对狐猴进行以上实验时得到了同样的结果：狐猴能够对隔板后的物体数量做出精准的预期，却对沙堆的数量完全没有期待。

进化似乎赋予了灵长类动物追踪物体的能力，却没有赋予其追踪黏性较弱的物质的能力。不论物体是在空中移动、离开了视线范围，还是与其他物体接触，我们都能够准确地追踪它们，但我们不能判断到底有几堆沙子——至少在婴儿时代不行。当然，进化赋予我们的能力在保障我们的生存与繁衍这一点上是非常有用的，而追踪非黏性物质的能力看起来很难符合这个标准。我们需要消耗某些非黏性物质来摄取营养——最典型的就是水和奶——但我们既不需要追踪这类物质在空间中改变位置的过程，也不需要推算这样的物质和固体物质实体之间的联系。对于生存来说，把岩石构想为可以拿取、搬动、投掷和藏匿的有界实体，远比认为它本质上与沙子一致有价值得多。

那么，如果我们在生命的初始阶段认为物质本质上是一个个整体，我们又是如何在日后将其视作微粒的呢？告诉孩子物质是由微粒构成的并不会有很大的帮助，因为他们还没有为接受这样的信息做好准备。孩子们必须先重新组织自己对物质的理解——既要消解整体物质论面前有意义、粒子论面前无意义的定义，又要建立整体物质论面前无意义、粒子论面前有意义的定义。比如，他们首先需要消解"物体"与非黏性物质的区别，把它们都视为"物质"；然后需要学会将自己对重量的估计（重量感）与重量的物理定义区分开，将自己对体积的估计（体量感）与体积的物理定义区分开，这样孩子们才能够接受"密度"（或单位体积内的重量）这个概念。

作为一种单一性质，密度是粒子理论的体现，因为只有具有内部结构的物体才能用"松散"或"致密"来描述。但是，这种结构是无法用肉眼观察的，因此年幼的儿童无法建立独立于重量的对密度的概念。如同上文提到的一样，孩子们不会利用密度来判断浮力，也不会根据密度来区分不同的材质。你不妨思考一下以下这则实验。假如你的手里有三个金属块：一个边长 1 英寸[1]、重 6.5 盎司[2]的铅制正六面体，一个边长 3 英寸、重 19.6 盎司的铅制正六面体，一个边长 5 英寸、重 7.8 盎司的铝制正六面体。而你的任务是判断哪两块金属的材质相同。请注意，这些金属块的表面完全被不透明的纸包裹了，所以你无法根据颜色来判断。

---

[1] 1 英寸约等于 2.5 厘米。
[2] 1 盎司约等于 28 克。

那么，你要怎么做呢？你很可能会比较每个金属块的重量与尺寸，并很快发现体积最大的金属块（铝块）重量和尺寸的比例与另外两块（铅块）不同。但出人意料的是，这项任务对学龄前儿童和小学低年级学生来说格外艰难。他们的确可以辨别哪个金属块在重量方面与其他的不同，也可以辨明哪个金属块在体积方面与其余的不一样，但是他们无法判断哪个金属块在单位体积内的重量上有所不同。大多数孩子最终会根据重量得出结论，把6.5盎司重的铅块和7.8盎司重的铝块归为一类。

这项"神秘材质"实验是由心理学家卡罗尔·史密斯及其团队发现的。史密斯在儿童的直觉理论领域拥有超过三十年的研究经验，她研究的重点主要放在对密度的概念上，因为儿童对密度的理解十分适合用来衡量他们对物质的整体理解。为了向儿童教授密度（或每单位体积的质量）这个概念，史密斯采取的一种手段是将这种不可察觉的量类比为可以感知的单位量。比如压强（单位面积内的受力）是一种可以用触觉感知的单位量，节奏（单位时间内的拍数）是一种可以通过听觉感知的单位量，浓度（单位体积内的分子量）是一种可以通过味觉感知的单位量，而疏密（单位面积内的个体数）是一种可以通过视觉感知的单位量。

在一项研究中，史密斯通过浓度和疏密这两种单位量来向孩子介绍密度这个概念。她和同事通过让七年级的学生解决模拟谋杀案的方式来教他们如何分别单位内的变量。在第一个"谋杀案"中，被害人喝了被人下毒的"酷爱"牌固体饮料，受试学生的任务是找出饮料是哪个嫌疑人调制的。他们需要把有毒的饮料的浓度与每个嫌疑人习惯调制的浓度进行对比——换句话说，对比嫌疑人习惯冲调多少"酷爱"

牌饮料粉。在另一个"谋杀案"中，被害人吃了下了毒的巧克力碎屑饼干，受试学生需要找出是哪个嫌疑人烤的饼干。为了寻找关键证据，孩子们需要把有毒饼干里巧克力碎屑的疏密和每个嫌疑人惯用配方里的疏密进行比对——换句话说，就是比对每块饼干中巧克力碎屑的多少。

史密斯要求学生们将溶液的浓度、混合物的密度和点阵的疏密程度（每种数值都以易于计算的方式来表示，比如"四勺糖"或"两杯水"）递增排列，从而将学生们对浓度、密度与疏密的理解进行评估。在参加谋杀案调查实验之前，学生们可以按照疏密程度对点阵进行排列，却无法根据密度来排列物体，或者根据浓度来排列溶液。在实验之后，学生们可以用浓度来对溶液进行排序了，但还是不能根据密度的差异来排列固体。训练用的概念（疏密程度和浓度）和预期要理解的概念（密度）之间的差异依然难以逾越。

在后续的研究中，史密斯和同事又进行了一次完全不同的尝试。这一次，他们不再试着把密度这个概念变得可以感知，而是向学生介绍了这样的概念：物质现象本身就是可以感知的，但是，只有用密度以及组成它的两个变量——重量和体积——才能解释。在接下来的几周时间里，学生们使用高度精密的重量计对体积太小以至于看起来没有体量感的物体（比如一片亮片、一滴墨水）进行称量，并用天平来对比未吹起来的气球与充满空气的气球的重量差异。此外，他们也利用可测量的物体的体积来对小到不可测量的物体的体积进行估算（比如利用一毫升水来推算一滴水的体积）。学生们还通过分别把密度不同的物体浸入密度各异的液体来进行对比。他们将一个铁质球体进行加热，并比较加热前后的重量变化。最后，学生们对比了"我可舒适"牌健胃泡腾片蒸发前后的重量。

与谋杀案调查模拟实验不同,这一系列实验展现出了积极的成效。参加实验前,只有为数不多的几个学生能够按照密度的差异对物体进行排序,但是参加过实验后,几乎所有学生都能做到这一点了。实验前,学生们往往不会把无形物(比如空气、烟雾、灰尘)归为物质,不会认为微小的物体(比如一片极小的泡沫塑料)具有重量,实验过后他们也改变了看法。最值得一提的是,虽然史密斯的实验从未提起物质守恒这个话题,但是,原本无法通过皮亚杰的守恒实验的学生,在参加过史密斯的实验后就可以成功通过了。

史密斯团队的这项附加研究证明,认识物质的粒子理论意外地具有深远的影响——这种影响涉及的领域并不是只有物质,还有数字。因为整数像物质一样可以被划分为更小的单位(分数),但是孩子们从直觉上并不会这样看待整数。他们只是把整数视为计数的终点。通过对幼儿关注的物品堆进行添加或拿取,他们可以很快明白数字是可以加减的,但是幼儿无法理解数字还可以分割。在他们的眼中,数字就像物质实体一样,是一个个整体,并且具有同质性。

这种类比给了史密斯和她的同事新的灵感,他们又探究了儿童对数字可分性的认识是否会和对物质可分性的认识同步发展。史密斯团队把之前的泡沫塑料切分实验与数字分割实验结合起来,以下是一个三年级学生的实验访谈样本:

研究员:你认为0和1之间还有数字吗?
孩子:没有。
研究员:那1/2呢?

孩子：啊，对，那就是有吧。

研究员：那么0和1之间有几个数字呢？

孩子：只有很少的几个，只有0和1/2，因为1/2是1的一半。

研究员：如果你把2分成一半，得到的数字是1。那么，请你想象一下，如果我们把分成一半之后的数字不断地对半分，你能把这些数字永无止境地分下去吗？

孩子：不行。因为如果你拿掉一个数字的一半，就只剩下0了。0是没法儿分的。

研究员：你觉得我们最终会得到0吗？

孩子：当然会。

有一些三年级学生知道除了1/2还有其他分数。比如一个学生表示："有1/2、1/3、1/4，总之一直到1/10都有。"但是他们不认为这些分数可以再次进行划分。年龄大一点儿的孩子则认为，只有像1/4这样的分数才可以再进行平分，但是它可以被无止境地划分下去。以下这段与五年级学生的对话就很好地展示了这种认识：

研究员：你认为0和1之间有数字吗？

孩子：有啊。

研究员：你能举个例子吗？

孩子：比如1/2，或者说0.5。

研究员：那你觉得0和1之间有多少数字？

孩子：有很多。

研究员：如果你把2分成一半，得到的数字是1。那么，如果我们把得数继续平分，能无止境地分下去吗？

　　孩子：可以，因为平分后总是会有得数的。

　　研究员：这样分下去最终会得到0吗？

　　孩子：不会，因为1和0之间有无限多个数字。

值得注意的一点是，儿童对数字可分性认识的发展与他们对物质可分性认识的发展确实是同步的。认为数字在分割中最终会消失的孩子，同样认为物质实体在切分到一定程度后会丧失重量。能够认识到数字在分割后依然存在的孩子，往往也能认识到物质实体在分割中依然具有重量。尽管如此，如果这两种观念的某一种相比之下进展略有落后，那么落后的一定是对数字的无限可分性的认识。这说明儿童对物质实体（比如物体）的无限可分性的认识远早于非物质实体。

对物质建立更加复杂的认知有可能成为对数字拥有复杂认知的基础。无限可分性和无限密度是两个可以在不同领域之间传递的关键认识。因此，着重强调这种相似性实际上会对教授分数及其他类型的有理数（比如小数和百分数）很有帮助。同样是向学生演示分数的概念，使用一个装水（一种物质实体）的容器远远比使用一块馅儿饼（一个具体的物件）要有效得多。具体的物件对学习整数来说可能更加有用（因为整数和物件一样，都是单一、有形且离散的），水这样的物质实体则更适合用于分数的学习（因为分数像物质实体一样是延续、可分且密集的）。这种数字与物质的类比在不同领域之间的影响远比在某一领域内要深远。

一磅金子和一磅羽毛哪个更重呢？很明显，这个问题并不成立，因为一磅就是一磅。但是听到这个问题的时候,你可能会犹豫一下。金子当然比羽毛更具有重量感,而我们对重量感的概念会影响我们对重量的概念。重量感和体量感是通过感觉器官对物质产生的经验,它们不会因我们对物质的概念性理解而发生改变。终其一生,我们对物质现象的推理都会被它们影响。

以判断某一物体是否会在水中漂浮为例。成年人很快就能判断出体积大而致密的物体(比如一个铁平底锅)会下沉,重量轻而疏松的物体(比如打包用的泡沫塑料球)能漂浮;但判断重量轻而致密的物体(比如一个小铁块)是否下沉或比较重但疏松的物体(比如泡沫塑料箱子)能否漂浮时则会额外费一点儿时间。哪怕我们知道唯一能够对判断起到决定性作用的要素是密度,重量感与体量感依然会发挥影响。

重量感和体量感同样会影响我们分辨物质实体与非物质实体的能力。当我们被要求以最快的速度判断某物是不是物质的时候,与可以触碰的实体(比如岩石、砖块、鞋子)相比,我们会在无法触碰的物体(比如墨水滴、香氛、空气)面前犹豫更长时间。假如我们出错了,那么错误就和儿童在同样的测验(但不计时)中会犯的一样。在一次快速分类测验中,成年人要花上限定时间的85%才能把墨水滴界定为物质,判定香氛为物质需要83%,而空气也需75%。与此恰恰相反的是,成年人只需要限定时间的35%就能判定雷是物质,星光是37%,闪电则是57%。就连现代化学之父安托万·拉瓦锡也曾对光与热的物理状态产生过误解,错误地把这两种元素都定义为"物质"。

我们对物质的错误推理并不完全是时间压力所致,在轻松而随意的场合中,我们也会犯同样的错误。举例来说,我们有时会把满的瓶

## 44

守恒错误在日常生活中很常见，就连成年人也不能幸免。一个典型的错误就是我们会过低地判断酒杯没有倒满时实际上少了多少酒。

装水放进冷柜里，却忘了瓶子会因为里面的水结冻后体积变大而裂开。我们愿意为更大包装的食物付更多钱，却想不起来在不同包装的产品之间对比一下食物的单位价格。我们总是为了把车道上的雪铲干净而累得筋疲力尽，却不会想到那一堆堆看起来好像没什么分量的雪花是几百磅冻起来的水。我们会在杯子是半满还是半空这个问题上花费不少口舌，然而实际上杯子从始至终都是满的——一半装了水，另一半装了气体。

我个人最喜欢的日常生活中常见的一个物质认知错误与酒吧有关。标准的一品脱[1]酒杯高5.875英寸，杯口直径为3.25英寸，杯底直径为2.375英寸。请你想一想，如果在这个杯子里注入液面高度为5英

---

[1] 英美制容量单位。英制一品脱合0.5683升，美制一品脱合0.4732升。

寸而不是5.875英寸的啤酒，杯子里的啤酒会比一品脱少多少呢？

答案是少了整整1/4品脱！虽然液面高度的差异只有15%，体积的差距却高达25%。这是由于标准的一品脱酒杯都是上大下小的锥形，而这种锥形的杯子杯口处比杯底能装更多啤酒。我们一般来说不会太在意一杯倒得不很满的啤酒到底缺了多少分量，但这是完全可以避免的。一位富有创业精神的啤酒爱好者发明了一种可以随身携带的测量设备，这种设备可以通过液面高度来测算杯里的啤酒到底有多少。它的名字忠实地体现了它的渊源——"皮亚杰啤酒量表"（这种量表在thebeergaue.com有售）。

# 3. 能量

——什么为事物带来温度？什么为事物带来声音？

17世纪中期，一个名为"西门托学院"的组织在佛罗伦萨成立，它的主要宗旨是通过观察与实验来探究自然界的种种神秘现象。学院的成员制造了一批带有标准计量单位的早期实验设备，其中包括一组酒精温度计。他们使用设备对几种常见的温度现象进行了研究，比如液体解冻后的膨胀现象、固体加热后的膨胀现象以及冷热变化对气压的影响。在一组系列研究中，佛罗伦萨的实验先驱们将装有不同溶液的烧瓶——这些溶液包括玫瑰水、无花果水、葡萄酒、醋以及融化的雪——浸入装满冰块的浴盆中。在烧瓶中的溶液冻结后，研究者们记录下液体的体积变化与温度的关联。然而，奇怪的是，他们测量温度的方式是把温度计插进冰块堆里，而不是放进装着液体的烧瓶里。在二百五十年后的今天，测量液体冰点已经成了孩子们在科普活动中都可以轻松尝试的简单实验，而所有实验的引导都要求孩子们把温度计插进正在冻结的液体中。所以，为什么佛罗伦萨的实验先驱们会把温度计插到冰块里呢？

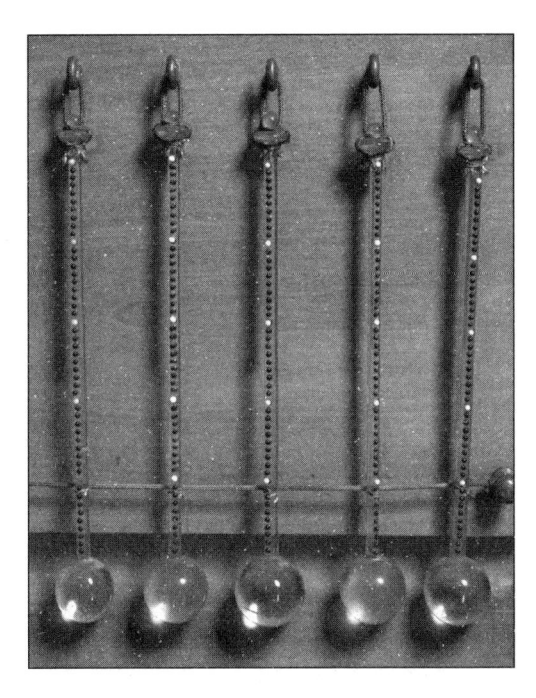

图中的这些温度计是17世纪的西门托学院在佛罗伦萨制造的，它们被用于最早在实验室环境中进行的一系列加热、降温、燃烧及冻结实验。

研究者们的笔记显示，他们想要测量的的确是溶液的温度变化，而不是冰块的，但是他们对冻结的理解与今日我们了解的知识截然不同。在他们看来，放置温度计的目的是测量"寒冷的力量从冰块传导到液体中的过程"。在这种情况下，烧瓶和里面的液体被视为被动接收寒冷的客体，而不是双向过程中持有平等地位的一方。在当代人眼里，这种实验中发生的现象是热量在烧瓶与冰块之间传递，但佛罗伦萨的实验先驱们当时是无法理解这种观点的。他们不能把"冷"视为热量的缺乏，而是把它看作某种与"热量"截然不同的东西——因为"热量"怎么能让东西变冷呢？

这些实验者不仅把加热与降温视作两种相反的过程，而且把冷和热视作两种不同的物质，就像水和酒精或油的差别一样。他们认为热是由"火焰粒子"造成的，加热的过程则是向某一实体注入这种"火焰粒子"，并最终导致这一实体分解（这可以解释为什么加热后体积会发生膨胀）。实验者们同样认为，只有本身就具有高温的来源才能放射热量，比如蜡烛、燃烧的煤块、篝火和太阳。室温下的液体是不被视为拥有热量的，更不用说把热量传导给温度更低的系统（浴盆里的冰块）了。

佛罗伦萨的实验先驱们对温度现象的认识可以视为一种"热源接受者"理论，因为它在热的受体与热源、冷的受体与冷源之间都划定了明确的界限。他们对冻结之外的各种热力学现象的研究方法也揭示了这一理论。在另外一系列研究中，他们试图展示黄铜、青铜和红铜在加热时体积会膨胀，冷却时会收缩。实验者们把金属膨胀的程度与木头浸水后的膨胀进行了对比——这种对比在当代人看来简直不可思议，在"热源接受者"理论下却是很有道理的，因为在这种说法中，吸收"水粒子"和吸收"火焰粒子"是具有类似性的（吸收"火焰粒子"是他们对加热的解释）。

实验者们同样把水在装满冰块的浴盆中冻结（所谓的人工冻结）与在室外的低温下自行冻结（所谓的自然冻结）进行对比，试图找出冷冻速率、冻结程度以及冰块的透明程度之间是否具有区别。这些实验的理论基础是不同的冷源应该具有不同的效果，然而实验的结果却无法充分证明这个观点。因为实验者们从来没有想到要检查一下"自然冻结"时室外的温度与"人工冻结"时冰块的温度是不是相同，他们只是一心着眼于寻找不同"冷源"的区别和它们的效果。

西门托学院成立一百年后的1761年，苏格兰化学家约瑟夫·布莱克发现，给物体加热并不会必然改变它的温度。具体来说，布莱克发现，如果给冰水混合物加热，它的温度不会发生变化，只有水和冰的比例会发生改变，直到冰块全部融化后，它的温度才会开始逐渐上升。他在沸水和蒸汽的混合物中也发现了这种现象：在所有沸水都变成蒸汽之前，混合物的温度不会再发生变化。

布莱克的发现——"热量"和温度是不同的——很明显无法适应当时盛行的"热源接受者"理论。在布莱克之前，人们一直相信温度计测量的是"热量"而非温度，因此，他们无法解释在形态发生转变时温度与热量之间的关系。

这项发现催生了全新的热力学理论，但这种理论和现代热力学的运动理论还是有所不同。布莱克的理论区分了热量和温度，但依然把热量作为一种独立物质来处理。这种被称为"热量（caloric）"的物质会在某物达到其熔点或沸点时汇聚其中，改变这一物质的化学形态，但不会让温度发生变化。直到一个世纪后，科学家们才抛弃了热量理论，开始用一种基于能量的运动理论看待热力学，但并非科学家的人们则从未抛弃这种理论。这一观点潜藏在绝大多数人对温度的理念之下，虽然我们可能根本就想不起"热量"这个词，只是叫它"热"而已。

热量是能量的一种，它是物理系统中分子的集体能量。但我们倾向于把它视作一种具体的物质，就像上文描述过的那些历史上的理论一样。我们关于热力的直觉理论与历史上出现过的理论在很多方面都有相似之处，就让我们从描述热量的言语说起吧。我们总是把热量描述成一种可以自行移动的东西（我们会说"热气都从你的脑袋上跑走了"或者"浴缸里的热乎劲儿都跑没了"这样的话），而且它还可以被捕获或者保存（"温室可以留住太阳光的热量"或者"把门关上，让热乎气留在屋里")。对于一部分人来说，这种说法只不过是个比喻，因为说"浴缸里的热乎劲儿都跑没了"总比说"浴缸中的水与周围的环境达到了热平衡"要简单得多。但是，对于大多数人而言，这种表达完全只有字面的含义，就像我们说"浴缸里的水都放光了"或者"把门关上，让味道留在屋里"一样。

我们之所以知道这种言语对大多数人来说只具有字面的含义，是因为如此使用这种言语的人对热学现象的预判和不这么想的人有着本质上的区别——这一点下文会有进一步的探讨。另一个原因是，当人们不得不解释某种基于实体的言语时，多数人都会给出一种完全基于实体的理论。下面这段物理教育研究者与具有大学程度物理教育水平的学生的对话就很好地展示了这一点。

研究者：你刚才用了"流动"这个词来描述热传导的过程。你能解释一下在使用这个词的时候，你想象中的热力转移过程是什么样的吗？

学生：就像水从高处流到低处一样。因为热力是从温度高的地方流向温度低的地方的，所以我觉得它应该就像水一样。

关于热量的直觉理论和历史理论的另一个相似之处是，它们都认为热量是区分"冷"与"热"、"冷源"与"热源"的关键要素。所谓的冷热只不过是两种感知状态，从我们的体表吸收热量的物体在感觉上是冷的，把热量传导给体表的物体在感觉上是热的。我们却把这两种感知状态定义为两种不同的物质。请你阅读并思考以下陈述，这是要求几个参加物理学导论课程的学生解释为什么一杯温水在与金属桌面或冰块接触时温度会下降的时候,他们给出的解释。

- "一部分冷气离开冰块传进了水里。"
- "杯子的表面接触了金属桌子,桌子的分子把寒冷传导到杯子里。"
- "在杯子降温时,桌子把冷分子传导到杯子里,而杯子把热分子传导向桌子,所以这个过程结束后,杯子会变冷,桌子会变热。"

最后一条解释不仅把"冷"视作和"热"截然不同的物质,还认为它是由"冷分子"这种完全不同的物质构成的。用能量状态来解读这种说法可能很诱人——比如"热分子"是拥有较高能量的粒子,"冷分子"是能量较低的粒子——但是做出这个解答的学生明显认为在两个不同物体之间转移的是分子本身,而不是它们的能量。参加实验的另一个学生也表达出了相似的把冷和热视作两种彼此对立的物质的思路,这个学生把温度定义为"一种表示冷与热在物质内的混合程度的计量单位"。

关于热量的直觉理论和历史理论的第三种相似之处正是"热源接受者"理论,它让这两种理论都无法把热量和温度区分开来。布莱克通过对形态变化的精心观察才发现了热量与温度的不同。我们还可以在一种更为常见的情况下观察到温度与热量的不同,那就是同样温度下的不同物体可以传达的温暖程度并不相同。比如,在同一间浴室里,棉布的毛巾摸起来比下面的瓷砖要温暖;在一辆内部温度很高的汽车里,金属制的安全带扣子比塑料的衬垫摸起来更热;在烤炉里,

## 52

铝制的烤盘比烤盘周围的空气感觉更烫。这其中的原因是部分材料导热的能力比其他材料强一些，而导热能力更强的材料（"导体"）会比导热能力没么强的材料（"绝缘体"）得到更极端的感受。

正是因为这个原因，想要理解为什么同一温度下的不同材质摸起来会有不同温度的话，就必须学会区分热——以及热传递——和温度。但绝大多数人都是做不到这一点的。我们认定一件物品是"热的"时，依据要么是这件物品比其他物品触感温暖一些（比如我们会认为毛巾比瓷砖温暖），要么是某些物品保留热量的能力更强（就像棉布比瓷砖保持热量的能力更强一样）。我们习惯拿手指当作测量温度的工具，然而手指并不能测量热量，它们甚至不能测量温度。用手指测量其实是完全主观的：我们的皮肤是在获得热量还是失去热量，又是在以什么样的速度获得或失去热量。这种特质从进化的角度看是具有重要意义的，因为它让我们能够判断是否有烧伤或冻伤的危险。导致热损伤的并不是热量本身，而是热量的传递。假如热量本身是致伤的关键要素，那么我们就永远没办法把烤盘从热炉子里拿出来了，因为炉膛里的空气足以在我们伸手拿烤盘时把手臂上的皮肤烫坏。但我们不会被烫伤，因为空气传导热量的速度比金属慢很多。我们无法直接碰触400华氏度[1]的金属，但400华氏度的空气完全可以容忍。

值得争论的一点是，我们对热量的感知（温感）和热量本身的联系大概远比我们对重量的感知（重量感）与重量本身的联系要少。这两种感知都会被手中物体的材质影响，但是材质的区别对温度感的影响比对重量感的影响要强。举个例子来说，假如我们对比铝与软

---

[1] 约205摄氏度。

木，铝会比重量完全一致的软木块感觉重一些，因为同等重量下软木块体积更大，而我们对其重量的预判会根据大小进行调整，但无论如何都不会出现软木块可以轻松拿取，铝块却重得拿不起来的想法。但是，同样是这两件物品，它们在温度上的感觉就会有很大的差异了。请想象这样两个完全密封的氢气球，一个是橡胶做的，另一个则是纸做的。假如你让这两个气球同时在一个柜子里飘浮，那么几个小时后哪个气球的浮力会更强呢？是纸气球还是橡胶气球？请再假设一下这个场景：你手边有两杯咖啡，一个杯子是泡沫塑料的，另一个是陶瓷的，两个杯子都用完全密封的盖子封住杯口。假如这两个杯子在同一张桌子上静置，那么二十分钟后哪杯咖啡会更热呢？是陶瓷杯里的咖啡，还是泡沫塑料杯子里的咖啡？

　　从科学的角度来说，以上的两项思维实验涉及的现象有着本质的区别：一种涉及气体的扩散，另一种则是热的传递；第一个思考题涉及物质的分散，第二个问题则涉及能量的转化。因此，物理学家对这两个问题的回答会基于两种不同的考量：第一个问题是纸和橡胶的多孔性，第二个则是泡沫塑料与陶瓷的导热性。

　　然而，对于物理学的外行来说，他们回答这两个问题都只会基于对同一种要素的考量：多孔性。换句话说，不论是物理学家还是对物理学了解不多的人，都会同意橡胶气球能保持更多浮力，但他们会在哪杯咖啡更热这个问题上产生分歧。物理学家认为泡沫塑料杯子里的咖啡会更热，因为泡沫塑料的隔热性更好；外行人则认为陶瓷杯子里的咖啡更热，因为陶瓷的多孔性比泡沫塑料弱。

　　以上的这组思考题选自心理学家季清华（Michelene Chi）和她的团队提出的一系列问题。每组成对出现的问题都是一个材料转化问题和一个结构与其类似的能量传递问题。有些问题涉及的能量是热量，有些是光，还有一些是电。但是，不论问题谈论的能量究竟是哪一种，对物理学了解不多的人（在这项研究中，参加实验的是一批九年级学生）都会根据近似的材料转化问题的结果对能量传递问题做出推测。他们也会用相似的语言来解释自己对这两种现象的理解。不论讨论的是能量还是物质，他们都会使用表示包含（比如保持、困住、阻隔）、吸收（比如吸入、吸收、吸进去）以及宏观运动（比如离开、穿过、逃逸）的动词。

物理学专家则会用完全不同的言语来描述两个不同的问题。在讨论物质问题时，他们会使用描述包含、吸收与宏观运动的动词。但是，在描述能量时，他们会倾向于使用描述粒子运动（"冲撞""接触""刺激"）、系统性流程（"总体来说""并联""与此同时"）以及寻求均衡的进程（"传导""转换""趋同"）的表达。所以，为什么物理学的外行人会把热、光和电视作物质呢？季清华和她的同事认为，这是因为我们更容易对某种"东西"而非进程产生概念。"东西"是具体的，而进程是抽象的；"东西"是静态的，而进程是动态的；"东西"是持久的，进程则是转瞬即逝的。

当然，不是所有进程都很难让人产生明确的概念。我们完全可以毫无障碍地设想意图和动机都非常明确的进程，比如烹饪、绘画或者缝纫。季清华团队把这些进程定义为"直接进程"，并跟他们定义的"突现进程"进行区分。"突现进程"与"直接进程"主要有四点不同：首先，突现进程是整个系统层面的，这意味着它无法以"诱因—结果"机制进行明确的解释；其次，突现进程是寻求均衡的，这说明它终将向能够使参与者达成平衡的方向移动；再者，突现进程具有同

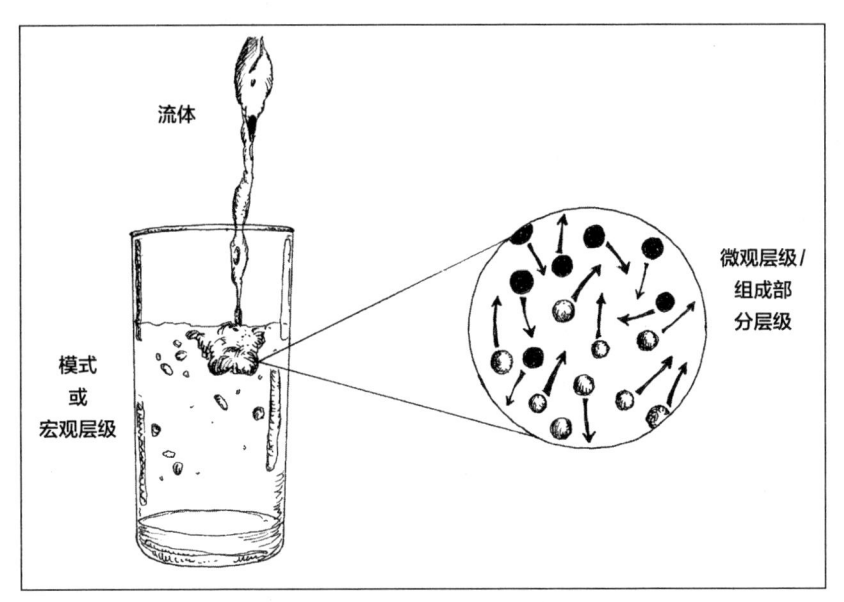

扩散是一种典型的突现进程。在这一进程中，物理系统一个层级（比如微观层级）的随机运动引发了该系统中更高层级（比如宏观层级）的有序变化，就像墨汁在水里扩散的进程一样。

步性，这意味着参与其中的要素在运行时彼此串联；最后，突现进程具有持续性，这表示即使进程中达到了均衡状态，这种进程也既没有起始，又没有终结。

热力是一个突现进程的绝佳范例，因为它正是从独立分子的集中运动里产生的。其他例子还包括由独立气体分子的合力产生的压强、产生于独立气团的共同运动的天气以及由独立物种的共同繁衍过程导致的进化。我们的社会生活中也处处可见突现进程的影子。交通是无数彼此独立的驾驶员同时做出决定而引发的突现进程，股价的变化也是所有参与其中的独立投资者共同做出选择影响下的结果，甚至城市都是无数各自独立的开发商共同作用下的产物。我们往往倾向于相信这些现象都是某个单一要素诱发的——比如某个开车磨蹭的司机、某个行事不理智的CEO或者某个想入非非的规划者——但真相是，这些现象的发生根本不需要领袖的引导（或者阻碍）。当然，在热学领域，更不用说哪个单一分子能引导进程了。某个系统中看似复杂且有序的变化实际上都是由处于该系统较低层级的、无序且简单的变化引发的。

从科学的角度理解热力，首先需要学会把它看作一种突现进程。但是，既然突现进程本身就相对难以理解，我们又要如何建立把热力视作突现进程的概念呢？这很像是一个"先有鸡还是先有蛋"的问题，不过季清华和她的同事找到了应对方案：他们先向对物理学不甚了解的学生介绍了广义上的突现进程这个概念，再为他们演示为何热力是一种突现进程。他们设计了一种在电脑上使用的教程，引导学生们了解突现进程的四个关键要素：突现进程适用于整个系统，突现进程寻求均衡，突现进程具有同步性，突现进程具有延续性。季清华团队通过上文描述过的测试题来检测这个教程是否有效，每组测试题都会出现几个与能量相关的问题和与其非常相似的物质相关的问题。

测试结果表明，季清华团队的电脑教程非常有效。在使用教程学习之前，不论是对情况的预判还是对现象的解释，都只有为数不多的几个学生能够把与能量相关的问题和与物质相关的问题区分开来。但是，在使用过教程后，绝大多数学生都能做到这一点了。换句话说，向对物理学缺乏了解的孩子解释突现进程，可以让他们用前所未有的全新视角思考热力——它来自物质又并非物质，它影响事物却不是事物本身。能量的本质就是如此。

声音像热力一样是一种能量。它在物质中传播，或者说通过物质传播，却不是物质本身。声音是一种压力波，先是压缩分子的波峰，接着是稀疏分子的波谷，通过一个震动的实体实现往复运动。不过，绝大多数人都不会把声音看作能量，而是把它当成一种具体的物质。

显而易见的是，声音能够通过媒介传播，因为我们可以通过固体、液体和气体听到声音，但我们一直以为它的传播是穿透媒介中"空着的地方"渗透过去的。很多人都以为媒介对声音的传播来说是阻碍，如果没有媒介，声音会传播得更快。然而声音是无法在真空的环境中传播的，正如电影《异形》的标志性台词所说的那样："在太空中，没有人听得见你尖叫。"

把声音视为物质的观点不仅常见，而且十分容易诱发。请你阅读并思考以下这些陈述，这是几名参加物理学导论课程的学生在调研中对"声音是如何在空气中传播的"这个问题做出的解释：

- "在声音移动的时候……就比如说声音在空气中传播的时候吧，它可能是穿过了空气分子之间的空隙，不过我想总会撞上一两个的。我的意思是说，声音也不能控制自己往哪边走嘛。"
- "声音的移动就像那种微小的东西一样，也是找地方钻过去……穿过所有小空隙什么的，直到它走到收听者那边为止。"
- "呃，要我说，声音的移动应该就像走迷宫一样，它得经过各种障碍才能走到另一端。我不觉得声音可以让墙壁里的分子动起来，它只能绕过去。"

我的朋友也做过类似的论断。有一次，我们一起看一部背景设置在外太空的电视剧，我的一位朋友说了这样的话："他们就不知道太空中没有声音吗？都没有声音可以弹跳传播的空气粒子。"太空中的确没有声音，她这话没有说错，但是理由找错了。声音是通过空气粒子传播的，而不是在粒子之间来回弹跳。

儿童对声音的概念比成年人更加具体。在一项研究中，测试人员询问年龄在6到10岁之间的儿童声音是否具有质量、重量以及持久性。他们使用的问题包括"我们能透过墙壁听到声音吗？"（如果儿童认为声音具有质量，这个问题就显得格外神秘了）；"声音能传播多远的距离？"（如果认为声音具有持久性，那它确实可以传得非常远）；"铃铛会不会每响一次就变轻一点儿？"（如果认为声音具有重量，那么答案就应该是肯定的）……结果是，几乎所有受访儿童都认为声音具有质量，因此它不能穿过墙壁，只能绕过，或者从墙上的缝隙钻过去。一部分儿童同时认为声音具有重量和持久性，他们不仅相信声音可以永远传播下去，也相信铃铛每响一次就会变轻一些。

这些观点的产生并不是偶然的，它们的出现遵循着一个固定的发展模式。儿童一开始都会在直觉上认为声音具有质量、重量与持久性这三种属性，直到他们逐个重新审视这些属性和观点。首先，他们会不再认为声音具有持久性；接着，他们会不再认为声音具有重量；到了最后，他们才会抛弃声音具有质量这个观点（理论上会）。很明显，不持久的没有重量的物质更容易想象，没有重量的物质又比没有质量的物质更容易想象。说到底，没有质量的物质算是什么东西呢？儿童对热的认知实际上遵循了这个模式，他们一开始会认为热力具有质量、重量和持久性，一段时间过后转为只有质量和重量，最后再变成只有质量。这种彼此相似的发展模式清晰地表明，儿童把声音和热力都视作物质而非能量。他们起初把这二者视为与物质实体相似的东西，然后逐渐把它们看作更加抽象的物质（但还是物质）。

儿童对我们如何感知声音这一点的认识也违背了基于物质的观点。科学地讲，接收声音的过程实际上相当直接：声波进入耳道，撞击我们的耳鼓使其振动，这种振动再通过一系列骨骼传导到耳蜗，在那里转换成神经信号。那么，如果把声音视作物质，接收声音会是什么样的过程呢？一种可能的解释是，耳朵的功效近似于收集"声音粒子"的漏斗，它把这些粒子聚集起来送进大脑。然而这种说法的接受程度却不怎么高。另一种更受欢迎的说法是，我们的耳朵会主动侦测声音，而不是被动地接收它们。换句话说，耳朵会主动通过某种看不见的放射物来对周边环境中的声音进行采样，这种观点被称为"放射说"。以下这段科学教育研究者与10岁儿童的对话就很好地展示了这种看法。

> 研究员（用金属物件敲击一只玻璃烧杯）：声音是怎么产生的？
> 孩子：两个硬的东西撞在一起就出声音了。
> 研究员：那为什么这些硬的东西能发出声音呢？
> 孩子：我也不太确定，我觉得这应该和声波有点儿关系吧。
> 研究员：你能解释一下和声波具体有什么关系吗？
> 孩子：不太能，声波是耳朵发出来的吧。
> 研究员：那你觉得声音是怎么从烧杯上传到你耳朵里的？
> 孩子：耳朵发送声波，然后声音一旦与这些声波接触，就会传回耳朵里了。

对话中的孩子知道"声波"这个词，却把它理解成了由耳朵发送而不是接收的东西。如果声音由粒子组成并且通过（或者说穿过）制

图中超级英雄的透视射线可以看作绝大多数人对普通视觉的看法的夸张版本：眼睛放出射线与环境互动。

造它的物质传播，那么我们肯定需要某种收集这些粒子的手段——比如某种可以与声音互动的放射物。上文的孩子只是刚好把"声波"这个词加在了这种放射头上而已。

听觉上的"放射说"观点在儿童中很常见，在成人之间却不算普遍。然而视觉上的"放射说"理论在成人和儿童中同样常见。视觉接收的原理和听觉非常相似，唯一的区别就是与其有关的能量变成了光。光进入我们的眼睛就像声音进入耳道，它撞击我们的视网膜如同声波撞击耳鼓。不过光的存在比声音更加普遍，因此往往不会被认为是信息的一种。我们的确知道要有光才能看得见，但我们不知道光本身才是可见性的载体——所有可见范围内的物质都要通过把光波反射进我们的眼中，才能被我们看到。即便是柏拉图、托勒密或者达·芬奇这样伟大的思想家也会误解光在视觉中的作用。就像如今的许多成年人一样，这些思想家把光视作某种由波构成的射线，它从眼睛中发射出来，并在外部与物体相互作用。

这种"放射说"观点的影响非常显著。如果让我们在对视觉的"进入说"解释（光线或光波进入我们的眼睛）和"放射说"解释（光线或光波离开眼睛再折返回来）之间做出选择，我们一般来说会选择后者。假如给我们一幅眼睛的示意图，让我们在上面画箭头表示视觉中信息的流向，那么我们通常会画出从眼睛出发指向外面的箭头，而不会让箭头指向眼睛的方向。当我们解释人是如何观察一件发光物体（比如亮着的电灯泡）的时候，我们的确会说来自灯泡的光进入了我们的眼睛；但如果解释的对象变成如何观察不会发光的物体（比如没有亮的电灯泡）的时候，我们就不会承认有什么东西进入眼睛了。其中，最后一个现象尤其有意义，它说明我们既承认在有光源的时候光会进入眼睛，又不把光看作对于视觉来说的关键要素。

标准的物理课程并不会涉及光在视觉中的角色。只有心理学课程才会包含这些元素，但它们也很少会直接驳斥"放射说"的思路。除此之外，我们对视觉的经验也无法提出指向"进入说"特质的线索。因此，许多成年人依然抱持着"放射说"的看法，这一点并不奇怪，我们可能只是从来没有听过另外一种说法而已。研究者对这种可能性进行过研究，他们发现，直接告诉人们视觉的原理对纠正他们基于"放射说"的概念错误并不是非常有效。这种概念错误对引导的抵抗力很强。在一项研究中，研究者制作了一部教程，它专门阐述并驳斥了"放射说"理论，强调了光在视觉中的作用，并超过二十次提到了在这个过程中是光进入眼睛。教程的结束语是这条信息:"请记住,我们不需要从眼里发射什么就能看见东西。在你用眼睛去看的时候,只有光线会进入你的眼睛,不会有什么从你的眼睛里跑出来。虽然超人可以从眼睛里发射透视射线,但真实的普通人眼睛不发射任何东西也能看得见。"

研究人员让五年级、八年级以及大学低年级的学生分别使用了这部教程,每组学生似乎都有所收获。学习完教程后,所有学生的表达里基于"放射说"的观点都少了很多。但是,等到三个月后,这些学生在解释时表现出的"放射说"思路就像没学习过教程一样多了。参与研究的学生最终又回到了他们之前的"视觉光线"的观点。

这样的研究表明,"放射说"的观点表现出了直觉理论的所有核心要素:它们历史悠久,会在不同年龄段、任务和背景中出现,并且很难通过引导消灭。因此,"放射说"并不仅仅是一种错误观点,而且是对光与其在视觉中的角色的非科学理解的副产品。许多研究直接探究了学生对光(基于光感)的直觉看法,发现他们并没有把光视作一种能量,而是——我想你一定已经猜到了——一种物质。

抱持着"放射说"生活倒也不会有什么损失。不管我们认为光波到底是流向眼睛还是从眼睛里流出来,我们都知道,假如要看到某件物体,我们和这件物体之间就不能存在阻碍。但是,基于"放射说"的观点展现了关于能量的性质最基本的错误概念,而关于能量的错误概念很可能造成严重的后果,甚至是致命的影响。基于物质的能量理论认为,能量的来源与能量的受体截然不同(就像西门托学院的研究者们的"热源接受者"理论一样)。这种并不存在的区别可能引发与温度和电学相关的不安全行为。我们面对被当成能量来源的物体时会比较警惕，但是面对被视为能量受体的物体时就没那么小心了。

请你思考一下如下数据。绝大多数烧伤都不是接触火焰导致的（火焰是最原始的热源），而是因为接触了其他高温物品，比如滚烫的厨具或者沸水。绝大多数冻伤不是接触冰导致的（冰是最原始的冷源），而是长时间暴露在冷空气中。最常见的家庭用电致伤的原因也通常不是接触了电路（最原始的电力来源），而是家用电器使用不当。这些数据在一定层面可能取决于我们遭遇危险的频繁程度，但也很可能是我们低估了被视为能量受体的物品（或物质）的危险性导致的。

获取对热和电的科学认知有可能在一些与能量相关的危险面前保护我们，但是把科学常识与日常生活中的行为结合起来并不是那么容易的。比如，你可能知道电产生于电子在线圈中移动，但你可能依旧认为电力是从插座里顺着电线一路流到某个电子设备里的某种物质（所谓的"电流"）。即使是科学家，在非科学语境下讨论能量问题的时候，也会倾向于非科学的直觉。在一项研究中，研究人员向几名拥有物理学博士学位的受试者提了几个关于热与热传递的定性问题。虽然所有受试者都阐述了微观层面的进程如何转化为宏观意义上的现象，表述时却总是会在具体使用的语言上产生分歧。比如，在解释为什么一只滚烫的浅盘在敞开的橱柜里冷却得更快时，有些受试者的论据是导热性，有些提到了热对流，有些说起了热辐射，还有一些开始谈论问题涉及的材料的具体热容量。同样，对于这些物理学家受试者来说，把他们的科学知识与日常生活中关于热的经验结合起来颇有难度。以下这段对话就展示了这一点：

## 64

　　研究员：以下哪种材料更适合让冰凉的果汁盒保持低温，铝箔还是羊毛？

　　物理学家：我想说羊毛，但我觉得这个答案是错的。

　　研究员：你为什么觉得这个答案是错的呢？

　　物理学家：我也说不上来。我就感觉肯定是错的，但我说不上来为什么。

　　研究员：所以你感觉铝箔应该是正确的答案？

　　物理学家：应该是。你问为什么？因为我妈把东西放在炉子里烤的时候会在外面包铝箔，而不是羊毛，可羊毛在高温的炉子里是不会燃烧起来的。所以答案应该是铝箔吧，我猜是这样。

　　实际上，羊毛作为隔热体要比铝箔好很多。其实这位物理学家注意到了这一点，但是他日常生活中关于羊毛和铝箔的经验让他犹豫不决。如果铝箔并不是优秀的隔热材料，那他的母亲为什么要用它来包食物呢？如果羊毛的隔热性更好，那为什么羊毛没有成为厨房必备品呢？

　　这则小逸事与专业科学家研究得出的一个更为广泛的结论不谋而合：科学家的推测比非科学家更准确，但这并不是因为他们能够放弃非科学家的观念错误，而是因为他们学会了抑制它们。那些错误观念依然存在，并在科学家解决他们专长领域之外的问题时蠢蠢欲动，就像上文描述的情况一样。就算他们对问题做出了正确的推理，他们的大脑依然会显示出在隐性层面与错误观念纠缠的痕迹。让我们得以认识这一点的是使用了功能性磁共振成像（fMRI）技术来检测实验时的脑部活动的研究。fMRI测量了与某一科学任务相关时有多少血液流经

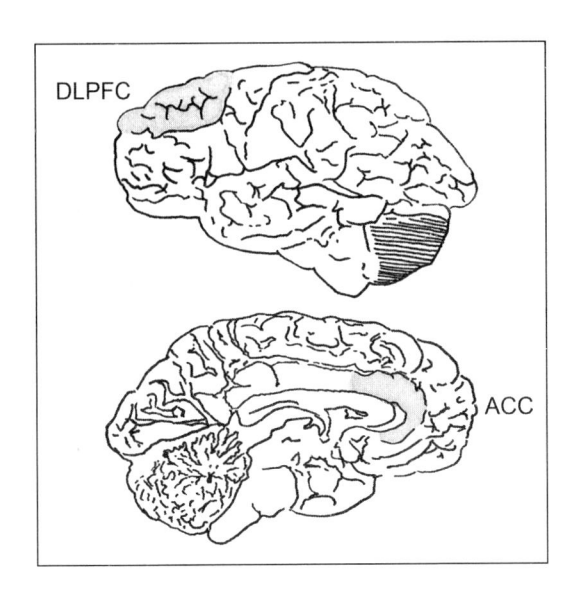

在观察一幅物理学上不能成立的线路图时,物理学专家的脑部在背侧前额叶皮质(DLPFC)和前扣带皮质(ACC)处显示出了更多活动,这两个区域主要与抑制和冲突监控有关。

大脑的特定区域。大脑的某个区域越活跃,需要的氧气就越多,向那里输送氧气的血液也就越多。

近年来,研究者在身为科学家的受试者解决以下两种问题时监测了他们的脑部运动:一种是任何人(不论是不是科学家)都能正确解答的问题,另一种是只有科学家可以正确解答的问题。在解答第一种问题时,科学家脑部的神经活动和非科学家的没有什么差异。但是,在面对第二种问题时,他们的大脑中与抑制和冲突监控相关的区域——背侧前额叶皮质和前扣带皮质——更加活跃。科学家的确能够解答更有挑战性的科学问题——这正是他们的专长所在——但是,当他们这样做的时候,他们必须抑制住那些与他们的科学知识相悖的念头。他们必须抑制住潜在的错误观念。

特别是在物理学家如何看待电的问题上记录下了许多能量方面的潜在的错误观念。在一项使用了fMRI的研究中,研究人员向物理学家和非物理学家分别展示了几组或完成或没有完成的电路图，受访者需要回答电路中的灯泡是否能够被点亮。物理学家知道，只有灯泡与两条线相连时才能被点亮，因为完成灯泡与电池之间的电路至少需要两条线。然而，非物理学家认为，电流在电线里运动的过程就像水在管道里流淌一样。因此，他们相信，只要一条电线就足够让电从电池流进灯泡里了。

正像研究人员预期的那样，物理学家完美地分辨出了正确的电路（完整且灯泡被点亮的电路以及不完整且灯泡没有被点亮的电路）与不正确的电路（电路完整但灯泡没有被点亮，或者电路不完整但灯泡被点亮了）。他们在行为上并没有表现出相信一根电线就能点亮灯泡的痕迹，但是在脑部运动上，这些专家在观察不正确的电路时，背侧前额叶皮质和前扣带皮质（与抑制和冲突监控有关的区域）表现得比非物理学家更为活跃。换句话说，当物理学家看到一根连接电池的电线点亮灯泡的线路图时，他们能正确地分辨出这种电路是错的，但他们的大脑展现出了抑制与此矛盾的答案的迹象。这种与此矛盾的答案很有可能就是"一根电线就足够点亮灯泡了"。

在隐性层面，即使是物理学家也会把电力类比为与液体相近的东西：它蓄积在蓄电"池"中，能够被导体"导流"，而且会在电线中"流淌"。电力在物理学中的本质——一种寻求平衡、同步、不断延续且处于系统层面的进程——即使身为物理学家也很难全面接受。不论是热、声、光还是电，人们都更愿意把它们视作物质，不论接受多少训练，都无法把这些基于物质的认识从我们的大脑中彻底抹去。

# 4. 引力

——什么让事物拥有重量？什么让事物下落？

**是**什么让物体坠落？美国实验心理学先驱威廉·詹姆斯推测，在婴儿的观念中，世界是"一团庞大而繁杂的纷乱"。然而詹姆斯的这个推论并不正确。在近四十年中，运用了"优先注视法"的研究（第二章描述了这种研究范式）已经表明，婴儿看待世界的方式和成年人并没有什么不同。婴儿把周边环境中的物体视作有形且离散的实体，它们沿着具有延续性的路径在空间中运行，并且会和其他物件发生互动。婴儿也会把这一环境中的其他人视作改变的载体，他们通过跟物体互动来达成特定的目标，满足注定的愿望。最后，婴儿会把环境本身视作一种具有深度、色彩、平面与质地的三维空间。

不过，婴儿对世界的观察在某些方面与成人是有明显不同的。请你设想一下下文描述的情景：空无一物的舞台上只摆着一张桌子，这张桌子前放着一块隔板。隔板上方悬着一个球体，这个球体开始向下垂直坠落，落到了隔板后面桌子的位置。球体落下后移开隔板，揭示出如下三种情形之一：球体掉落的位置是桌子表面；球体掉落的位置

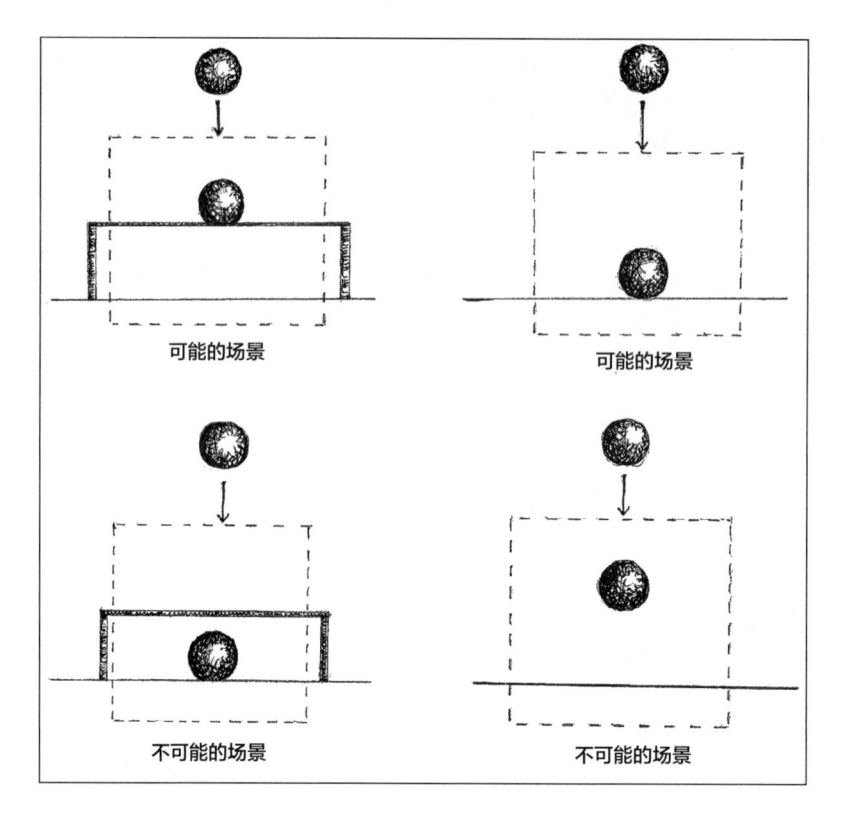

当球体落在隔板后面时（图中隔板用虚线表示），四个月大的婴儿看到球似乎穿过了桌子的场景（图中左下）时会感到惊异，却不会对球体悬空的情景（图中右下）有什么特殊反应。

是桌子下的地面，就好像它穿过了桌子一样；球体掉落的位置处于桌子和起落点之间，就好像它浮在空中一样。

上文的后两种情形都会让成年人感到惊异，但四个月大的婴儿只会对第二种情形做出反应。这里指的"反应"是，与落在桌面的球体相比，婴儿们会对似乎穿过了桌子的球体注视更长时间，却不会同样注视那个似乎悬在半空中的球体。这说明四个月大的婴儿虽然已经有了对固体性的期待，却还没有对引力的期待。事实是，婴儿对引力的观念——或者说得更具体一点儿，他们关于支撑的概念——是在生命的前几年中逐步建立起来的。

在成年人的期待中，如果质心处没有足够的支撑，那么物体就会坠落。这种观念表面看非常简单，实际上是相当复杂的。因为这种观念需要成长过程中获得的一系列观念作为支撑才能产生，而在这一系列观点中，首先需要的就是物体在没有与其他东西接触时会下落的观念。使用提供了足够或不足支撑的物体（物体在支撑不足时会掉落）进行的测量婴儿对固定物体的注意力的研究表明，婴儿到了六个月大时才会获得这种概念。

在一项研究中，研究人员给受试婴儿展示了两个摞在一起的盒子。婴儿观察着一只手推动上方的盒子，让它蹭着下方盒子的表面平移，这一推动过程会在以下两个节点之一停止：在第一个点，上面的盒子依然被下面的盒子所支撑；在第二个点，上面的盒子被推出了下方盒子的边界，看起来就像浮在半空中一样。五个月大的婴儿会对貌似飘浮的盒子注视更长的时间，这说明他们已经建立了飘浮的盒子理应坠落的预期。然而，看到上方的盒子被推到下面盒子的边缘，两个盒子只在边角上稍微有接触的情形时，这个年龄段的孩子是不会表现出惊讶的。这说明婴儿先学会认识两件物体是否彼此接触，再学会认识接触的具体类型。他们还需要两个月左右才能理解唯一能够提供支撑的接触来自物体下方。

当然，相对于支撑来说，来自下方的支撑虽然必不可少，但完全不够。物体只有在质心得到支撑时才能免于坠落。在婴儿理解支撑的重要性之后的几个月里，他们并不会关心物体具体的支撑程度。以九个月大的婴儿为例，在看到位于长方体支撑物上方的三角形积木块的

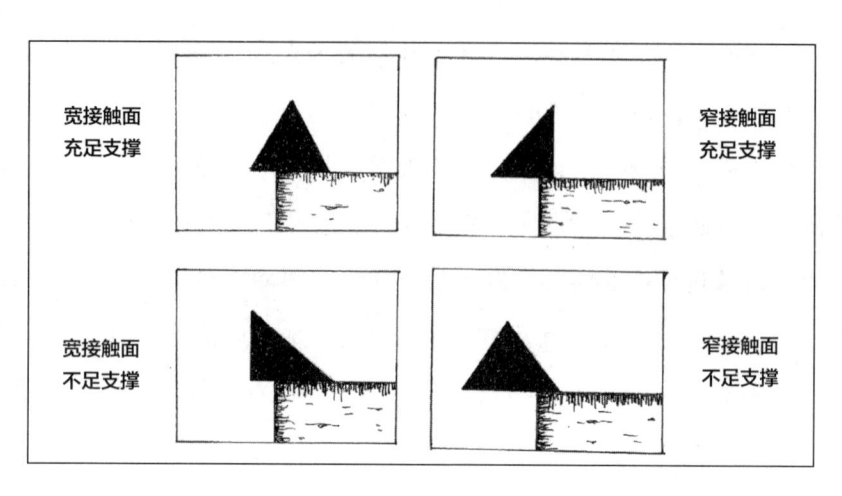

[图示：四个方块展示——左上"宽接触面 充足支撑"、右上"窄接触面 充足支撑"、左下"宽接触面 不足支撑"、右下"窄接触面 不足支撑"]

幼儿判断一个物体是否会从底座上掉落的根据是这个物体的底面是否得到支撑，而不在意它的质心支撑情况如何。所以，他们一方面能正确地判断出上图右下角的积木块会掉下来，而左上角的不会；另一方面又会错误地以为右上角的积木块会掉落，而左下角的不会。

绝大部分都被推离下方支撑却没有掉落的情形时，他们是不会感觉惊讶的。事实上，判断物体到底需要多少支撑的期待在整个童年都会不断调整。

　　像年龄稍大的婴儿一样，幼儿也理解物体和支撑物之间一定程度的接触非常重要，但是他们无法留意到具体的支撑位置。6岁的幼儿会认为，只要物体底面的一半还和支撑物有接触，物体就依然处于被支撑状态。他们想不到要确认一下物体是否有一半的质量也留在支撑物上。因此，不对称的物体会让幼儿在判断时遭遇阻碍，因为这些物体在两方面违背了他们的"接触量"原则：一方面，即便这些物体的底面大部分留在支撑物上，它们还是有坠落的可能（因为质量的绝大部分不在支撑物上）；另一方面，即便它们的底面绝大部分都悬空，它们也可能稳稳地保持被支撑状态（因为质量的绝大部分得到了支撑)。

因此，儿童对于支撑的预期会逐步变得越来越精确：从认为物体只要没有接触就会掉落，到认为物体没有来自下方的接触才会掉落，最终变成只有质点没有得到支撑时才会掉落。能够展现出这些预期变化的不仅是儿童面对不可能现象时的反应（就像上文描述的那样），也有他们自己与物体互动的行为。在一项研究中，研究人员给婴儿展示了两只玩具小猪——其中一只在下方得到了足够的支撑，另外一只没有——并鼓励孩子们伸手去拿自己想要的那只小猪。一半的受试婴儿面对的选择是得到了完全支撑的小猪和看似浮在半空中的小猪，另一半婴儿的选择是得到完全支撑的小猪和得到部分支撑的小猪——换句话说，就是质点没有得到支撑的原本应该掉落的小猪。

参加实验的婴儿会拿取哪只小猪取决于他们的年龄。五个月大的婴儿面对得到完全支撑的小猪和看似浮空的小猪时会倾向于选择前者，但他们在完全支撑的小猪和部分支撑的小猪之间就没有什么倾向性了。七个月大的婴儿则会在两种情形下都更倾向于选择得到了完全支撑的小猪。婴儿在伸手拿取上表现出的倾向性与他们注视时的倾向一致。如同上文提到的一样，五个月大的婴儿看到没有支撑的物体停留在空中时会感到惊讶，看着只有一部分支撑的物体时则不会吃惊，但这两种情况都会让七个月大的婴儿感觉很意外。不论具体年龄多大，婴儿对于不符合他们预期的情景都表现得非常谨慎。

我刚才提到了婴儿早在建立起对支撑的预期之前就已经有了对固体性相对成熟的概念。这一点同样在连续性（物体会沿着连续路径进行移动）和内聚力（物体移动时会保持凝聚）两方面得以体现，这两种预期都会在关于支撑的成熟预期产生的数年之前出现。所以，为什么支撑成了一个例外呢？

这或许是由于，与另外三种概念相比，关于支撑的概念比较容易通过经验习得。长期来看，生来就带有关于支撑的认识的有机体未必会比自主学习这种知识的有机体更有优势。然而从另一方面来说，在固体性、内聚力和连续性方面缺乏与生俱来的知识的有机体不会有什么优势。他们在这"一团庞大而繁杂的纷乱"里学习这些原则的过程中可能会遭遇更多困难，因为固体性、内聚力和连续性决定了物体的本质。它们让我们得以从背景中解析对象，在对象经历位置与透视变化时对它们保持追踪——这些都是解答物体是否得到了支撑这个不那么重要的问题必备的先决条件。

这种基于进化的推测与非人灵长类动物关于物理对象的概念是一致的。猴子和类人猿就像人类婴儿一样，对固体性、内聚力和连续性有强势的预期，但是对支撑的预期就相对弱一些了。成年黑猩猩关于支撑的预期与五个月大的人类婴儿非常相似，它们会注意到物体是否与其他对象接触，但不会留意这种接触是来自下方还是旁边。它们会因为看到香蕉飘浮在半空而感到惊异，但是香蕉紧贴着一只盒子的边角飘在半空就不会让它们感到意外了。进化似乎要让灵长类动物注定从经验而不是本能中习得与支撑相关的知识，但是人类在学习结束后能呈现出远超其他灵长类动物的成果。

幼儿会在生命的最初几年对支撑建立相对成熟的理解，但对支撑的理解与对引力的理解是不一样的。后者不仅需要知道对象何时会坠落，还需要知道坠落的位置和原因。当物体坠落时，一般来说都是垂直下落的。比如，从餐桌上掉下去的勺子一般就落在桌边，从写字台上掉下去的钱币也不会离桌子太远。但是这条原则一样有例外情况。处于运动中的物体就会掉落在距离起落点更远的位置，而掉落过程中遭遇阻碍的物体就根本不会落地了。

然而研究结果表明，幼儿是不会考虑到这两种例外情况的。他们既无法留意到下落的物品是否在坠落中发生了运动（下一章将主要探讨运动的问题），也无法注意到下落的路径是否遭遇了阻碍。他们只是认为物品一定会直接落在起落点的正下方。验证了这一点的是心理学家布鲁斯·胡德的"管道实验"。皮亚杰之后的心理学家们一直对儿童如何在隐蔽位移中追踪对象这一点很感兴趣，换句话说，他们想知道幼儿如何以及何时追踪物体在视线之外的运动。在胡德设计的这项隐蔽位移实验中，发生位移的物品是一个球，隐蔽表面则是不透明的管道。

实验所用的管道被固定在垂直于地面的矩形框架中，让球体可以穿过这些管道落地。框架里至少需要三条管道，每条管道的上开口处装有套管，下开口处放着小桶，套管与小桶的位置垂直相对，看起来就好像假如没有安装管道，从套管上方落下的球就可以直接落入下方垂直于它的小桶一样。但管道的走向并不垂直，从上方正中管口进入的球会落入下方左边的小桶里，从上方左边管口进入的球会落入下方右边的小桶里，从上方右边管口进入的球会落入正下方的小桶里。

对于4岁以上的实验对象来说，从这个设备中将球取出的任务是小事一桩，只需要确定上下哪两个管口彼此相连就好了。然而对于4岁以下的幼儿来说，这个任务却异常艰难。他们似乎倾向于忽略管道的存在，直接在与上方球体进入位置对应的小桶处寻找——比如小球从上方左边的管口进入的话，他们就会在下方左边的小桶里寻找。胡德称这种表现为"引力错误"，因为这些错误并非来自完全随机的猜想。

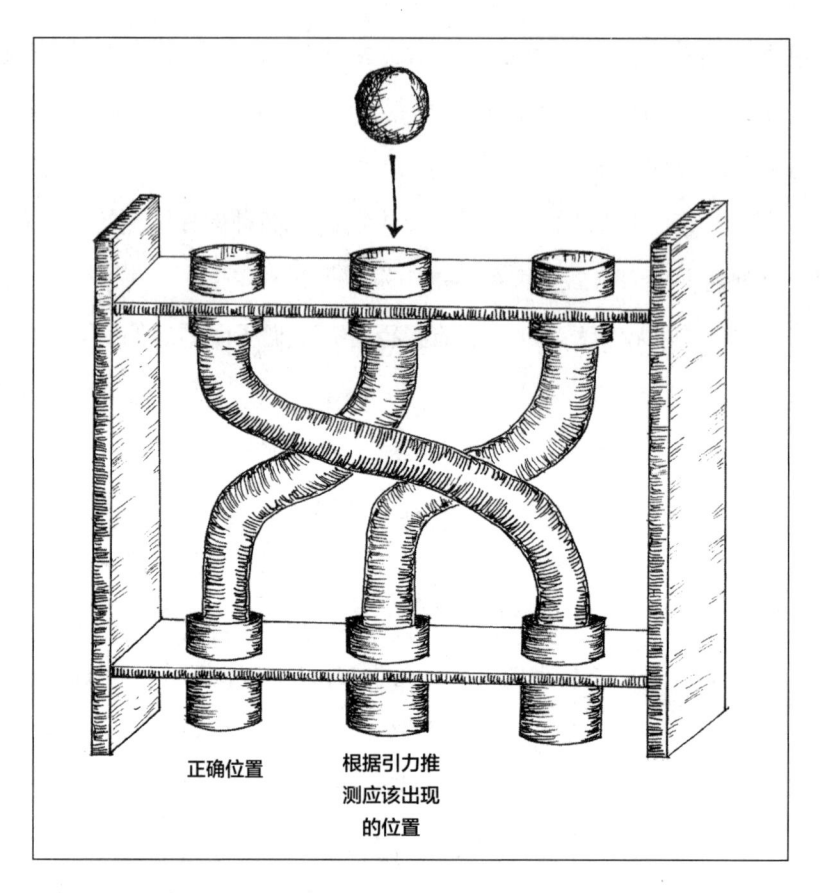

正确位置　根据引力推
　　　　　测应该出现
　　　　　的位置

当球体从这个设备中间的管口进入时，幼儿通常会直接在垂直于起落点的下方小桶处搜索，而留意不到设备中的管道会让球掉进左边的小桶里。

在上面的例子中，幼儿基本不会在第三个小桶处寻找——这个小桶既没有对应着正确的管道（不是正确的位置），也并不与球体进入的管口垂直（也不是引力理论上应该出现的位置）。如果下方的小桶没有与任何一条管道相连，那么幼儿也不会在那里搜索，因为他们知道，如果小球在那里落下了，那他们本应该看到它穿过空气下落的过程。

　　幼儿在这项实验中的表现不是非黑即白的。他们既不会在每次试验中都百分之百地展现出引力错误，也不会每次都能找到正确的位置。实际上，他们会随着年龄的增长而越来越接近正确的位置，也越来越少犯引力错误。这说明引力错误是以下两种彼此冲突的观点的产物：物体应该会直线下落以及一种固体（实验中的小球）不可能穿过另一种固体（管道）。对于年龄大一些的孩子来说，第二种观念更为强大，这让他们意识到固体的阻碍在这种情况下一定会对引力产生影响，年龄更小的幼儿则无法做出这种决定。实验所用的设备能够同时激发他们的这两种观念，而他们不知道如何区分二者的主次。

　　当然，对于幼儿为何无法通过管道测试还有别的解释方法。也许他们只是不太理解不透明管道的工作原理，从而不知道管道里的物体只会从末端掉出来。他们犯的错误也很可能是所谓的临近错误而不是引力错误——他们不过是去距离上一次看到球的位置最近的小桶寻找而已，这和他们对引力的预期没有什么关系。

　　胡德也的确考虑到了这两种解释，但通过实验证明了它们都并不准确。首先，他把实验用的设备平放，让球体从左到右地穿过管道，并以此证明了幼儿并非不理解管道的工作原理。在这种（依然用到了球和管道的）情形下，参与实验的幼儿能出色地完成任务。然后，通过对实验过程进行录像并回放，胡德证明了幼儿在实验中体现出的是引力错误而非临近错误。幼儿看了实验的倒放录像，录像中球体从管道下方进入，再从上方重新出现，就好像被管道中的真空吸进去了一样。在这种情形下，幼儿只会注意管道本身，而不会注意与进入位置垂直相邻的下出口。垂直相邻的下出口不再是他们倾向于寻找球体的位置，因为此时引力已经不是让他们注意那个位置的关键因素了。

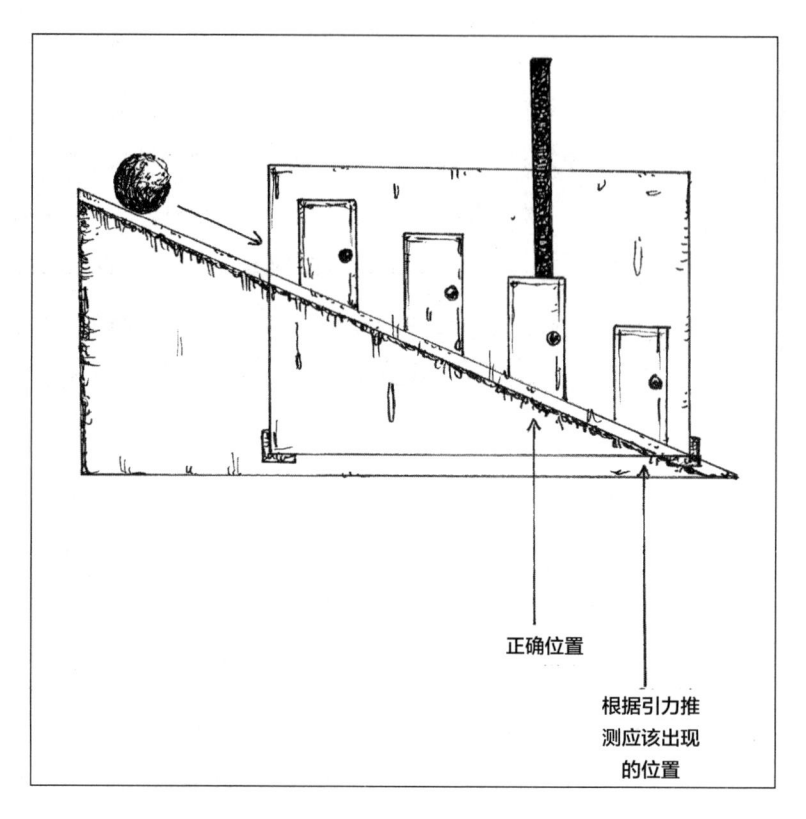

[图示:坡道与柜门实验,标注"正确位置"和"根据引力推测应该出现的位置"]

当球沿着图中的坡道滚下时,幼儿通常会在右侧最远端的门背后寻找,并无视障碍物会阻挡球体滚到那个位置这一点。

　　管道测试并不是唯一能够体现出幼儿引力错误的实验。在一项被称为"架子测试"的实验里,不需要笨重的管道设备也可以把固体性和引力放在一起进行实验。研究人员给幼儿看一个带着两扇门的小橱柜,其中一扇柜门位于另一扇柜门上方,每扇门里面都是一个架子。这两扇柜门都是打开的状态,幼儿可以通过柜门看到柜子没有封顶,因此上方的架子是与外界直接联通的。然后,研究人员关上柜门,用一扇屏风挡住柜子,再从屏风后面垂直于柜子的位置扔下一个球。移开屏风后，研究人员鼓励幼儿去柜子里把球找出来。柜子的上下两层之间隔着一层木板，因此球只可能在上层架子里，可是，绝大多数参与实验的两岁幼儿都会在下面的架子里找球。他们完全忽略了分隔两层架子的木板的固体性，只是把注意力全部集中在球上次出现位置的垂直距离最低的点上。

在这项实验的一个变体中，幼儿要找的变成了在隔板后从一个坡道上滚下来的球。这块隔板上有四扇随着坡道的走向高度逐个降低的小门，其中一扇门背后，研究人员在坡道上放了一个木块作为阻碍。这个木块比隔板要高，因此在隔板另一边随时能够看到障碍所处的位置。比如，把障碍放在第三扇门背后的话，滚动的小球就会从前两扇门背后通过，但是被障碍阻挡前行的路径，从而留在第三扇门背后。在这种情况下，球是不会滚到第四扇门背后的，但幼儿还是会在第四扇门后找它。他们直接无视了障碍，推测引力应该会让小球一路滚到坡道最底端。

观察下落的对象会让幼儿忽略部分物体的固体性，比如管道、架子以及屏障。我们知道，幼儿能够理解固体物件是不能互相穿过的，因为年仅五个月大的婴儿就已经认识到这一点了。与落在柜顶的球相比，婴儿会对看似穿过了架子的球注视更长时间（本章开头描述的就是婴儿的"架子测试"）。对于婴儿来说，固体性能够战胜引力，为什么在幼儿这里就变成了引力战胜固体性呢？

因为对于婴儿来说，架子测试只和固体性有关，他们彼时还没有获得任何（以支撑为形式的）关于引力的认知。但是，对于幼儿来讲，架子测试同时涉及了固体性和引力。而引力之所以能够战胜固体性，是因为这项任务激发了一个他们早已熟练掌握的程序：从地面捡起掉落的物体。幼儿关于固体性的认知和婴儿的不会有什么差别，但是这种认知被"在地上搜索"这个反射性冲动掩盖了。实际上，如果你留意幼儿参加管道测试时的动作，就会发现他们会用眼睛追踪球的移动，视线跟随着球移动到了正确的位置，但他们还是会去最低点找球。幼儿的视线揭示出他们对固体性的认识，但手上的动作只体现了关于引力的知识，就像婴儿的眼睛比双手更早体现出对客体永久性的认知一样（这部分内容在第二章有讨论）。

幼儿在这些隐蔽位移测试中的表现——不论是管道测试、架子测试还是斜坡测试——都是他们的引力知识与固体性知识对抗的过程。固体性知识取得胜利的概率可以通过改变任务的具体要求来增减。如果去掉管道测试中的管口和小桶，直接把球体扔进管道里，让幼儿只关注管道本身，固体性获胜的概率就会增加；如果让幼儿同时追踪两个球的运动，固体性获胜的概率就会下降，因为这超过了他们有限的注意力跨度。管道测试不会被用于成年人，不过研究人员当然可能创造出一种连成年人都感觉颇为困难的版本：只需要增加管道和球体的数量就好了。只要管道和球的数量足够多，就连成年人也可能犯引力错误。我们对"固体无法互相穿过"这一点的认知可能的确非常强大，但是这种认知也只能在我们能够实时处理的范围内发挥作用。

人类婴儿不是唯一无法通过管道测试的生物，狗、猴子以及类人猿也都无法通过。人类版本的实验当然无法应用于这些动物，但是它们可以使用同一实验的变体。在对狗进行测试时，下落的小球被换成了狗零食，下方的小桶也变成了狗可以用鼻子翻找的盒子。在对猴子或者类人猿进行测试时，小球换成了葡萄干或者干果，设备外还加上了实验动物无法破坏的有机玻璃屏障。虽然进行了这些调整，但实验的结果是一样的：人类以外的动物在最初尝试着捡起掉落的物体时也会犯引力错误。引力错误同样出现在它们参加架子测试和斜坡测试的过程中。

动物身上体现出的这种错误与人类幼儿表现出的错误异常相似。在一项野心勃勃的研究中，沃尔夫冈·科勒灵长类动物研究中心的研究员对四种类人猿——黑猩猩、倭黑猩猩、大猩猩、红猩猩——使用了横向与纵向两个版本的架子测试进行实验。在纵向架子测试中，类人猿看到的是一张桌子，桌上和桌下分别放着两只盒子。然后，一位研究员用屏风挡住桌子，让类人猿看着他向屏风后垂直于盒子的位置扔下一颗葡萄。类人猿被允许去其中一只盒子里找葡萄，并且只能选择一次。在几次尝试中，类人猿在上下两只盒子里寻找葡萄的频率基本上是一致的，哪怕从物理上讲那颗葡萄不可能掉进下面的盒子里。

在横向架子测试中去掉了桌子，两只盒子都侧边着地敞口放着，开口的朝向一致，不过右边的盒子挡住了左边盒子的开口。这两只盒子也被隔板挡了起来，研究员把一颗葡萄从右方滚进隔板背后。这一次，类人猿几乎可以百分之百地找到正确的盒子（右边），并无视从物理上讲葡萄不可能进入的盒子（左边）。参与测试的四种类人猿无一例外都能做出这种反应，它们在横向测试中都能根据固体性做出正确选择，而在纵向测试中则在基于固体性的正确选择和基于引力的错误选择之间摇摆不定。在后续研究中，研究人员发现，类人猿注视下落对象的方向和进行拿取的方向之间也存在差异，这一点与人类幼儿非常相似。类人猿的眼睛揭示出对固体性的认知，它们的手却只体现出对引力的认知。

寻找掉落的对象是每种陆生动物都要面对的任务，人类不是唯一用"在垂直于起落点的地方找"这个启发法来解决问题的动物，但只有人类能够战胜这种启发法。动物在多次接受管道测试的情况下，后几次测试的表现会比前几次要好一些，但这种改善始终是缓慢而有限的。取代引力错误的只是随机的反应，因为动物们已经知道了垂直于起落点的地方肯定不是正确的位置，但是它们无法理解管道的走向才是解决问题的关键。如果动物能够通过不断的练习来学会通过测试，那么它们解决问题的方式或许只是单纯地建立联想。也就是说，它们能够学会把设备上方的每个套管和下方具体的某个小桶联系起来，却不会注意到让对象从套管运动到小桶的具体机制（也就是管道）。而人类幼儿既可以通过学会建立联想来解决这个问题，也可以通过其他方式来学着通过测试。

一种帮助幼儿通过测试的方式是在孩子们开始找之前先告诉他们对象会掉在哪里。这听起来好像不算什么，实际上非常重要。其他动物可以观看同伴解决问题并模仿它们的行为，但是它们既无法通过交流传达解决方法，也不会尝试着这么做。然而，人类幼儿在管道测试中很容易采信成人的说法，并因此放弃垂直于起落点的小桶，去找成人指出的正确位置。而且幼儿不是什么话都言听计从的，他们既不会在亲眼看到球体下落的前提下被语言引导着犯下引力错误，也不会在（通过观察管道）知道了如何解决问题的情况下被语言引导着再犯引力错误。幼儿运用成年人证词的方式是既细致又具有适应性的。

另一种帮助幼儿通过测试的方式是鼓励他们发挥想象力——鼓励他们想象球体穿过管道下落的过程。引力错误之所以出现，往往是因为孩子们让一种经过训练的反应（从垂直于起落点的地方捡东西）取代了其他对球体落点的设想。鼓励幼儿发动想象力会让他们寻找时的

**准确率翻倍**：他们到正确地点搜索的概率会提高一倍，犯下引力错误的概率会减少到一半。人类具有两种重要的能力——运用想象力的能力以及向同胞学习的能力，这两种能力让我们战胜了这种偏见，而其他灵长类动物的搜寻行为终其一生都饱受其困扰。

你是否相信人类曾经在月球表面行走？大约7%的美国公众并不相信这一点。虽然自人类1969年初次登月开始，美国国家航天局（NASA）播放过多次登陆月球表面的影像资料，但还是有阴谋论者宣称那些资料是伪造的。这些阴谋论者虽然承认影像中的宇航员移动的速度比在地球上慢很多，但是他们拒绝相信那是引力不同导致的（地球的引力是$9.81m/s^2$，月球的则只有$1.62m/s^2$）。他们宣称NASA是在地球上的某个沙漠或者摄影棚里拍摄的影片，然后通过把播放速度降到原来的40%来实现的这种效果。

但慢速播放无法制造出宇航员跳跃得更高更远的现象，而影片中宇航员跳跃的距离和高度都是在地球上无法实现的。一些阴谋论者推测这种跳跃是通过隐藏着的吊索或缆绳伪造的，但是这种说法不能解释为什么宇航员投掷的东西——比如袋子、锤子以及金属盘——都比在地球上飞得更远更高。哪怕是宇航员踢起的尘土也比在地球上扬得更高，而尘土可是不能用吊索和缆绳拉起来的。

相信NASA伪造了登月视频的人忽略了的一点是，视频中的每帧画面、每个事物，都能体现出低引力环境的影响。但这些影响的确是非常容易被忽略的。不仅阴谋论者忽视了它们，许多反驳阴谋论的人士也忽视了它们。既然飞扬的尘土就是最有力的铁证，为什么还要为看不见的缆绳或者藏起来的吊索而争论不休呢？

不论是否相信阴谋论，我们可能都会认为引力与质量的关系非常难以理解。我们在婴儿时期理解了物体何时会掉落，又在童年明白了它们将落向何处，却只有在学习引力的概念时才知道它们为何会掉落。我们现在知道了引力是坠落的原因，但我们不会真的运用引力的思路来思考坠落。我们只会把坠落与重量结合起来。假如你的购物袋破了，里面的东西全都掉了出来，那么你一定不会埋怨地球引力，而只是抱怨这堆东西太重。每样东西的重量都不同，但引力看起来好像是恒定的，所以我们会忽略恒定的东西（引力），而只考虑非恒定的重量。

但是这种把引力与重量分开的习惯会对观念造成影响，最终我们会认为重量是物体的一种本质属性，而不是物体与某一引力环境之间的关系。这会让我们很难回答哪怕是最基础的关于引力和重力的问题：为什么物体在不同的星球上会有不同的重量？为什么卫星会绕着行星旋转，而不会直接撞上去？为什么不同质量的坠落物体都会以同样的加速度下落？为什么自由落体运动会带来失重感？还有一个最基本的问题——为什么地球另一端的物体不会直接飘到太空里去？

最后一个问题尤其会让小孩子感觉困惑。如果物体都需要来自下方的支撑，那地球的"下半边"要怎么支撑它们呢？那走到地球下半边的人就肯定会像爬到大球下半边上的老鼠一样掉下去了。研究人员对儿童如何把他们对引力的认识和对地球的认识结合起来很感兴趣，并试图通过以下的思维实验对此进行探究：

· 请想象一下，你有个朋友住在地球的另一端，现在这个朋友正在玩球。假如她把球高高地抛起来，球会到哪里去呢？

- 假如这个住在地球另一端的朋友有一瓶果汁,她把瓶盖打开,再把瓶口朝上放在地上,那么瓶里还会有果汁留下吗?
- 想象你家的花园里有一口很深很深的井,深得能穿过地心通到地球的另一边。假如你往这口井里扔一块石头,这块石头最终会怎么样呢?

读完这些问题的你有什么想法?你也许相信,第一个问题里的球会落在地上,第二个问题里的果汁也会留在瓶子里,但是第三个问题里的石头会怎么样呢?人们早在中世纪就开始思考这个问题了。当时的学者的观点主要分为两派:(1)石头会在到达地球的中心时停止运动(这一观点的代表是学者戈蒂埃·德·梅茨[1]);(2)石头会像钟摆一样左右运动(这一观点的代表是萨克森的阿尔伯特[2])。如今,物理学家们肯定了第二种观点,但他们同时指出,由于空气阻力的作用,石头不可能永无止境地摆动下去。石头每次通过地心的速度都会在空气阻力的作用下变慢,所以它最终的确会在地球正中心停下来,但不是像第一种说法那样到达中心就立刻停下。

对成年人来说,只有第三道思考题真正需要设想一番,因为另外两道早就有了已知的结果。但是对学龄前儿童而言,这三道题都是需要假设的情况。学龄前儿童一般并不知道(或者不相信)地球另一边还有人住,所以他们会认为三道题中的物体都会离开地表飞向空中。

---

[1] 戈蒂埃·德·梅茨(Gautier de Metz),13世纪法国的牧师及诗人,代表作是1245年发表的拉丁语著作《世界之景》(L'Image du monde),这是一部幻想与事实结合,主要探讨创世记、宇宙与地球的百科全书式著作。

[2] 萨克森的阿尔伯特(Albert of Saxony,1320—1390),德国哲学家,在逻辑学和物理学方面也颇有建树。

中世纪的物理学家在被投入直通地球另一端的深井中的石头会如何这个问题上争论不休。13世纪的学者戈蒂埃·德·梅茨认为，这块石头会如图所示在地球正中停止运动。

这些观点背后隐藏着的就是对重力的"垂直向下"概念——正是这个概念影响了幼儿在管道测试中的表现。

年龄大一些的孩子会知道，地球另一端不仅有人住，那边的人抛起的球也会和他们自己抛的一样落回地面。但他们对那块穿越地球的石头的命运就没那么确定了。很多孩子会肯定戈蒂埃·德·梅茨的观点，认为石头会在到达地心时停止运动。这个观点显示了一种全新的引力概念——认为引力是向（地心以）内而不是向下的。他们认为，石块到了地球内心最深的一点时会停止运动，因为引力是从那一点发散出来的。

因此，年龄大一些的孩子能够给出更加精确的答案并不意外，但年龄并不是唯一影响儿童判断准确性的要素。他们对地球的理解也是一个非常重要的影响因素，不论年龄多大，儿童对地球的形状和运动了解得越多，他们在回答这些与引力相关的思考题时给出的答案就越复杂和完善。理论上讲，理解地球是一个旋转的球体有助于儿童理解重力是一种内拉力，而理解重力是一种内拉力也能让他们更好地理解地球是旋转的球体。引力不是一种可以孤立学习的概念，它与其他许多概念有着内在的联系，比如支撑、自由落体、重量、质量、加速度与行星。想要对引力建立相对完善的概念的话，儿童还需要对质量、运动和宇宙学建立更加全面的认知。

这些概念之间彼此存在的内在联系引发了一个悖论：如果纠正任何一种观念都需要同时修正其他好几种，这又怎么可能做得到呢？哲学家奥托·纽拉特曾经把这个问题类比为在大海中修建一艘船："我们无法从一张白纸的状态开始学习，我们必须凑合着使用我们自意识产生以来陆陆续续地找到的所有语言和概念……我们就像是在海中航行的海员，既需要重建我们的船，又永远不可能从零开始。每取下一根桅杆都必须用一根新的代替，而船只的其他部分就是材料的来源。通过重复利用旧桅杆和收集浮木，这艘船可以在面貌上焕然一新，但这也是通过循序渐进的重建实现的。"

纽拉特是哲学家而非心理学家，但他所用的比喻与我们学习科学概念的过程不谋而合。这个过程是缓慢而艰难的，因为我们并没有这些概念的既定模板。我们必须不断地用一个更接近真相的概念替换掉另一个（比如用"物体在质心没有得到支撑时会下坠"替换"物体在没有来自下方的接触时会下坠"）。在许多次观念替换过后，虽然我们会形成看起来与旧观念截然不同的全新观点，但这一传承过程是确凿无疑的。每个天文学家在最开始都是不相信地球另一边有人住的孩子，每个物理学家在幼儿时代都找不到穿过管道的小球。简简单单的小艇也能在重组中变成宏伟的大船。

# 5. 运动

——什么让物体移动？物体沿着什么样的轨迹移动？

中世纪物理学家和如今的物理学家一样，能够在一些方面达成共识，也会因为理念不同而发生争论。比如，他们同意让对象发生运动的是一种外加的力——所谓的"内部动量"或者动力，也认同只要动力不消失，对象就会保持运动状态，就像第一章提及的情况一样。但中世纪物理学家们在动力是否可以拥有多种形式以及动力如何与其他物理力互动等方面无法达成共识。

一部分物理学家相信，动力会自行消散；而另一些物理学家相信，如果没有摩擦力或者空气阻力等外力阻碍，动力就会一直积聚在对象内部。学者们在引力将何时对动力产生影响这方面也颇有分歧：一种观点是对象一旦开始运动就会被引力影响；另一种则是动力降至某一节点后，引力才会产生影响。依据部分物理学家的理论，被承载的物体需要承载者提供的动力，另一些物理学家则认为被承载的物体不需要动力。除此之外，也有一部分物理学家争论着动力是只能引发直线运动，还是同样可以诱发曲线运动。

然而，所有争论都并没有什么结果，因为所谓的动力并不存在。

讨论动力是否会自行消解跟争论小矮人是不是戴尖帽子没有什么区别。这些问题都无法用实验来进行验证，因为问题本身在结构上就有错漏。第一个意识到这些问题不能成立的人是艾萨克·牛顿。在他的《自然哲学的数学原理》中，牛顿提出了三条让我们对运动的理解产生了永久性改变的定律：（1）运动的物体将保持其运动的状态，除非有力加于其上，迫使它改变这种状态；（2）作用于质量上的力将产生加速度；（3）每一个作用总是有一个相等的反作用和它对抗。

这三条定律听起来当然非常耳熟。每个学习物理的学生都学过这三条定律，并且通常会配有千篇一律的插图：一个在无摩擦的表面持续滚动的小球（用来讲解第一定律）、一个在沿着坡道下滑的过程中不断获得加速度的方块（用来讲解第二定律）以及两辆汽车相撞后分别向相反的方向后退（第三定律）。然而，这些定律到底是什么意思呢？它们又是怎么让"动力"这一概念过时的呢？我们中的很多人可能都死记硬背过牛顿的三定律以及与它们相关的方程式（$F=ma$、$p=mv$），但我们还是会用"动力"来预判和解释日常生活中的运动。有一种理解牛顿力学原理的好方法，就是思考这些原理如何为运动进行与我们想象中完全不同的刻画与描绘。

在直觉上，我们会把运动与力视作密不可分的两件事物：力就代表着运动，运动就代表着力。最原始的两种力是推与拉，这两种力也的确都能让对象运动起来。然而，是什么让物体保持运动呢？什么能让物体运动一段特定的距离？按照我们的直觉理论，那就是推或拉的力转移到了运动对象身上。比如，虽然引力或摩擦力等其他因素很明显会对运动造成影响，但是它们并不会对运动造成反作用，只是会导致转向或者减速。因此，我们不会把引力和摩擦力视作"力"。我们虽然描述时会用上"力"这个字，但更多还是把它们视作反力。

按照牛顿的理论，力不再是物体本身的属性，而是不同物体之间的相互作用。力可以被施加于物体，却不能被赋予物体。我们会本能地把力与运动联系起来，牛顿却告诉我们这种联系完全是误解。即便没有力，运动也能存在（比如在太空中不断运行的彗星）；同样，即便没有运动，力也依然存在（比如一张承载着盘子的桌子，它正在做的就是抵挡地心引力）。力与运动之所以可以彼此分割，是因为力可以带来的是运动的变化——比如对象运行的方向与速度——而不是运动本身。对象的速率（速度与方向）与加速度（速度与方向的变化）是截然不同的两种事物，只有加速度才需要力的作用。

请你回忆一下第一章提到的思维实验，那刚好是对我们关于力的直觉理论和牛顿理论进行区别的体现。当想象一颗子弹平行于地面射出，另一颗子弹同时从同一高度垂直落下时，绝大多数人都认为落下的子弹会比射出的子弹先落地，因为他们认为射出的子弹获得了额外的力——来自枪支的力被施加在了子弹身上——而且他们认为这种力能够简短地抵消重力的影响。然而在现实中，射出的子弹和落地的子弹之间水平速度的差异完全是个烟幕弹。这种差异对引力完全没有影响，引力会用同样的加速度把两颗子弹拉向地面。射出的子弹只是会在落地之前飞行更长的距离而已。

牛顿通过改变我们对力的理解改变了我们对运动的认识。我们从本能上总是会把运动与静止相对，我们认为运动需要解释，但是静止不需要，而不同类型的运动——比如上升、下落、飘浮和旋转——也需要不同类型的解释。然而牛顿告诉我们，运动和静止是"惯性"这枚硬币的两面，所谓的"静止"只是对运动状态无法被发现的运动物体的描述。在我们看来，架子上的书当然没有发生移动，它相对于地球的轴心却在以每小时1000英里[1]的速度旋转，相对于太阳更是以每小时67000英里的速度运动着。如果运动需要解释，那么静止同样需要解释。但是牛顿向我们证明，运动原本不需要解释，需要解释的只有运动的变化。

第一章的思维实验也很好地展现了这个观点。在假设炮弹从行驶的船上的瞭望塔处掉落的思考题中，绝大多数人都认为炮弹会落在船后而不是甲板上。因为我们相信船处于运动之中，下落的炮弹却是静止的，所以在我们的想象中，炮弹会在下方的船继续前进时垂直落下。但实际上，炮弹和船在以同样的速度运动，并且会以同样的速度向前方下落。

如果炮弹的例子还不够有说服力，那么，请你思考一下这个在网络上以恶搞励志海报的形式流传的实例。海报中有一辆十八轮大卡车，它的驾驶舱被后面的挂箱挤成了一团：路上的一块巨石让它不得不来了个急刹车。海报的描述语写道："惯性：你的卡车可以刹车，但是那块石头不会。"

虽然牛顿早在三百五十年前就把动力理论埋葬进了科学谬误的坟场，但时至今日，它的幽灵依然在并非科学家的人们的脑海中萦绕不去。很多人依然会透过动力理论这面镜子观察日常生活中可见的运动：弹珠从桌面滚落，小车一路冲下山坡，轰炸机投下炸弹，枪口射出子弹，足球被踢进球门，套索飞向目标，硬币被抛向空中。我们运

---

[1] 1英里约等于1.6千米。

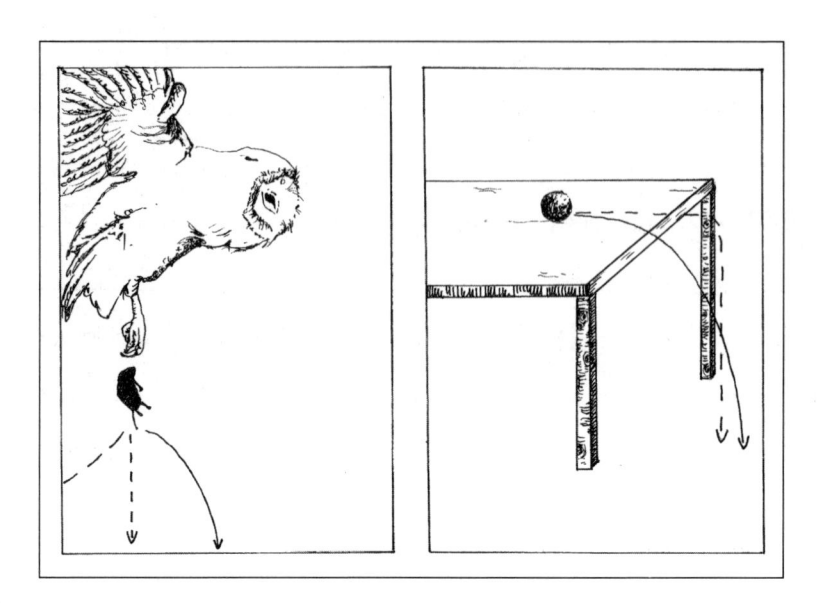

从桌子边缘滚落或者被移动的载体抛下的物体会沿着抛物线形轨迹移动（图中用实线表示），但很多人的设想是另一种情况（图中用虚线表示）。

用动力理论判断移动物体可能运行的轨迹，计量有多少力作用于一件移动的物体，甚至运用它与实时发生运动的物体进行互动。不论具体的任务和语境是什么，动力理论都占据了绝对的统治地位。

就以描画某个运动物体的预期运动轨迹为例吧。很多研究都使用了这项任务来验证我们在运动方面的直觉理论到底是更贴近实际还是动力理论。研究人员向受试者出示描绘了某种运动物体的图——比如一颗滚向桌子边缘的弹珠——并要求他们在示意图上画出接下来会发生什么。在现实生活中，从桌子上滚落的弹珠会沿着一条标准的抛物线形轨迹落在地上——这是它的水平速度与在引力影响下纵向的加速度共同作用的结果。然而绝大多数受试者画出的轨迹都不是抛物线形的。他们画出的轨迹或是在最开始平行于地面，或是在后半程与地面垂直。这说明他们认为这颗弹珠获得了某种动力，并且这种动力要么会让它在开始坠落时在空中多停留一段时间（就像第一章思考题中的子弹一样），要么在坠落即将结束时才被引力所取代。

在这项实验的另外一个版本中，研究员要求受试者为从行驶的轰炸机上投下的炸弹画出轨迹示意图。现实中这枚炮弹会像上文的弹珠一样按抛物线形轨迹下坠，但是绝大多数受试者都认为它会垂直下落。这说明他们认为虽然飞机在运动，但是炮弹保持静止，因此，他们不会在炮弹身上考虑水平速度（就像第一章思考题中从瞭望塔扔下的炮弹一样）。

要求受试者为沿曲线运动的物体——从曲线轨道射出的小球或者用套索进行圆周运动后抛出的小球——画运动轨迹示意图的任务或许是这种不易察觉的动力理论最常见的展示方式。实验中的两种运动物体都会从释放点开始沿着与曲线轨道相切的直线运行，许多受试者却预判这些对象会继续沿曲线运动。这说明他们相信物体在曲线轨道上获得的加速度会让它们在即使没有外力（比如来自管道的表面力或来自绳索的拉力）的情况下依然保持既有的运动路线。

受试者画的示意图只有在动力理论的视角下才有意义，因为只有所谓的"动力"能够在没有任何外力的情况下推动对象继续沿曲线轨道运行。更重要的是，这种推论实际上与现实生活中的许多反例相悖，比如从盘着的花园水管里流出的水，或者从旋转的来复枪管中射出的子弹。在一项研究中，研究人员要求受试者为以上情况画出示意图。受试者能做出完全正确的推断，比如判定卷曲水管里的水会沿直线流出，旋转的来复枪里射出的子弹也会沿直线运行。可是，如果让他们

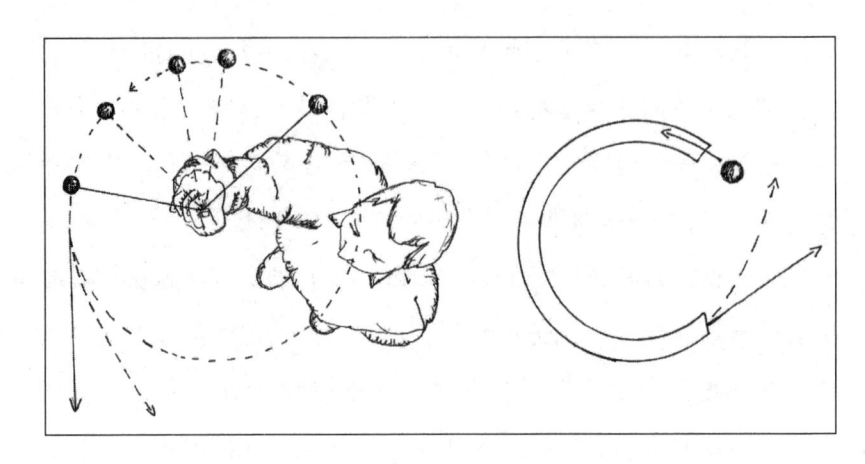

在弯曲轨道中加速的物体离开带来加速的力之后会沿直线运动（图中用实线表示），但是，很多人认为这些对象的运行轨迹依然会保持曲线（图中用虚线表示）。在他们的想象中，这些对象那一瞬间拥有一种"曲线动力"。

画从弯曲轨道里射出的小球的运动轨迹，他们还是会画出曲线路径。

提醒受试者现实生活中存在类似的场景似乎对他们进行推测时的思维模式毫无影响，他们还是会默认把基于动力的观点套用在新情况上。

在另一项旨在解释基于动力的推断模式的实验中，研究人员要求受试者观察运动的物体，并用箭头标出它们的受力情况，而受试者往往会把动力也画上去。比如，要求他们绘制抛硬币的受力轨迹图的话，很多受试者都会在硬币上画两种力，一种是向下的引力，另一种向上的力则被受试者描述为"硬币本身的力"或者硬币的"动力"。在硬币上升时，向上的力被描绘得比向下的力要大；硬币运动到顶点时上下两种力等大；硬币下落时，向上的力被描绘得比向下的力要小。这些示意图清楚地体现出受试者相信硬币被抛向空中时获得了动力，而这种动力会在运动过程中不断减弱；在动力与引力的临界点上，硬币会停止向上运动而开始下落。我们关于"运动就意味着有力的参与"的直觉理论让我们画出了这种并不存在的力，因为在现实中，不论硬币运行到了哪一点，影响它的都只有重力；在上升中唯一不断减弱的只有硬币的速度，一旦硬币不再有上升的速度，它就获得向下的加速度并开始下落。

然而，在另一方面，在为静止的物体画受力示意图时，受试者往往会忽略一种确实存在的力，那就是物体所处的表面向上的支撑力，这种力在物理学家的口中被称为"正向力"。直觉上讲，静止不会像运动一样让人想到有力的作用，然而此时力必然存在。如果没有力存在，看似静止的物体就会在重力的作用下直接从支撑它的表面穿过去。

在要求受试者绘制运动轨迹或受力情况示意图的研究中，研究人员通常会请受试者对自己所画的示意图进行讲解。受试者很少在描述中提到"动力"——至少不会提到这个名字。他们只是会用一些更加常见的术语来描述某种与动力相似的东西："动量""内在的能量""运动力"等。请你阅读以下几种说法，这些都是大学本科生在实验中对物理运动的描述：

- "弯曲管道带来的动量会让球走一个弧线。不过它从管道得到的力最终会消失，在那之后，球就会重新正常走直线了。"
- "移动的小球的力会转移到不动的小球身上，也就是说，力会从运动的小球跑到不动的小球上。"
- "这个正在移动的小球拥有一定量的力。移动的物体都拥有运动力,只要没有其他力反作用于它,这个物体就会一直运动,直到遇到反作用力为止。"

这些解释和第一章呈现的中世纪物理学家的观点不谋而合。这些物理学家的一位杰出代表让·布里丹曾经这样解释抛物运动:"在运动中,处于运动状态的物体体现出一种特定的力,或者说特定的动力……不论是向上、向下、侧向还是循环,这种动力总是指向移动物体的人希望物体移动的方向。正是因为动力的存在,所以,即便石头早已被投石者抛出,它也能够继续运动。但是这种动力也在不断地被空气的阻力和石块本身的重力抵消。"就连牛顿也用动力理论解释过抛物问题。在一本1664年的笔记里,还是个大学生的牛顿曾经如此写道:"如果没有外加的力作用,那么运动就无法继续,因为运动的实现必须通过力从移动者向被移动者转移。"牛顿最终当然会抛弃这种"力从移动者向被移动者转移"的理念,但这对他来说是运动研究的开始,对我们来说也是一样的。

为防止你认为动力理论是一种陈腐的观点——或者说是一种没有明确结果的误解——研究表明,动力理论的确会影响我们与现实中的三维物体互动的方式。在一项研究中,受试者分到了一个高尔夫球,并被要求在快速走过标靶时把球扔到靶子上,就像轰炸机投弹一样。绝大多数受试者投下球的位置都是标靶的正上方,这说明他们忽视了球拥有水平的速度,因此无法让高尔夫球落在靶子上。他们认为球没有获得"动力",所以应该垂直下落。只有为数不多的在到达标靶之前就投下高尔夫球的受试者命中了目标,因为此时小球下落的轨迹呈抛物线形,就像前文的思考题里那枚从瞭望塔上投下的炮弹一样。

虽然在我们的预判中抛射物不会沿着抛物线运行，但是，当我们在动画片里看到类似的情景时，我们又能立刻意识到这种情况是错的。

在另一项实验中，研究人员要求受试者把冰球滑进一个弯曲的管道里。绝大多数受试者在投出冰球之前都会沿着曲线路线为冰球加速，就好像是要为冰球创造一种曲线加速一样。然而，他们反而无法让冰球顺利进入管道。唯一能够完成这项任务的投法是把冰球对准弯曲管道的中心直线投出。

不过，我们与物理对象之间的互动并非一直被动力理论所影响。比如经验丰富的冰球手就不会试图通过沿着弯曲路径加速来打出曲线球，因为他们很熟悉冰球的运动方式；熟练的棒球手不会站在棒球飞行到最高点的位置等着球掉进手里；老练的足球运动员也不会从垂直于传球路径的方向断球，想着自己踢球的力量足以战胜球身上既有的速度。我们自然可以学着以最好的方式与运动物体互动，但我们出于本能的第一反应往往没那么理想，因为它是基于动力而非惯性的。

在我们为滚落桌沿的弹珠绘制平行于地面的轨迹时，我们画下的示意路线就和"乐一通"系列动画片里追逐哔哔鸟结果自己从悬崖上掉下去的歪心狼的轨迹差不多。我们对弹珠轨道的预判非常夸张，但这并不能说明我们会把动画片当真。我们知道歪心狼在踏出悬崖边缘的那一瞬间就应该掉下去，这也是为什么看着他没有掉下去会让我们感觉好笑。基于动力理论的示意图只有停留在纸上的时候才看似有说服力，一旦我们能看到相似的运动在眼前上演，就会立刻发现这种情况既不自然又滑稽可笑。对观看歪心狼风格动画片的人士的大脑进行监控的结果表明，在这一情况发生的三百毫秒内都能发现检测到不自然运动的证据。在我们开始思考自己看到的是什么之前，我们就已经发现了不自然的运动。

我们对运动的知觉期望远比概念期望准确得多。比如，在所有潜在路线都以动画形式呈现的情况下，当我们决定一个被射进弯曲管道里的小球会以哪种路线离开时，我们几乎都能在各种曲线选项里选出正确的直线路径。但是，假如所有潜在路线都是静态的示意图，我们就会无视正确的直线路径而选择曲线。一个与此相近的例子是，判断一个像钟摆一样来回摆动的小球在摆动顶点被释放时将采取什么路线。如果所有潜在路线的呈现都是动态的，我们很容易就能选出正确的直线；如果我们看到的是静态示意图，我们就倾向于选择不正确的曲线。

儿童的身上也能体现出这种知觉期望与概念期望的差异。在一项研究中，研究人员要求小学生思考从平行于地面飞行的热气球上掉落的小球会呈现何种运动轨迹。一组学生直接根据描述判断小球是向前、向后还是垂直下落。另一组学生则观看了每种潜在路径的动画展示后再做判断。结果第一组里几乎没有学生能选出正确答案,而第二组的绝大多数学生都能判定向前坠落的路径是正确的。

这种运动方面知觉期望和概念期望的差异甚至在两岁左右的幼儿身上都能有所体现。如果两岁的孩子看到小球从桌子边缘径直滚落的动画,他们会感到惊讶。与呈抛物线状下落的小球相比,他们会注视垂直下落的小球更长时间。然而,如果让这个年龄的孩子预测小球从桌边滚落时会落到哪里,他们会说"在桌子底下",哪怕现实中这样的结果会让他们感到意外。

两岁左右的幼儿会做出基于动力的推论,说明他们早在学会"运动"或者"力"这些词之前就在人生的初期阶段构建了某种动力运动理论。这个年龄段的孩子既能留意到动画中运动的不寻常,又会做出一样的预测,这说明我们在运动方面的知觉期望早在最开始就被概念期望所分割。这种区分在对基于运动的记忆的研究中得到了很好的体现。在一组实验中,年龄相当于大学生的受试者观察一个小球以直线路径离开一条弯曲的管道,并被要求把观察的结果画下来。结果绝大多数受试者都在记忆上出现了偏差,为小球绘制了弯曲的退出路径。在另外一项研究里,受试者观察一大一小两个球体同时以同样的速度发射到空中。这两个球会同时上升及下降,但受试者会忘记这个事实,并认定小球比大球更快落地,就好像小球受引力的影响比较小一样。研究者们还通过这些研究发现,我们在记忆中体验的时间越长,这些错觉在我们脑海中的印象就越深,多出来的时间刚好可以让我们的概念期望彻底推翻知觉期望。在我们感知运动时,我们可能会意识到牛顿定律的准确性,但是这种意识和视觉感知一样短暂。

动力理论早在人生的初始阶段就已经产生，即使我们感知实时运动的能力不断发展，动力理论也会一直顽强地存在。所以的确存在战胜动力理论的方法吗？教育家们到底有没有找到好办法教授更贴近牛顿理论的运动观？大多数教师在讲解牛顿定律时总是会使用既有的习题，但是这些习题并不能让学生改变他们的概念。这一点在一项研究中得到了清晰的验证。研究人员招募了一群连续两年每周上4.5小时物理学导论课程的大学生，这些学生在导论课上已经做了成百上千道物理学习题。为了验证做习题是否有帮助，研究员们设计了一次旨在考察基于动力理论和牛顿理论的区别的测验，并将学生们在这次测验中的得分与做过的物理习题总数进行比对。比对的结果令人失望：总共做过三千道物理习题的学生和只做过三百道题的学生犯动力推论错误的概率是相等的。

　　做物理习题并不能增进你对运动的理解，但它有一项明显的好处：你至少更会解题了。你通过做题学会了如何把抽象的方程与具体的问题对照起来，从而更好地把习题映射到问题中。然而你在这个过程中的任何时候都不需要思考这些方程的含义，你所做的不过是一种近似于"即插即用"的工作：在对应公式的正确位置插入正确的数字，然后通过计算得到正确的结果。

　　如果做习题对增进我们对运动的理解没有什么帮助，那么什么活动才是真正有效的呢？许多物理教育的研究者认为，答案也许就隐藏在微观世界中。所谓的微观世界，就是学生通过模拟交互和模拟实验来学习物理定律的虚拟环境。这些活动从教育的视角来看的确颇有诱人之处，因为它可以实现任何一种物理定律的具象化，而不仅仅是牛顿定律。而且它可以模拟几乎每一种物理性的相互作用，不再局限于

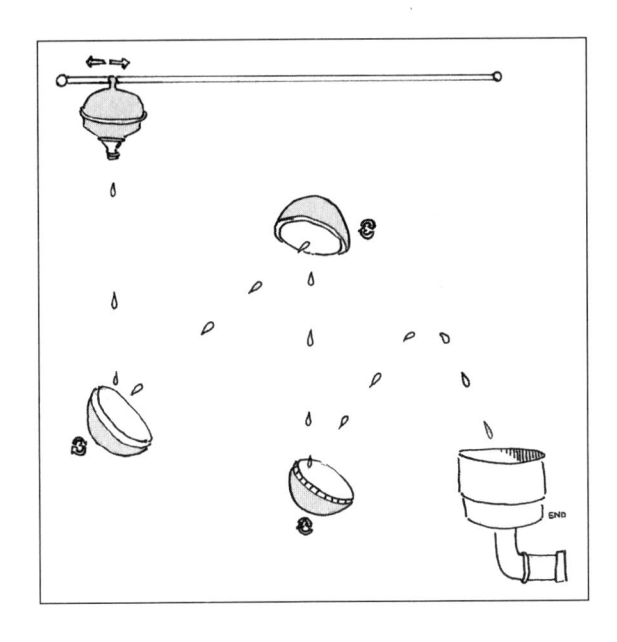

在电子游戏中探索牛顿定理——比如示意图上这款游戏，玩家需要让水滴沿着抛物线路径在鼓上来回弹跳——并不会对学生在游戏之外学习且掌握这些定理有很大的帮助。

在教室里重演寥寥几种实验。此外，这些活动可以计量每一种物理学单位，远远超越只能用秒表或卷尺测量的那几种。可以在微观世界中研究的东西远超在无聊的现实世界中可以研究的内容。

微观世界的确是一个吸引眼球的概念，可是它真的有效吗？在一项研究中，研究者们利用时下流行的电子游戏《魔法水滴》（Enigmo）对这个问题展开了探究。

在《魔法水滴》中，玩家需要通过控制落点来引导滴落的水珠从微观世界的一部分前往另一部分。游戏里水滴运行的方式完全符合牛顿定律，并且包括广受误解的抛物体沿抛物线运动这条定理。参加这项研究的受试者是一批中学生，他们中的一半在为期一个月的研究周期里玩了六小时的《魔法水滴》，另一半则以同样的时间玩了完全不包含物理学成分的策略电子游戏《铁路大亨》。在研究结尾阶段，两组学生都完成了一段时长三十分钟的牛顿定律教程。研究人员在三个时间点上对受试学生对运动的概念理解进行了评估：玩游戏之前、玩游戏之后以及学习过物理教程之后。

如同预测的一样，玩过《魔法水滴》的学生第二次测试的成绩与第一次相比的确有所上升，但是只上升了5%左右。物理教程却能让学生们的成绩上升20%，而且玩《铁路大亨》与玩《魔法水滴》的学生在这方面并没有什么差别。换句话说，这项研究证明，三十分钟的牛顿定律教程终究比六个小时的微观世界之旅更有用，哪怕这些定理在微观世界中得到了具象化的展示。利用其他微观世界进行的研究也得到了类似的结果。这说明微观世界最好的结果也不会比标准的教程更加有用。往坏处看的话，由它获取的知识并不会超越游戏本身的范围，因此也称得上浪费了时间。

从很多种角度上讲，我们不会笼统地把在微观世界中获取的知识与现实生活混为一谈实际上是一件好事，因为流行的电子游戏里呈现的微观世界很少能忠实地反应牛顿定律，它们要呈现的主要还是能给玩家更好的游戏体验的内容。比如，在任天堂出品的《超级马里奥》里，马里奥和弟弟路易基在移动平台上跳跃时并不会保留他们的水平速度。虽然脚下的平台在水平移动，马里奥兄弟跳跃时却总是直上直下的。游戏里的物品从这些移动平台边掉落时也会垂直下落。有些物品明显受重力影响，有些则不为引力所动。整体来说，重力的作用在这个游戏里本来就很难保持一致，所以马里奥才能跳到两倍于自己身高的高度，并且以八倍于正常水平的速度降落。当然，没有一个《超级马里奥》玩家会因为马里奥能做到而相信自己也能跳到两倍于身高的高度。我们会对来自游戏的知识进行过滤，并让它们只适用于游戏里马里奥的世界，就像玩过《魔法水滴》的学生会把游戏中呈现的牛顿定律相关的知识留在游戏世界里一样。

研究证明，微观世界在教育领域效果不大，这可能是因为虽然它们给学生提供了视觉体验，但是这些体验过于不直观。许多教育界人士相信，通过间接经验——比如游戏、纪录片、讲座或者课本——获取的知识，与通过实践直接获得的知识相比要逊色许多。来自实践的经验具有真实且具体的特质，很多人都相信这种特质对有意义的参与和知识的长期保持来说具有关键意义。然而这种观点同样没有得到研究的支持。不少研究都已经证明，在教授诸如牛顿理论这样的抽象概念时，亲自动手的实践经验未必比间接经验（比如引导）有效很多。问题在于这些抽象概念在学习之前经过抽象化，而实践经验并不适合这个目标。

教育研究者玛姬·瑞肯主导的一项研究很好地展示了实践经验的不足之处。她和同事通过实验验证了把实践经验与间接经验用于教学的成效，他们想要教授的理论是：两个同时落下的物体不论质量如何，都将以同样的速度下落。这项研究的受试者是两组中学生。一组学生利用小球和斜坡进行一系列实验，学生们系统地调整斜坡的角度和球的质量，并以此求得球滚下斜坡时都有哪些因素会影响它的速度。另一组学生则阅读与这些实验相关的文本——实验方法、实验结果以及相关推论——不亲自参加实验。到了研究的结尾阶段，只有第二组学生学到了不论质量如何，同时下落的物体都会以同样的速率运动。亲眼观察质量不同的小球以同样的速率（沿着坡道）下落并不会对学生既有的观点产生影响，他们还是会认为质量大的物体比小的滚得更快。在另一方面，告诉学生不同质量的球体会以同样的速度下落反而是很有效的，这组学生不仅在学习当天能够成功地回忆并应用这项定律，三个月后也同样没有问题。

这项实验的结果第一眼看来可能有些令人震惊。为什么二手信息反而比第一手的实践与观察更容易被学生接受呢？然而，仔细回想一下，就会发现这个结果是很有说服力的。如果只要接触物理定律的展示就能学习这些定律，那我们根本不需要在学校里学习这些知识，自学成才就完全够了。但是，诸如认为运动与静止不同或者运动一定代表着力的参与这样的认知偏差不仅会让我们在日常生活中忽视这些定律的存在，而且在我们亲手做实验的时候都是如此。从历史的角度来看，认为学生通过三十分钟的实验就能自行发现运动定律无疑是非常荒谬的，因为一代又一代的物理学家用了几百年的时间和无数实验才发现了它们。

话虽如此，亲自动手做实验也不是毫无价值的。只要引导的方式得当，实验就可以成为学习中有力的突破点。教育研究者约翰·克莱门特规划出了一种好方法，这种方法的核心是进行类比。与老套的让学生直接暴露在物理系统面前，并期待他们也许能在这些现象后面找到一些规律的做法不同，克莱门特的方法是通过精心设计的对比或类比引导学生关注这些定理。

不妨以克莱门特教授桌子这样的平面会为它们承载的物件提供向上的支撑力（正向力）这个反直觉的理念的方法为例。我们一般来说不会想到桌面对上面的书有向上的推力，但我们知道用手按弹簧时能感受到反推力。克莱门特称后者为"锚定直觉"，这个表达指的是可以将不正确的直觉拿来与其对比并由此得以修正的正确的

| 锚定直觉 | 桥接案例 | 目标 |

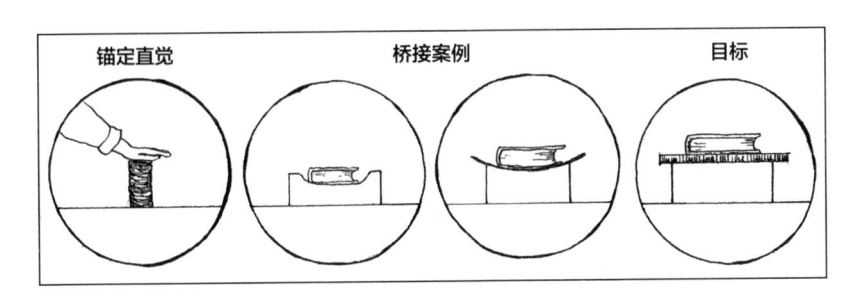

一种非常有效的教授表面会对它支撑的物体提供向上的力（正向力）的方法，就是利用更加贴近直觉的理念与这个观念进行桥接，比如弹簧会对按压它的手提供向上的推力。

直觉。知道弹簧会反推按在上面的手这一点本身不会让人理解为什么桌子会反推上面的书本，因为手与弹簧、书和桌子这两个对照组的概念差异实在是太大了。但是这种差异可以利用克莱门特口中的"桥接案例"来跨越：先把书放在弹簧上，再把书放在泡沫塑料上，接着是一块可以弯折的胶合板，最后才把书放在桌上。随着每一步的推进——从弹簧到泡沫塑料，从泡沫塑料到胶合板，再从胶合板到桌面——我们会越来越愿意在之前从未想过的情形下推断此时具有向上的力。这一桥接过程最后导致的推论是，即使是桌子也会对它们承载的物体提供向上的力。

桥接活动可以用于帮助理解其他反直觉的理念。比如，为了传达所有表面都具有摩擦力——哪怕是看似光滑的陶瓷或者钢铁也如此——的理念，我们可以使用"两张砂纸相互摩擦"这个动作作为锚定直觉，并以两块灯芯绒相互摩擦、两块皮毛相互摩擦作为桥接行为。为了传达人造卫星绕着地球环行是因为地球引力不断对它的运行轨迹施加着影响这一理念，我们可以用一枚从塔楼中射出并沿着弧线运行的炮弹作为锚定直觉，并把不断提高塔楼的高度和弧线路径划过的距离作为桥接行为。一旦高度和速度足够,炮弹就会永远在弧线路径上运行下去,环绕地球,再也不会落地。

诸如上文最后一个桥接类比之类的比喻——那是牛顿在《自然哲学的数学原理》中首次提出的——可能的确颇具诗意,这样的比喻让反直觉的东西变得如同直觉一样自然,让无法感知之物变得易于感知,因此它毫无疑问会十分有效。克莱门特将使用了桥接类比的课程和没有使用这种方法的课程进行比对,发现在教授反直觉的物理现象时,使用了桥接类比的课程的效率比没有使用的要高一倍左右。通过将物理原理不那么透明的表现与更透明一些的表现联系起来,桥接类比使我们能够从经验中获取原本会忽略的原则。

克莱门特的桥接类比的成功让人不由得对我们先入为主的本质产生了全新的问题。我们的这些先入之见到底是学习的阻碍,还是能对学习有所帮助呢?克莱门特认为答案应该是后者。在一篇名为《不是所有先入之见都是偏见》的论文中,克莱门特指出,把先入之见视为障碍或帮助的两种观点对我们的科学教学有着不同的影响。把它视为帮助的观点认为,先入之见应该获得额外关注,并且应该被当作理解复杂观点的桥梁。但是,依照把它视作阻碍的观点的话,先入之见应当被拆解或回避。

我们在之前的章节中早已接触过这两种类型的范例。在第三章中,我们读到过一种对学生教授热力学知识的策略,这种策略通过引入一种热力的替代思维框架(突现进程)来回避学生基于实体的既有概念。但是,在另一方面,第二章提及的教授物质理论的策略,就是将学生对重量和密度完全未分化的概念与另一种更科学的单位概念

（每单位内平均值）桥接起来。

这两种策略难道有什么优劣之分吗？教育研究者们在这一点上意见难以统一。一部分研究者主要着眼于在教学中更有成效的内容，另一部分则更关注广泛的认识论问题。教育研究者安德烈·迪瑟沙相信，将先入之见直接定性为"偏见/概念错误"对拥有先入之见的学生来说是不够宽容的。在一篇论文中，迪瑟沙称自己出席过"太多次研究者们对学生的知识水平进行讥讽乃至于嘲笑的会议，与会者不仅经常使用'伪概念'这样轻蔑的词语，而且宣称这些学生无知或智力迟钝"。他认为这种行为是错误的，因为许多幼稚可笑的观点"实际上会在日后成为高质量技术能力的一部分。丰富的幼稚认知生态日后会构成富有生产力的资源储备。就像来自子概念的元素可以共同组成动力理论一样，这些元素也完全能够以更好的方式进行重组"。

迪瑟沙的观点在初学者听来可能很受用，但是它掩盖了先入之见的本质。有些先入之见的确是观念错误。重量更重的物体不会比较轻的物体下落得更快，抛物体并不会比静止的物体受到更多种力的影响，从行驶的载具上掉落的物体不会直线下落，从弯曲管道中射出的物体也不会继续沿曲线路径运动。这些错误观念之所以能跨越背景、人群、成长程度和历史阶段彼此联系，正是因为它们都建立在相信移动物体受"动力"这种并不存在的力影响这一点上。

动力并不是正确理念以不准确的方式组合而成的结果，它是我们不准确的理念的根源。因此，否认基于动力的观点是错误观念无异于刻意忽视对这些观点的实证研究。从另一方面来讲，承认基于动力的观点是错误观念也并不等于承认所有先入之见都是错误观念。克莱门特的桥接类比之所以非常有效，正是因为它利用了并非错误观念且没有被动力理论影响的先入之见。

鉴于我们的先入之见彼此不尽相同，讨论这些先入之见到底是障碍还是帮助实际上是一个错误的切入点。我们的先入之见有些是正确的，有些是错误的，判断其正误需要经验和实践。不对这些先入之见能对我们的推论产生什么样的影响进行探究的话，我们就永远不可能知道究竟哪些观点是正确的，哪些又是错误的。同样，在付诸实践之前，我们也永远不可能知道具体某一种教学策略到底多有效。有时回避先入之见会更有效，有时利用它们反而更有用，这一切全都取决于具体的先入之见是什么。

不论是回避还是以之作为桥梁，这两种策略都并不是彼此冲突的，它们达成的结果虽然不同，却可以互补。桥接策略可以将反直觉的科学观点（比如正向力）变得符合直觉，却不会对这种科学理念本身进行解释，既不解释名词，也不讲解其机能（比如分子键）或整体的框架（牛顿第三定律）。而回避先入之见的策略为解释反直觉的科学理念提供了框架，却没有让它们变得符合直觉。因此，克莱门特推荐教育者们不在同一门课程中同时用上这两种策略。这个世界是一个复杂的地方，正确地认识世界也是一个复杂的过程。

# 6. 宇宙

——我们的世界是什么形状？它在宇宙中处于什么位置？

如果你像许多古代人一样，终生都难以离开家乡一日路程以内的地方，那么外面的世界自然会饱含种种未解之谜：在我们文明的边界之外还有什么呢？我们的文明在整个世界范围内占据了什么样的位置呢？这个世界是什么形状的？它又是从哪里来的？

以诸如此类的问题为灵感，人类创造了许多独特的宇宙论，每一种都以自己的方式勾勒着未知世界的完整轮廓。在古埃及人的讲述中，人类居住的世界位于天空之神与大地之神彼此相拥的怀抱中。在古代易洛魁人的故事里，是一只巨龟背负着人类居住的世界漂浮在原初之海上。在古老的挪威神话里，人类居住的世界不过是寄寓在一棵巨树上的诸多领域之一，这棵巨树还被世界巨蛇环绕着。而古代希伯来人相信，世界是被穹顶状天幕笼罩的漂浮在水上的碟形岛屿。

值得注意的一点是，在以上所有的宇宙论中，都不曾出现过把世界视作球体的概念。古人似乎从未把地球想象成一个球体，不过他们为什么非得这么想不可呢？地球的曲度并不是肉眼可见的，这一点也

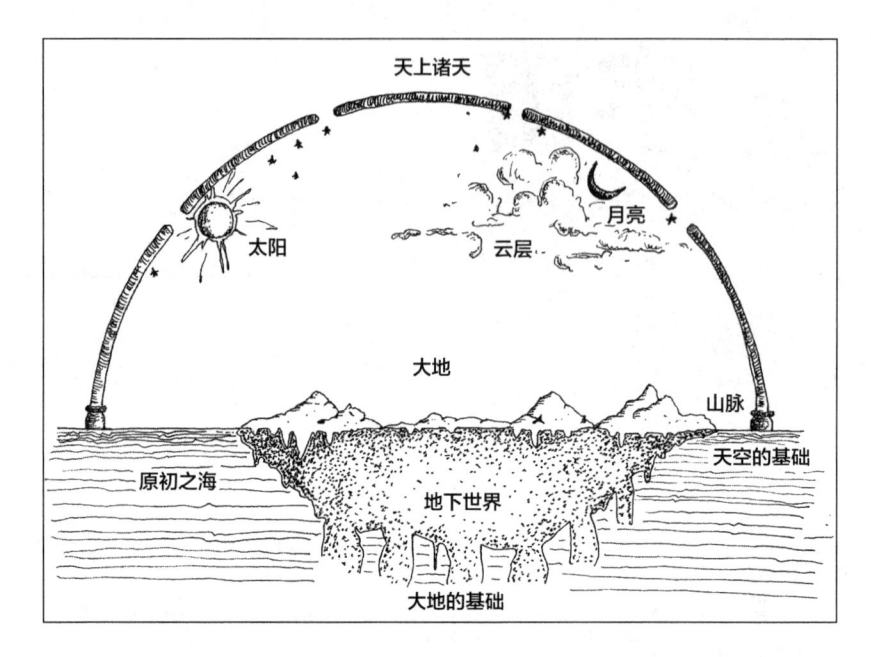

古代希伯来人相信大地是平的,它漂浮在广袤的海洋上,上方笼罩着穹顶状的天空。

与我们在地球看似平坦的表面航行的经验不符。我们平平的大地之下掩藏着的居然是一个球形的世界——这说明我们在欧几里得几何层面的存在只不过是假象与错觉——这个观念看起来实在是太违反常理了。何况还有引力的问题。从婴儿时代开始,我们就知道没有东西支撑的物体会坠落,所以,由此推导出假如地球是球形,那么它"下边"的东西会掉下去(就像第四章讨论的一样),也是符合逻辑的。

如果从整个物种的角度来看,那么人类早在公元前2世纪就已经知道了地球的真实形状。这都要归功于先人机智敏锐的观察,比如亚里士多德发现赤道南北能够观测到的星座不一样,以及埃拉托色尼发现彼此相隔几英里但长度相同的木棍在一天的同一时刻投影长度并不一样。但是,作为个体的人类并没有一致认识到这个真相。即便是今天，也有上百万漫步于大地的人不知道自己正行走在一个球体的表面。这样的人大部分都是儿童。

就像古代的成年人一样，儿童行走的地表当然没有明显的曲面。而且，当他们观察到物体下落时，也没有比缺乏支撑更明显的理由了。诚然，如今的孩子们身边围绕着各种过去的成年人终其一生都难以取得的便利道具——地图、地球仪、太阳系模型、太空航行的电影化展示、真实的从外太空拍摄的地球照片——但是孩子们真的能够正确解读这些道具吗？他们真的能够把自己从地图与地球仪上获取的知识与日常生活中累积的经验——比如在平地上行走，或者感到向下拉的重力——有效结合起来吗？

答案是否定的，至少一开始是否定的。孩子们可以记住地球是圆的这个事实，但是他们对这个事实的理解与表达会产生偏差。因为"是圆的"这个形容可以有很多含义：比萨饼是圆的，甜甜圈是圆的，赛车跑道是圆的，大树的树干也是圆的。可是这些东西和地球都并不是同一种"圆"法。孩子们不会用"像个球一样圆"来描述地球的形状，也不会把它画成一个圆球。如果让学前班的孩子画一幅地球的图画，他们几乎一上来就会画一个圆圈。但是，随着他们往画上加的东西越来越多——比如小人儿、房子这些在地表的东西，以及太阳、月亮这些地球之外的存在——某些引人注意的问题就逐渐暴露出来了。

有些孩子会把所有东西都画在圆圈的上半部分，并且只在圆的外圈画上小人儿和房子，太阳和月亮也是从画面的正上方照在这些人头上的。实际上，把所有东西都画在圆圈上半边的孩子甚至会把圆圈的那一部分画得更平坦一点儿。其他孩子虽然会把太阳和月亮画在代表地球的圆圈周围，而不只是画面上方，但他们同时会把画面中的所有人物都放在一个非常奇怪的位置：在代表地球的圆圈下面排成一行。如果要他们解释为什么这样画，孩子们会说，虽然地球像太阳和月亮一样是圆的，但是人并不"住在地球上"，人们"生活在地上"。还有一些孩子会在圆圈正中间画一条横线，然后把所有人物放在这条横线上。他们会把太阳和月亮画在垂直于这条线的正上方，同时让它们保持在代表地球的圆圈内。这些孩子似乎把圆圈的边缘看作天空的边界，人们生活的地方是空心地球之中的一块平面大陆，而不是地球外表的曲面。

心理学家斯黛拉·沃斯尼亚度及其团队在数次针对儿童认识地球的想象模型的研究中运用过这项绘画实验。在过去的几十年间，沃斯尼亚度一直致力于记录儿童构想的心理模型的种类，并归纳了这些模型的相似之处。他们最感兴趣的是不能把地球构想成球形的儿童是否为地球的形态构建了其他模型——并且是虽然属于误解但具有内聚力、虽然具有局限性却依然能产生成果的模型。

在这一章中，我在描述儿童对地球的概念时也会使用"模型"这个词，而不会称之为"理论"。因为模型属于固有的空间，而理论并不是。但模型与理论的目标是一致的，它们的目的都是为日常生活中的观察寻找解释、做出预判。而且模型与直觉理论有完全一致的要素，比如它们都在不同文化背景与不同个人之间具有普遍性，而且都很难彻底被基于科学的地球模型所取代。

让我们把用词的问题先放在一边，想一想，我们拥有哪些孩子们为地球构建不一样的模型的证据呢？他们自己绘制的图画作为证据不够有力，因为很多孩子只是不太会画画而已，更谈不上在画里加上什么三维立体的造型了。更重要的是，单独一张图画并不足以用来判断孩子们心中地球的心理模型是否具有内在的一致性。想要验证这种一致性的话，我们需要从不同的角度、不同儿童的反馈之中获取的更多维度的模型。因此，沃斯尼亚度团队研究儿童心理模型时在6岁儿童的专注范围内完成了尽可能多的实验任务，比如绘画、思维训练、正误判断以及问题解释。在一项思维训练实验中，研究人员要求受试儿童思考的问题是：如果人一直沿着直线连续不断地走很多天，那么这个人最终会走到哪里去？在实验过程中出现了如下对话：

研究者：如果你一直沿着直线走，连续不断地走很多天，那么你最终会走到哪里去呢？

孩子：会走到另一个城市里去。

研究者：如果你继续不停地走呢？

孩子：会走过很多不同的城市和国家。然后，如果还是走个不停，那最终会从地球走出去的。

研究者：你是说会从地球上走出去，是吧？

孩子：是的，因为如果你真的走了那么远，就走到地球的最边上了，到那里可得小心。

研究者：你觉得人会从地球的边缘掉下去吗？

孩子：对呀，如果你在那里玩的话。

研究者：那么人会掉到哪里去呢？

孩子：会往下掉到其他星球上去。

在另一项问题解释实验中，研究人员给孩子们展示了一张风景照片，并请他们解释为什么虽然地球是圆的，照片上的地面看起来却很平坦。接受测试的孩子们在理论上都相信地球是圆的这一点，却不清楚"是圆的"这个概念到底意味着什么。以下是一段围绕着风景照片展开的对话：

> 研究者：地球是什么形状的？
>
> 孩子：圆的。
>
> 研究者：那为什么照片上看起来是平的呢？
>
> 孩子：因为你在地球里面呀。
>
> 研究者：你说在地球"里面"是什么意思？
>
> 孩子：就是说在地球下面，像在底下一样。
>
> 研究者：你说地球是圆的，那么它是像一个圆球呢，还是像一张厚煎饼呢？
>
> 孩子：像一个圆球。
>
> 研究者：那么，你说人们住在地球"里面"，也就是说人们住在一个球里面？
>
> 孩子：就是在一个球里面，在这个球的最中间。

这个孩子的话表面看可能非常荒谬，实际上是与地球的球状模型相比产生的观感。那么，是否存在一种能让人们"住在地球里面"这个说法变得合理的模型呢？

沃斯尼亚度认为答案是肯定的，那就是所谓的"空心球"模型。在这个模型中，地球被比喻成某种像金鱼缸或者雪花水晶球一样的东西，它作为一个整体来说是球形，但这个球的上半部分是空的。这个空心半球的下表面是一块平坦的地表，这就是人类生活的大地。大地的四边是

碟型

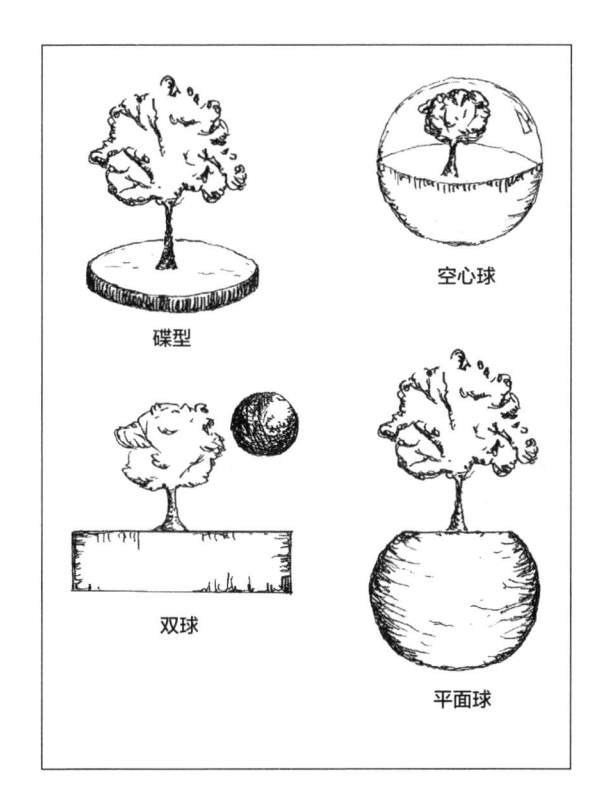

空心球

双球

平面球

还没有理解地球是个球体的儿童往往会给它的形状构建一些其他样式的模型。从这些模型中可以看出，他们试图把来自感知的"地表是平的"和接受自文化的"地球是圆的"这两种观点结合起来。

圆的，和空心半球的其他部分一起构成一个天穹。一个十分关键的现象是，认为人们"住在地球里面"的孩子在绘画时会画出上文提到的第三种图画，就是把太阳和月亮都画到地球的边界以内的那种。这些孩子不认为人会从大地的边缘掉下去，用一个孩子的话来说就是："你在那里可能会撞上点儿什么……比如天空的边缘之类的。"

除了空心球模型，沃斯尼亚度还发现了两种在幼儿中很常见的非球体模型："平面球"模型和"双球"模型。这两种模型刚好能够对应上文的前两种图画。把地球看成"平面球"的孩子往往倾向于把地球画成带平面的圆，而不是标准的正圆。他们认为画上平坦的部分是唯一有人居住的地方，但是他们也不认为人可以从地球的边缘掉下去，因为地表是具有连续性的。

持"双球"模型观点的孩子则会对地球和大地进行鲜明的区分，他们认为地球是一个遥远的天体，就像太阳和月亮一样，而大地才是人们居住的地方。在回答人们是否能从地球的边缘掉下去的时候，这些孩子可能会先给出肯定的答案，然后补充一句这样不会有什么不好的结果，因为"你又不会掉到地上"。一位学龄前儿童的家长给我讲过一个特别能体现"双球"模型思路的小故事。这位母亲之前一直不知道儿子不理解宇宙方面的问题，直到某个群星密布的夜晚，孩子指着夜空对她说："妈妈，我好像看见地球啦！"

儿童构建的这些非球面模型在连续性和一贯性方面都颇为引人瞩目。就连续性而言，孩子们都是独立构想出这些模型的，没有人会引导着学龄前儿童把地球想象成金鱼缸，或者别的和我们居住的大地不一样的东西；更没有人会在生活中要求这么大的孩子想象如果一直沿直线走下去会走到哪里，或者让他们思考为什么圆形的地球表面看起来却是平的。他们在没有引导的情况下产生了这些概念，并且能够彼此一致地对这些概念的根源进行解释。值得注意的并不是在向孩子们询问地球的形状时他们会给出那个早已被反复灌输的答案——"圆的"，而是当孩子们被问及这些从未考虑过的问题时，他们给出的答案一致地指向了同一种潜藏着的心理模型。

就一贯性而言，在某一种统一的模型内，孩子们可以化解来自文化的信息与来自经验的信息之间的矛盾之处。换句话说，孩子们可以化解"地球是圆的"这个二手知识和平面的地表、向下的引力这样的一手经验之间相互矛盾的地方。沃斯尼亚度把儿童的"空心球""平面球"或"双球"模型统称为"融合模型"，因为这些模型融合了看似无法相容的知识碎片。融合模型是儿童发展过程中的一项成就，它在年龄稍长一些的儿童（7岁至9岁）身上比年龄小一些的幼童（4岁至6岁）更常见。年龄较小的孩子倾向于把地球看成一个扁平且有边界的大圆盘，就像比萨饼一样。

一部分心理学家对沃斯尼亚度的结论提出了挑战。他们认为，低龄小学生可以自主构建具有内在一致性和逻辑连贯性的地球心理模型这一点过于牵强了，因为这个年龄段的孩子毕竟连看时间或者数钱都不会。这些批评者声称，所谓逻辑上的连贯性并不存在于孩子的回答中，而是来自实验引导者对这些回答的解读。

你应该还记得，参与这个实验的孩子都被实验人员针对几个不同的话题提了一系列问题。这样做的目的是衡量儿童潜在的观点——判断每个孩子给出的一系列回答是否能够符合某种具体的心理模型。批评者们担心这种问题汇总的一部分也许来自访问中刻意的诱导。比如，实验人员在与一个持"空心球"模型观点的孩子进行对话时，如果孩子给出的答案不符合"空心球"模型，实验人员就会突然转变问题，并要求孩子给出解释；如果孩子的答案只是表面符合模型，他们反而不会要求解释或澄清。

一种可以有效规避这种开放式访问的各种乱象的方法就是把它变成多选形式的封闭测试。如同批评者们预测的那样，与开放访问相比，孩子们参加多选题形式的测试时在连贯性方面的表现有所下降。他们在一些问题上会选择符合球面模型的答案，另一些问题又会选非球面模型的答案。不过这种情况并不意外。孩子们在做多选题时很容易就能找到正确的答案，而他们根本不需要理解为什么这些答案是对的。众所周知，多选题比填空题容易，因为多选题的题干与选项本身就藏着一部分正确答案，只需要找到它就好了。孩子们每天都被这些问题的正确答案包围着，他们的教室里放着的是地球仪而不是空心球，课本上印着的是圆形地球的照片而不是带平面的圆形。多选题与其说能衡量儿童对地球的理解，不如说是在考验他们对地球相关信息的记忆程度。

真正理解地球是一个球体——而不仅仅是知道这个概念——需要理解人们如何在地球的另一面生存而不会掉下去，或者为什么球形地球的表面看起来是平的。沃斯尼亚度曾经向我展示过一个能完美体现"知道"和"理解"的区别的例子。在对儿童的地球心理模型的研究中，沃斯尼亚度也采访了自己的女儿。她的女儿参加实验时年龄是5岁，并表现出了"平面球"模型的观点。在和女儿做完测试后，沃斯尼亚度又和一个年龄大一点儿的女孩做了同样的测试。测试期间，她的女儿在测试用的房间里静静地等着。这个年龄大一些的女孩表达的是球面模型的观点。

年龄大一点儿的女孩离开后，沃斯尼亚度的女儿提出要再做一次测试。这一次，她声称地球像一个圆球一样。在被要求用黏土捏出地球的形状时，她把手里的黏土滚成了一个标准的球体。女儿在接下来的几个问题中骄傲地展示了新学到的知识成果，直到她遭遇了一个无法解答的问题：如果地球是圆的，那么为什么风景照片上的地面是平的呢？她无法融合自己刚刚学到的知识（地球是个球体）和她早就知道并能保证其真实性的信息（地表是平的）的矛盾之处，于是她又把做好的黏土球的顶部按压成了一个平面，让它变回了自己最开始提出的那种模型。

正规研究中也有与这个小故事一致的证据，如果想要把球面模型教给孩子们，就必须首先处置那些会引导他们构建非球面模型的设想。在一次这种类型的研究中，研究人员开发了一种适用于儿童的教程。这个教程主要面向两种有问题的设想，一是"地面是平的"，二是"引力会把东西往下拉"。教程通过解释我们对较大的对象的观感会随着距离的靠近而变化来解释了第一个设想，又用地球的引力就像磁铁一样是把东西向内拉而不是向下拉来解释了第二个设想。研究人员把这个教程应用于还不知道地球是球体的6岁儿童，一部分儿童看了两个问题的解释，一部分只看了一个问题的解释。

使用教程之前，孩子们提出的非球面模型和沃斯尼亚度的研究揭示的几种完全一样："空心球""平面球"和"双球"。使用教程之后，许多孩子可以构筑地球的球面模型了，不过，只有两个问题相关的教程都看过的孩子才能做到这一点。只看了一个问题相关教程的孩子还是会坚持自己原本的观点。关于视角问题的教程可能会动摇孩子们"地表是平的"这个观念，但是这个解释不能回答为什么在地球下面生活的人不会掉下去。同样，引力相关的解释可能动摇了孩子们"引力把东西向下拉"的观念，却不能解释为什么圆形的地球会有看起来平坦的地表。想要让孩子们彻底抛弃非球面的地球模型的话，这两个疑问都必须得到解答，因为非球面的模型不会诱发这两种疑问。

请想象你在太空中飘浮，从大气层之外观看地球时会看到的情景。虽然真的从这个视角看过地球的人类寥寥无几，我们在想象这幅图景时却没有什么障碍。我们的想象得到了诸如地球仪、照片、绘画和模型等文化产品的辅助。这些东西可以帮我们把从未亲眼观察——并且无法亲眼观察——的事物具象化，但它们不是完全没有偏差的。比如太阳系的模型，如果地球在其中像最常见的情况一样用网球大小的球体表示，那么比例真实可信的太阳系模型应该至少有一英里长。地球仪和地图也总是武断地按照惯例把北半球画在南半球上面——所谓的上北下南。你脑海中想象的图景是不是也总是遵循着这项惯例呢？

然而，我们说这项惯例是"武断的"，不仅因为地球是圆形的，也因为它悬浮在天空中。因此，它既没有内部确定的方向轴（比如椅子就拥有内部确定的方向轴），也没有外部确定的方向轴（比如组成砖墙的砖块就沿着外部确定的方向轴排列），但全世界的人在想象它的方向或者绘制示意图时都会不自觉地采取同样的指向。地球确实以轴线为中心旋转，但是这条轴线并不一定要像地球仪或者地图上那样是纵向的。这就是文化产品的力量所在，它们潜移默化而效果显著地塑造了我们的心理表征，并且这种塑造从儿童时期就已经开始了。世界各地的儿童都能通过经验认识到地表是平坦的，而引力是一种下拉的力。不论他们具体来自什么文化背景，这两个经验都足以让他们塑造出相似的心理模型。但是，儿童在文化方面接触的经验会为这些模型带来一些变化——在相同主题基础上的变化。

我们不妨以印度儿童对地球的心理模型为例。多数印度成年人都知道地球是一个球体，但是古代印度的宇宙论依然在印度社会中存在，其中包括认为世界漂浮在由水、奶和甘露组成的奇妙"乳海"之上的观点。研究者们在对海得拉巴的小学生就地球的形状进行调研时，发现这些孩子像美国本土的孩子一样构建了"空心球"或"平面球"模型，但是这些模型的具体特质有点儿不同。美国小学生往往让他们的空心球或者平面球飘浮在太空中，而印度小学生想象中的地球总是漂在水上，从下方被某种近似于海洋的水体所包围。

许多生长在萨摩亚的儿童都会直觉地认定地球是环形的,就像他们的房子、集市和村庄一样。

在萨摩亚和北美原住民群体中也发现了其他文化影响下的模型变化。北美原住民拉科塔族的小学生几乎全都会构建"空心球"模型,这与拉科塔族的创世神话有关。在该神话中,远古天神的身体变成了一块巨大的石盘(大地),他的力量变成了笼罩其上的蓝色穹顶(天空)。萨摩亚儿童构建的心理模型则与其他文化背景下的孩子的观点截然不同,他们会把地球想象成环形,而环形在萨摩亚建筑文化中占据着重要的地位。

传统萨摩亚房屋的生活空间是围绕着一座室内庭院成环形分布的,萨摩亚集市中的摊子也是围绕着一片位于中间位置的议事区排列成环形的,就连村庄的所有房子也要围绕着中心的广场构成环形布局。萨摩亚儿童就自然而言地把这种普遍存在的建筑结构投射到地球的形态上了。

跨文化差异也可能会影响儿童接受正确的球面模型的速度，一项在英国儿童和澳大利亚儿童的心理模型之间进行的对比就证明了这一点。英国和澳大利亚在文化背景上很相似——毕竟澳大利亚一度处于英国的殖民统治之下——但它们有一点非常关键的不同之处，这个不同之处在学习地球的形状时得到了鲜明的体现：这两个国家分别位于赤道的南北两边。澳大利亚儿童对自己生活在地球的"下半边"这一点有着异常敏锐的认识。他们的国家在标准地球仪上总是被画在最下面，他们的国旗上有南十字星座的图样——这个星座只有在南半球才能看到——他们的故乡往往被称为"脚下那边的土地"。

于是，人们如何生活在地球的"下边"而不会掉下去这个问题对澳大利亚儿童来说就显得格外突出了。他们要么根本不理会这个问题，因为他们知道自己就生活在地球的"下边"，而且并没有掉下去；要么会对解答这个问题表现出极大的热情。这种现象的结果是，澳大利亚儿童要比英国儿童提早两三年理解地球的球面模型。此时，上北下南的惯例反而有助于他们在概念方面的发展。

能够理解地球是个球体只是理解宇宙以及我们在其中的位置的第一步。其他亟待解决的宇宙学问题还包括昼夜交替、季节、潮汐、星座以及月相的变化。千百年以来，我们一直见证着这些现象，但是我们对这些现象的观察就像我们对地球的认识一样，具有某种固有的偏差。20世纪的哲学家路德维希·维特根斯坦曾经就这种观察的奇特之处向一位同事问道："对于人们来说，为什么认为太阳绕着地球转是很自然的，认为地球自转却没那么自然呢？"

同事答道："我想，可能是因为看起来像是太阳绕着地球转吧。"

维特根斯坦就这一点回应说:"既然如此,如果地球看起来像是绕着轴自转,又会怎么样呢?"

我们对昼夜交替可以用多种方式进行解释,而我们采用的具体解释方法会受我们地球形状的心理模型制约。比如持"空心球"模型观点的孩子相信太阳和月亮都在天穹之内。因此他们认为,白天会在天穹里的其他东西——比如山或云——把月亮遮住时出现,而夜晚会在太阳被遮住时出现。持"平面球"模型观点的孩子把太阳和月亮视为独立于地球的天体,因此,在他们的解释中,白天的出现是因为太阳升到了人们居住的平面以上,而月亮升到这个平面以上时就是夜晚。对于球面模型来说,情况会变得复杂一些,因为此时对白天成因的解释要么与太阳相对于地球的运动有关,要么与地球相对于太阳的运动有关。而这种运动的特质可以说很容易理解,因为它可能是自转、公转或者震荡的任意一种。

在我的儿子泰迪7岁的时候,我很好奇他在这两个问题上有什么理解:其一是地球是否是球形的,其二是昼夜交替是否与地球的自转有关。因此,我和他展开了这样一番对话。

我:地球是什么形状的?

泰迪:是球形的。我以前以为它是平的,后来又觉得应该是个圆圈,不过现在我知道它实际上是个球。

我:如果我们住在地球的上半边,那地球的下半边有人住吗?

泰迪:有的。

我:那么那些人为什么不会掉下去呢?

泰迪：因为如果你站在他们的位置，你还是头上脚下站在地上的。

我：那么，为什么引力不会把他们从地上拉起来呢？

泰迪：因为引力不是地球外面的东西，它是从地球里面来的。

此时我已经确定泰迪理解了地球是球体这一点，于是就开始问他昼夜交替方面的问题：

我：你认为是什么带来了白天和黑夜呢？

泰迪：是太阳和月亮。

我：那这是怎么实现的？

泰迪：因为地球绕着太阳转嘛，它离太阳近的时候就是白天了。

我：那夜晚呢？

泰迪：夜晚就是月亮离地球更近的时候。

我：那不是晚上的时候月亮在哪儿呢？

泰迪：还在它原来的位置。

我：原来的位置是哪里呢？

泰迪：我也不知道，反正肯定不在咱们加州这边。

泰迪能够理解昼夜循环的原因是地球（而不是太阳）的运动，但是他还不能把地球的自转视作一种正当的运动形式，而是假定了一种环绕式旋转的可能性。

这种观点在刚刚发现地球是个球体的儿童中很常见。在发现这一点之前，他们会先经历两个前置的解释层级。首先，他们会简单地使用遮

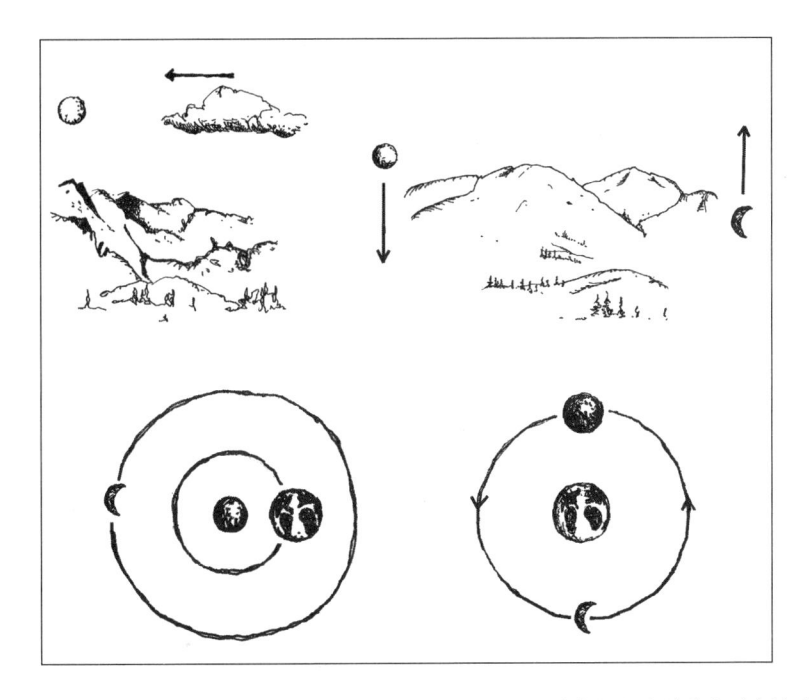

在了解地球自转之前，儿童会为昼夜循环寻找其他解释——这些解释会被他们认为地球是平面（如图中上方两张小图）或球体（如图中下方两张小图）的心理模型所局限。

蔽来解释昼夜的变化：当月亮被地球的大气层以内的什么东西（比如云或山）遮蔽，天上只有太阳闪耀时就是白天；当太阳被遮蔽，只有月亮在的时候就是夜晚。然后，他们会转向太阳和月亮是被地球自身遮蔽的观点，即太阳从地球表面升起的时候月球就会沉到表面以下，反之亦然。一旦孩子们意识到地球是一个球体，他们就会试图在太阳、地球和月亮之间构想更复杂的关系。他们首先假设要么是太阳绕着地球转，要么是地球绕着太阳转。这两种假设中的后者当然是正确的，但孩子们没有意识到的是，这种运动过程经过的时间并不是一天，而是一整年。他们直到青春期早期才能理解地球既公转也自转这一点。

儿童对昼夜变迁现象的理解的发展过程通过"一天是什么"这个

简单的提问就能够得以体现。分别向一至八年级学生抛出这个问题的研究人员发现，小学生通常会把对"一天"的定义和在有日光的时间里从事的各种行为联系起来，比如"一天是你醒着的时间""一天是你去学校的时间"等。对这个年龄段的孩子而言，人类在白天的经历和天体的运动似乎并没有联系。中学生则可以将二者联系起来，从成因和形成过程方面定义"一天"这个概念。一个13岁的学生这样解释道："一天就是地球自转一周需要的时间，或者说是它做一个360度旋转的时间。一天有24个小时，一年有365天，一年是地球绕着太阳转完一整圈所用的时间。"

从历史视角来看，青少年能够做出这种定义是十分引人瞩目的。因为人类花了上千年才发现地球是个球体，又花了几百年去发现地球处在运动之中。如今，绝大多数孩子在生命的第一个十年中就能获得这些知识。然而获取这些知识的速度不应该削减它们的复杂性。

想要理解为何有日出日落，或者一年为什么刚好有365天，需要以下三条关键的领悟。首先，孩子必须领悟到地球与地表是不同的，具体来说是理解地球是一个球体，而不是平面。其次，孩子必须领悟到地球的运动与我们经验中的运动截然不同。换句话说，孩子必须认识到地球一直处于不间断的公转和自转之中，永远不会保持静止。最后，孩子还必须领悟地球与太阳的关系跟地球与月亮的关系有着本质的区别：月亮环绕着地球运行，而地球环绕着太阳运行。这三条领悟是需要一番努力才能取得的进步，学习它们可比记住各国的首都或者背诵乘法表困难得多。因为这更需要洞察力，而不仅仅是记忆力。

现在你了解了儿童在宇宙学方面的观念错误，这可能会让你为自己的宇宙学知识感觉有些沾沾自喜吧。但是你能解释昼夜交替之外的其他天文学现象吗？比如潮汐的原理。对，是因为月球的引力对地球上的海洋产生了影响。可是这又怎么能具体解释潮汐这个现象呢？为什么月亮环绕地球需要接近一个月的时间，但一天有两次潮汐周期？而且你知道为什么一个月之中月亮的形状会不停地改变吗？（小提示：这并不是因为月亮被地球的投影遮蔽的面积发生了变化。）你能讲清楚为什么地球上会出现季节变化吗？（小提示：这并不是因为地球在夏天离太阳更近，冬天离太阳更远。）

就算你认为自己知道正确答案，我还是推荐你上网核实一下它们到底是不是对的。尤其是那个关于季节的问题，许多人都以为自己知道问题的答案，但实际上只有为数不多的几个人真正理解这个现象。一次研究发现，在由刚从哈佛大学毕业的学生构成的受试者中，超过90%的受试者认为季节的变化是由地球和太阳的距离导致的。然而它真实的成因是地轴那个23.4度的倾斜角，它在地球围绕着太阳进行公转时影响着南北半球受阳光照射的程度（这也解释了为什么北半球是夏天时南半球是冬天，反过来也是一样）。太阳和地球的距离在一年中的确会发生变化，但是这个变化的量不会大于4%，因此并不会对地球每日的平均气温产生什么影响。

这种基于日地距离的对季节的解释既普遍又顽固。在另一次研究中，研究人员试图通过讲解基于地轴倾角的解释，来纠正达茨茅斯大学本科生的这种错误观念。他们使用的教学资料是一段演示动画——NASA专门为儿童科普制作的视频。观看这段动画之前，只有8%的本科生能给出基于地轴倾角的解释，另外92%的学生的答案都与日地距离有关。看过动画之后，给出基于地轴倾角解释的人数上升到了

10%，另外90%的学生依然保留原有的看法。虽然受试者可以从这些视频中学到相当多的真实信息——比如地球轨道的具体形状、地轴倾斜的真实角度——但他们并没有从这些知识里得到概念上的信息。这些视频看起来没有发挥作用。

这当然可能是因为NASA的视频制作得不够好，或者达茨茅斯大学的本科生没有得到有效的学习机会。但是，背后的原因可能还是成年人在天文学和宇宙方面的错误观念根深蒂固。一项研究甚至发现，成年人可能并不真的接受地球是球形这一点。在这项研究里，大学生阶段的成年受试者被要求估计以下六个城市之间两两连线的距离：柏林、里约热内卢、开普敦、悉尼、东京以及洛杉矶。每个城市都位于不同的大陆上，所以它们之间的连线实际上覆盖了整个地球。受试者们估算的距离会被套入算法进行计算，该算法会从这些估计中提取一个地球半径的预判值。

总是把城市之间的距离估计得较短的受试者会对应一个半径比地球的真实半径（3960英里）小的模型，而习惯把城市之间的距离估计得更长的受试者会对应一个半径比地球的真实半径大的模型。实验的结果表明，最适合大多数受试者的估算的模型必须拥有无限大的半径才行——不管什么型号的球形模型都难以承载他们对距离的估算。从几何学的角度看，拥有无限大半径的球体就是一个平面。换句话说，受试者们对不同国家城市之间距离的估算体现出的是一个完美的平面地球模型，就像儿童最早的地球心理模型一样。批评这种实验结果的人可以把我们对距离的糟糕估算归咎于我们过于熟悉二维地图，但这只是一部分原因：我们把球面空间投影到二维时的固有畸变当成了欧几里得距离的真实表示。

对我来说，这些畸变首先在和一位美国同胞在瑞士的谈话中体现了出来。当时我是乘飞机从洛杉矶飞来苏黎世的，这位女士则是从阿拉斯加飞来苏黎世的。听说了她的行程之后，我对她不得不忍受漫长的航程表达了同情，因为我想她的飞行时间一定比我的长。然而这位女士告诉我并非如此，她的航班飞行时间实际上比我的短两个小时，因为她坐的班机直接取道北极圈，而不像我想象的那样需要飞过阿拉斯加以南的四十八个州。

我的错误虽然很简单，但非常令人不安，因为我并没有想到从阿拉斯加到瑞士最短的距离是直接从地球仪的最上方飞过。是因为我的地理知识和天文学知识脱节了吗，就像学龄前儿童关于昼夜交替的知识和天体运动的知识无法建立联系一样？可能的确是这样。天体系统的真实特征并不是那么容易掌握的。如果是的话，那我们早就该看那张把地球画得像半个太阳一样大的太阳系示意图不顺眼了（地球的体积实际上只有太阳的1%），也会避开那种把月球和地球之间的距离画得差不多有日地距离的一半那么长的示意图（实际上，月地距离只有日地距离的1%）。

然而，我们不但不会避开这种示意图，而且看不出其中的错误所在。能让我们使用几何学（和机械性）意义上的精确术语来构想太阳系的结构的既不完全是我们对太阳系的大小和结构的理论知识，也不是在地球上行走时得到的经验。不论我们是成人还是儿童，这些经验都很容易带来谬误，因为天文学现象实在是很难以我们有限的视角进行观察。我最喜欢的这种谬误的例子来自NASA脸书页面的一条留言，那是发表在一张火星日出的照片下的评论："我从来不知道火星上也有个太阳。"哥白尼要是看得到这条评论，估计会在棺材里笑得直打滚吧。

# 7. 地球

——为什么板块会漂移？为什么气候会变化？

没有比脚下坚实的大地感觉更稳定和持久的东西了，然而这种感受是一种假象。我们脚下的大地并不是一直在这里的，它也不会永远留在这里。大地来自熔岩，最终也会以熔岩的形式重归地心。虽然来自生活的经验让我们相信地球是永恒不变的，但实际上地球一直处于永不停歇的变化之中。

45亿年前，当地球最初形成时，它根本就没有地表，整个行星都是由熔岩组成的。直到地球冷却，熔岩的表面才凝固为坚固的岩石。接着，这块岩石分裂成几个巨大的板块，这就是所谓的构造板块。构造板块在滚烫而黏稠的熔岩上滑动，并不断地断裂、融合与碰撞，重塑着地球的表面。哪怕时至今日，这些构造板块——以及嵌在其中的大陆——也依然在我们的脚下持续不断地移动着，只是这种运动已经变得非常平缓，只有通过装备了激光的卫星才能对它进行监测。

第一个推测出板块运动——或者说地球有过板块运动——的人是奥地利地图学家亚伯拉罕·奥特柳斯。早在16世纪，他就发现美洲大陆东海岸的形状与非洲和欧洲西海岸的形状看起来出奇的相似。接下来的几个世纪经常出现与此相似的发现，但是，直到20世纪早期，才有人真正对这种现象加以关注：地球物理学家阿尔弗雷德·魏格纳将这种观测结果作为支持板块漂移说的几种证据之一。魏格纳的板块漂移学说是实证战胜直觉的典型范例，认为地球在历史上一直是统一的一块的直觉非常强大，但魏格纳提出的证据既广泛又多样。

首先，地质学记录表明，不同大洲的海岸岩层的相似性比同属一个大洲的其他岩层成分相似性要高。比如，南美洲东海岸的岩层与非洲西海岸的岩层更加相似，而与同属南美洲的其他海岸线岩层却没有那么相似。体现出这种现象的不仅仅是岩层，还有煤矿分布、矿物分布与山脉的分布。那些似乎因为遇到了海洋而停止出现的地理现象在千里之外的大洋彼岸再次出现了。

其次，化石记录表明，如今被定义为热带或者亚热带的地区（比如南非、印度和澳大利亚）都曾经被冰川所覆盖，而在地质历史上的同一时期，如今被判定为极地气候或者副极地气候的地区（比如加拿大和西伯利亚）则没有冰川。如果气候应该由与地球两极的距离决定，那么这些地区看起来就像互换了位置。

第三，就像奥特柳斯几个世纪以前推测过的那样，对现有大陆的几何分析表明，如果把它们推到一起，这些大陆可以严丝合缝地拼起来。这个板块拼图的中心是非洲大陆，它的东侧是亚洲与欧洲，西侧是南美洲，北侧是北美洲，南侧是南极洲和大洋洲。

除了这些地质学资料，魏格纳还收集了许多引人瞩目的生物学资料。20世纪早期，动物学家记录下了几个同一物种在地理环境上彼此隔绝的地区分布的例子。比如，狐猴只生活在非洲东海岸附近的马达加斯加岛上，在与马达加斯加有3000英里的海洋相隔的印度却发现了

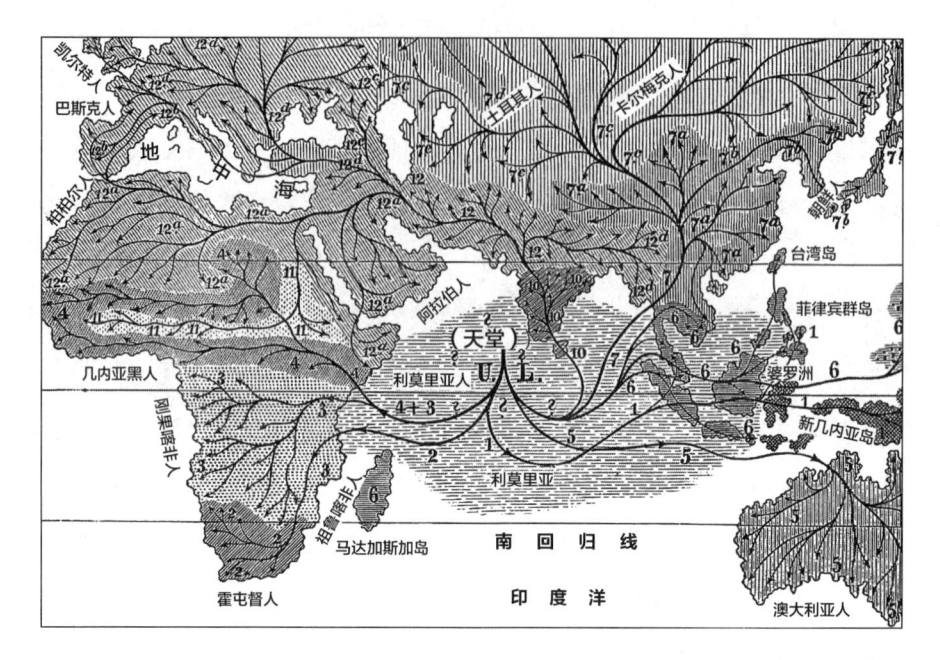

为了解释生物跨越如今被海洋阻隔的大陆的迁徙模式，19世纪的生物学家假设曾经有远古的大陆桥把这些大陆彼此连接起来。为了纪念理论上的狐猴迁移，那块假设中的连接非洲与亚洲的大陆桥被命名为"利莫里亚"。

狐猴的化石。为了解释狐猴为何从印度迁移到了马达加斯加，一位动物学家推测，印度和马达加斯加之间也许曾经有大陆相连，但这块大陆目前已经沉入海底。他将这块大陆命名为"利莫里亚"[1]。

"利莫里亚"这个名字听起来简直很难让人认真对待，但是，在19世纪的动物学领域，推测失落大陆或大陆桥的存在可是一项严肃认真的研究。如果没有板块漂移学说，就只能用大陆桥来解释为什么同一种属的动物会生活在漫长距离相隔的地方了，比如非洲北部和南印度有同样的甲虫，非洲南部和南美洲有同样的蚯蚓，南美洲和澳大利亚有同样的负鼠。大陆桥理论也被用来解释为何已经灭绝的物种——

---

[1] 原词为Lemoria，即狐猴大陆。

寒武纪的三叶虫、二叠纪的蕨类植物、三叠纪的蜥蜴——会在广袤而不可跨越的海洋两岸都留下化石。

魏格纳的论证实际上是一个模式匹配的过程。他指出，虽然地球的各个大洲看似散乱分离，但如果把它们拼在一起，它们在地质模式、化石分布模式和动物学模式方面都是彼此吻合的。魏格纳通过比喻强调了这些信息的重要性："这就像我们根据边缘的形状把撕碎的报纸拼起来，然后检查拼起来的文本是否能读通一样。如果读得通，那么我们只能得出唯一的结论了：这些报纸碎片原本就属于同一张。"这位地球物理学家进一步延伸了自己的论点，他表示，这些证据的优越性——以及多样性——太强了，所以这种情况不可能是巧合："即使（报纸上）只有一行文字可以用于测试，我们也能发现准确拼合的可能性非常高。如果我们有n行文字，那么这种可能性就会呈n倍增长。"

虽然证据确凿，但大陆漂移理论在魏格纳有生之年从未被人们所接受。地理学家们对这个理论百般挑剔，不过，这并不是因为他们相信地球从未发生过变化。他们早已知道地球最初是以熔融的状态存在的；知道地球内部比外表温度更高、流动性更强；知道陆地随着时间的流逝经历着侵蚀与变形；知道海洋覆盖的面积曾经比如今大很多；知道如今是山脉的地方原本并没有山。然而，他们还是会以怀疑的眼光来看待魏格纳的理论，因为他们无法使这一理论与其含义相符。

20世纪初的地理学家很愿意承认地壳会发生褶皱、断裂或者折叠，但他们不愿承认它能重新组合成全新的格局。整块大陆怎么能够在坚硬的海床上给自己开出一条路来呢？在魏格纳初次曝光自己的理论的时代，与他同时期的地质学家贝利·威利斯曾经如此总结地壳的状态："广袤无垠的海底是地表的固定组成部分，自从水体形成，它一直保持着现有的状态，只在轮廓上有一些轻微的改变。"在同一篇发表于《科学》期刊的论文中，威利斯彻底否定了动物学记录的重要性："假如我们在纽约发现了原本属于德国的生物群，或者在北美洲西部发现了原本属于俄罗斯的生物群……那么这（样的发现）能说明什么呢？这说明不管是在这些生物的故乡还是迁移地，都只是这一动物群中幸存的物种在较长或较短的一段时间内保持了不变而已，就像同一个物种在两个不同地区分别繁衍发展会呈现近似的结果一样。"简而言之，他认为，这些记录中的信息不在地质学家的关注范围内。

当时的另一位地质学家罗林·T.张伯伦则评价魏格纳的理论是"天马行空"的。他宣称，这种推论"在解释我们的地球时采取了相当程度的自由"，没有"得到限制，并且没有被无聊而丑陋的事实所束缚"。按照张伯伦的说法，"如果我们想要相信魏格纳的推论，那么我们就必须忘记自己在过去七十年中学到的所有东西，重新开始学习"。

但是他们的确重新开始学习了。魏格纳的理论将当时的地质学家无法解释的现象引入人们的视线，并让他们在接下来的几十年中开始调查这些现象。调查的结果让魏格纳看似不可思议的推论显得确凿可信——首先，在大洋中脊的发现证明，海底并不是"地表的固定组成部分"，而是一个处于不断扩张和收缩中的具有延展性的表面。其次，在海床上发现了磁条，这说明地心深处的熔岩的流动在地壳重塑构造板块边界的过程中改变了地壳的磁力特质。在短短四十年的时间里，魏格纳的理论就从"天马行空"的蠢点子变成了堪称典范的真理——至少对于科学家来说是这样。对于并非科学家的人来说，魏格纳的理论直至今日都有些令人困惑。我们生活在不断漂浮变形的板块上这个观点，可远远没有第六章中我们生活在一个既自转又公转的星球上这个说法显得可信。

与魏格纳同时期的职业地质学家对地质学进程和地质学历史都有很多了解，所以，如果连他们在接受板块漂移说时都显得不情不愿，就不难理解为什么非地质学家会表现得更加顽固了。在我们幼稚的概念中，地球并不像魏格纳的理论那样富有动感。我们倾向于把地球看成一整块石头，坚实且永恒。想要接受板块漂移说的话，我们就必须重组关于地球的概念，从只有一些小而不甚频繁的变化（比如海岸线变化或者山体风化）为特征的静态系统转变为以变化宏大而持久（比如大陆下沉、大陆碰撞）为特征的动态系统。

在过去的几十年中，很明显，所有上过地质科学课的学生到了课程最后都不会从板块的角度理解地球，反而会固守上课之前的把地球理解成静态物质的幼稚观点。一项研究发现，地质科学教育看起来对改变地质科学领域的错误观念并没有效果。这项实验的受试者是二百五十名来自二十三所不同大学的大学生，他们都选择了这些学校共四十三种不同地质科学课程中的一种。这些学生在参加地质科学引导课程之前和之后都接受了测验，以此来检验他们对地质时期、构造板块和地球表面的理解。

参加引导之前，学生们在总共十九道题中平均能答对八道题。在引导之后，他们也只能答对九道问题而已。不论这些学生的学校是社区大学、四年制公立大学还是四年制私立大学，不论他们选择的课程是物理地质学、历史地质学，还是工程地质学等指向性更强的学科，测试的结果都是一样的。尤其令人沮丧的是，最能预示学生最终表现的居然不是他们的专业、学校或者选择的课程，而是他们在测试一开

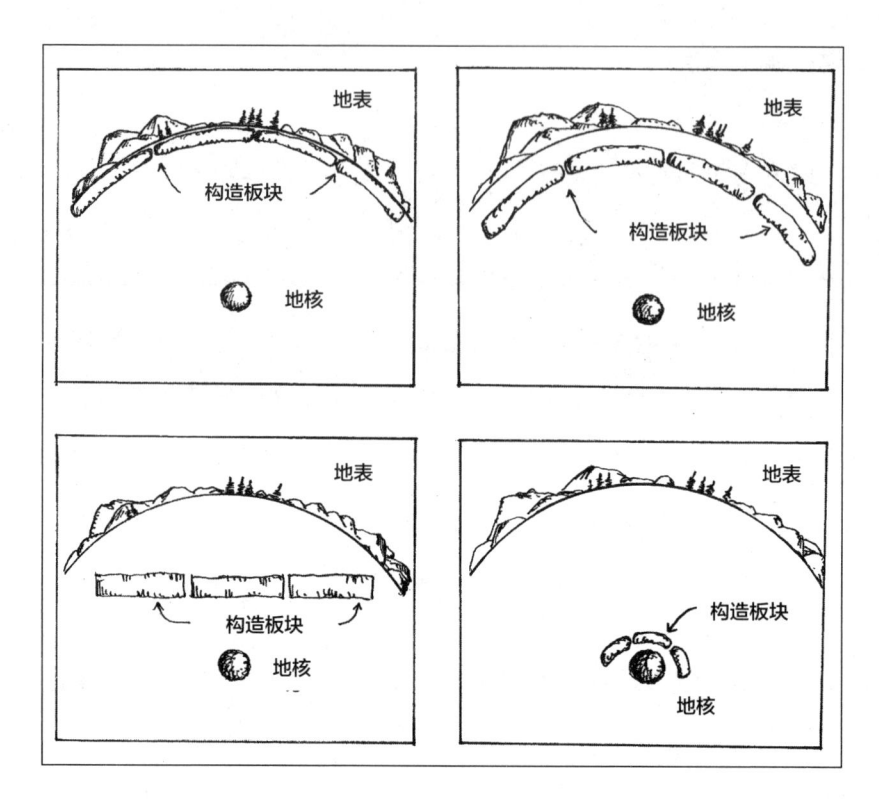

学习地质学的学生很难理解地球表面是由构造板块组成的这一点（左上图所示），他们反而推测构造板块在地球内部的什么位置（其他三图所示）。

始的时候表现得怎么样。就好像学生们根本没上过课一样。

　　理解板块漂移等地质学进程的一部分问题在于，这个需要被解释的现象是无法用肉眼观测的，甚至一般人都不知道这个现象的存在。只有很少的人知道在距离遥远的不同大陆上发现了同一个物种的化石，或者两块互不相邻的大陆上发现过尺寸和结构都完全一致的岩层。哪怕我们了解了这些现象的存在，它们也不像其他更加明显的现象（比如前文讨论过的冻结、坠落、沸腾与燃烧）那样看起来急需解释。地质学观点往往会被当成奇闻逸事，而不是什么现象的解释。我们虽然接收这些知识，却不会把它们与对应的现象结合起来。

就以常见的对构造板块的错误观念为例吧。虽然构造板块学说可以解释地壳上发生的许多剧烈改变，但很多学生还是很难把板块与地壳两个概念联系起来。他们反而会推测板块位于地球内部，要么一层层地彼此堆叠，要么围绕地球的熔岩核心构成一道屏障。哪怕学生能够接受板块与地表是一体的，他们也很难进一步接受板块是横向运动的这一点，并且反而倾向于相信它们要么是纵向运动的（上升或下落，就像地震中那样），要么是循环运动的（围绕着板块正中的某个固定轴心旋转）。

不妨将这种现象与我们能够体验到的地质学现象对比一下，比如地震、火山、海啸和间歇泉。这些现象就不是什么奇闻逸事了，它们可能导致激烈而致命的后果，这让我们很想知道它们的成因。但是，这些现象解释起来可不简单，它们涉及一系列彼此相关的因果联系，其中许多因果在时间和空间上都与事件本身相去甚远。

让我们（在安全距离之外）考虑一下典型的火山爆发的过程。这个过程至少包含八个步骤：（1）地球的构造板块发生移动；（2）移动导致一个板块被挤压到另一个板块之下；（3）两个彼此挤压的板块累积压力和摩擦力，导致温度上升；（4）板块内部的岩石开始融化；（5）融化的岩石——即岩浆——密度比周围的岩石低，因此开始逐渐在地壳内上升；（6）上涌的熔岩在地下空间汇聚；（7）这些空间周围的岩石开始破碎；（8）熔岩汇聚处开始累积压力，直到熔岩在压力的作用下穿透岩层涌出地表。把这一系列活动串联成一个完整的因果链条并不容易。在一项研究中，研究人员向一组大学生解释了这一系列活动，然后让他们写一篇论文解释为什么圣海伦娜山会喷发。

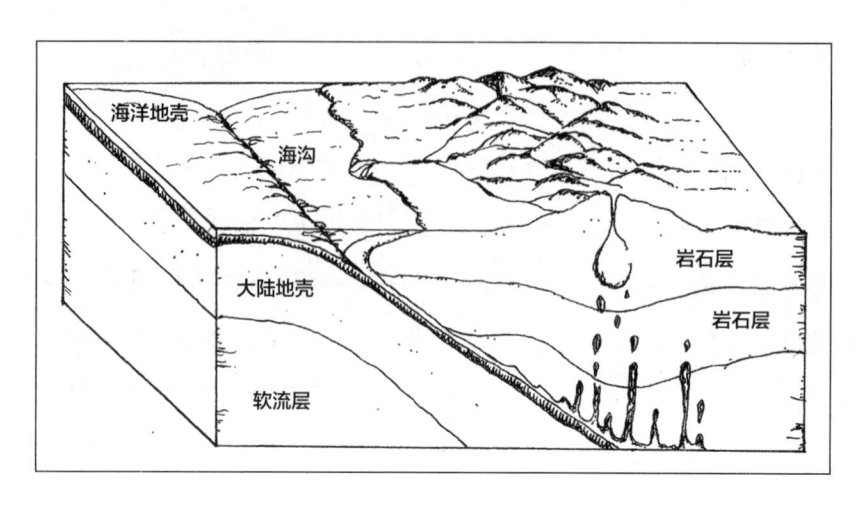

火山爆发包含了数种人们既不熟悉也无法感知的进程。学习地理科学的学生很难把这些进程都整合到同一个事件序列中。

  平均水平上看，学生们只能成功重述八个过程中的三个。然而，具体到每个学生能够重述的事件数量，就体现出了一些细微的差别。有些学生只能重述一个事件，也有些学生能重述六个左右。这些情况的出现不是完全随机的。视觉空间能力更强的学生可以记住这条因果链上更多的环节，这一能力较弱的学生记忆得就要少一些。换句话说，能够在独立的视觉空间能力测试（动态对象追踪实验）中表现得更好的学生同样可以在理解火山喷发时贯通更多的地质物理学现象。在教学材料包括插图的情况下，这种联系也会出现，而这种情况还提前剔除了需要构建心理模型的可能性。理解某种地质物理学进程需要的不仅仅是在脑海中描绘出这一过程的图景，而且需要把它们整合成一系列反应的集合。地质物理系统是高度动态的，因此，学习这种系统需要动态思维。

地质科学中另一个让地质物理学显得难以理解的方面是其中涉及的漫长时间。凝视沙滩上的岩石时，我们能够想到它总有一天会被流水冲击成沙砾，但是很难从本能上去理解这个想法。地质学家称呼地质学现象涉及的时间为"深度时间"，以此把它与我们日常生活与经历中的时间概念区分开来。深度时间与生活时间的差异就像银河与原子一样大，但是我们经常无法意识到这种差异的存在。你不妨想想这个问题：恐龙时代的泥土和今日的泥土是一样的吗？答案当然是否定的，这两者连相似的边儿都沾不上。但是看到这个问题的时候，你很可能会犹豫一下。如果我们的泥土和恐龙时代的泥土是不同的，那么恐龙时代的泥土去了哪里？我们的泥土又是从哪里来的？

在我们出于直觉的观念中，泥土就是泥土，它像地球本身一样是永恒不变的。这是一个成年人和儿童共享的直觉理论，如同这个五年级学生在与地质学家的对谈中说的话："泥土应该可以幸存很长时间，因为人类会被杀掉之类的，就是说人类会死。植物也是，它们很容易被踩死，或者大树会被砍掉。但是泥土那么小，没人能拿它们怎么样的。就算真的拿它们怎么样了，也不会有什么事发生。因为你又不能把泥土杀掉，它永远都在那里。"

然而出人意料的是，泥土并不是永恒不变的。它会被风雨侵蚀，被洪水冲刷，被冰川卷走，被无机质（比如淤泥、煤烟、灰尘）和有机物（腐烂的动植物）覆盖；它还会因为地震而堆积，因为山体滑坡而被掩埋，最终回归地底。恐龙早在六千五百万年前就灭绝了，当时的泥土完全有足够的时间发生变化。但我们绝少亲眼见证这些变化的发生。与大多数地质学现象需要的时间相比，人类的一生实在是太短暂了。我们也很难把身边的地质特征——泥土、山脉、岛屿、峡谷——与形成这些特征的远古地质进程联系起来。

查尔斯·达尔文是第一批注意到这种理解上的困难现象的人之一。他在《物种起源》中写道："我们总是不能立即承认巨大变化所经过的步骤，而这些步骤又是我们不知道的。这和下述情形一样：当莱尔最初主张长行的内陆岩壁的形成和巨大山谷的凹下都是由我们现在看到的依然发生作用的因素所致，对此许多地质学者都感到难于承认。思想大概不能掌握即使是一百万年这用语的充分意义；而对于经过几乎无限世代所累积的许多轻微变异，其全部效果如何更是不能综合领会的了。"[1] 达尔文的关注点主要在于生物学世界的变化，这些变化像地质变化一样，是在漫长且不可见的实践中缓缓展开的。请你看看以下这些生命进化之路上的里程碑。你能按照时间先后对它们进行排序吗？

- 人科动物初次出现
- 生命体初次出现
- 哺乳动物初次出现
- 类人猿初次出现
- 脊椎动物初次出现

这个排序题并不是很难，因为其中每项的内容都隐含着顺序。生命体必然先于有脊椎的生命体（脊椎动物）出现，脊椎动物必然先于温血脊椎动物（哺乳动物）存在，哺乳动物必然先于树生攀缘哺乳动物（类人猿）出现，类人猿又必然早于双足直立行走的类人猿（人科

---

[1]《物种起源》，商务印书馆汉译世界名著系列，1995年，周建人、叶笃庄、方宗熙译。

动物）而存在。现在，让我们再看一道困难一点儿的问题：以上这些事件中，哪一个是在刚好两亿年前出现的呢？

你很可能会像绝大多数人一样，选择的答案要么是脊椎动物初次出现，要么是生命体初次出现。但是，这些事件实际上出现得更早——脊椎动物在5.25亿年前初次出现，生命体则是38亿年前。刚好在两亿年前发生的事件是哺乳动物的初次出现，但绝大多数人都会以为这件事发生在一千万年前。我们对此事的估计具有某种数量级的偏差，就像我们对其他远古事件的估计一样：地球的形成、月球的形成、鱼类的出现、树木的出现、猛犸象的灭绝、恐龙的灭绝。

以上最后一个问题——恐龙的灭绝——尤其令人恼火。恐龙灭绝（六千五百万年前）和现代人的出现（二十万年前）之间相差的时间是人类平均寿命的912000倍，然而，在今日的美国，还有上百万人相信人类和恐龙曾经共存过。描述了人与恐龙共处的书籍（《失落世界》《恐龙丹尼》）、动画片（《摩登原始人》《最后的恐龙丹佛》）和电影（《大洪荒》《好恐龙》）等又在一定程度上强化了这种观点。人类和恐龙共存的情况可能出现在未来——如果我们像电影《侏罗纪公园》的情节那样把它们克隆出来——但是人类从来没有在过去与恐龙共存过。

人与恐龙共存这个观点的部分积极支持者是神创论者，换言之，他们相信上帝以现在的形态创造了人类和其他生物——其中不需要进化的作用。在肯塔基州彼得斯堡的神创论博物馆中甚至陈列着带鞍鞯的三角龙模型供儿童参观者骑乘。神创论者鼓吹人与恐龙共存的理论，因为这个观点可以让他们解释为什么恐龙会在一个自上帝造物开始（具体来说，自上帝创世的第六天开始）就一直由人类占据的世界中留下化石。

恐龙在人类出现的约六千五百万年前灭绝，但是流行文化中经常出现人类与恐龙共存的场景。

宗教对地质学有着许多约束——往往体现在地球的年龄、地球的成因以及地球在宇宙中的位置等方面——但在人与恐龙是否曾经共存这方面的限制可能是最奇怪的。直接否认恐龙的存在分明更简单，初次发现恐龙化石的时候他们也的确是这样做的。然而时至今日，再这么做就只能是死路一条。因为如今恐龙和恐龙化石的存在已经深深植根于流行文化中了，哪怕是最宗教保守的人也无法再否认它们的存在。因此，他们必须拥抱恐龙的存在——接受它，并且重新解释它。其中一种重新解释的方式已经在网络上掀起了一定的影响。那是儿童填色书上的一页，上面画着骑在霸王龙上的耶稣，并配有这样的描述语："我们虽然知道恐龙（坐在挪亚方舟上）躲过了大洪水，却不知道耶稣有没有骑过它们。他很可能的确骑过呢！"耶稣骑霸王龙的点子当然很荒谬，古代人骑三角龙的主意也是一样的。

想要把地球视作一个在深度时间内不断变迁的动态系统，需要的不仅仅是对地质学和生态学的理解，还有对气候的认知。人类的行为会对气候产生影响，这一点在现在已经很清楚了，而参与这一系列变化的路径是复杂且彼此联系的。人类通过燃烧富含碳的化石燃料——煤、石油、天然气——向大气中以前所未有的速度排放二氧化碳及其他温室气体。这些额外的二氧化碳会通过捕捉红外辐射（光的一种低能量形态）减缓大气释放温度的速度，从而导致地球的温度不断上升。

更高的气温会引发一系列气象学事件。两极冰盖开始融化，海平面不断上升，洋流发生变化，变化了的洋流又会影响部分区域的天气模式，让极地变得更冷、热带地区变得更热。天气模式的变化还会影响降雨量与降雨区域，导致一些地区出现干旱，另一些地区频发洪水。沿海地区尤其容易在上升的海平面和增强了的热带风暴的共同影响下受到洪水的侵扰。简而言之，气候变化会影响整个大气系统：海洋、冰川、洋流、风、海平面、大气压力以及降雨。

从外行视角看去的话，事情会变得简单一些。因为"气候"和"天气"总是被当成同义词，"气候变化"也往往被误解为"天气变热"。共和党参议员詹姆斯·因霍夫的身上就生动形象地体现出了这种词义混淆现象。为了证明全球变暖是一场骗局，他带了一个雪球到参议院去，并在众人面前把它砸在地上。"我们总是听人说，2014年是有史以来最温暖的一年。"他说，"可是你们知道这是什么吗？这是一个雪球，雪就是在参议院门外取的。所以天气分明很冷，非常冷。"他的把戏中隐含的论点是，如果今天的天气并没有热得反常，就说明地球的气候并没有变暖。

因霍夫参议员并不是唯一搞不清"气候"与"天气"的区别的人，公众对气候变化的接受程度也随着天气变化而波动。与寒冷的日子相比，天气炎热的时候会有更多人愿意接受气候变暖的观点。在一项研究中，研究人员要求受试者分级评估自己有多确信全球变暖正在发生，以及他们站在个人立场上对全球变暖的忧虑程度。然后，研究人员把这些评估结果与受试者们接受调查当日的天气数据进行比对，计算调查期间日平均气温与历史平均值的差距。在气温比历史平均值高的日子里，回答问卷的受试者往往表现出对全球变暖更高的认同，他们也比在气温低于历史平均值的日子里做问卷的受试者更加担忧全球变暖的影响。调查结束后，研究人员还请求受试者为一家旨在延缓全球变暖的非营利组织（洁净空气与凉爽星球）捐款。他们发现，捐款的金额同样与天气有关。天气越温暖，受试者愿意给出的捐赠金额就越高。

我们在实验室之外同样发现了近似的结果，而且涉及的范围更加广阔。近二十年以来，盖洛普、哈里斯、ABC/伍德斯研究所和皮尤研究中心等美国民调机构一直在测算公众对气候变化的接受程度。整体说来，公众的接受程度呈现上升趋势，但每次调查之间依然会呈现出具有相当程度的波动。这些波动同样和天气有关。在具有反常温暖天气的年份中，调查的结果揭示的公众接受程度比在拥有反常寒冷天气的年份中的接受程度要高。媒体对气候变化报道的口径也遵循着近似的规律。在具有反常温暖天气的年份中，美国主流报刊媒体会刊登更多与气候有关的报道和社论。天气变化与气候变化的联系实际上非常少，却是人们关心气候变化的根本原因。

从某种角度来说，我们对"天气"和"气候"的混淆长远来看也许并不会有什么影响，鉴于温度高得反常的日子的数量在逐渐超越冷得反常的日子的数量，这一点应该会在全球引发人们对气候变化的关注。但是这种对气候变化的幼稚认知依然是很有问题的，因为它会导致同样幼稚的结果。首先，很多人拒绝相信气候变化是人类行为的结果，并因此不愿意为解决这个问题出力——我在这一章接下来的部分将一再提及这种误解。其他人虽然能够接受是人类的行为引发的气候变化，却无法理解影响的具体方式。人类与环境的关系往往被过度简化地理解为一个一分为二的问题：一边是被贴上环境友好标签的行为，或者说所谓的"绿色"行为；另一边是被贴上破坏环境标签的行为，或者说所谓的"棕色"行为。一般理解下的"绿色"行为包括回收利用、植树造林、随手关灯、收拾垃圾以及骑自行车出行。通常被归为"棕色"行为的则有驾驶汽车出行、长时间淋浴、使用杀虫剂、向海洋排放化学物质以及使用罐装喷雾气雾剂。

所有具有环境影响的活动都被认为与气候变化有关，然而其中的某些行为——比如捡垃圾、使用杀虫剂或喷雾剂——是和气候变化没有关系的，至少没有直接的关系。在所有确实与气候变化有联系的行为中，有些活动的影响比其他的大一些，我们却并不怎么在意这些区别。比如，交通估计占碳排放总量的14%，垃圾只占4%，可我们会很明显地更在意垃圾（比如少买东西或者更在意垃圾回收）而不是交通（使用公共交通工具或者减少飞机出行）的问题，即使我们明确承认前者的影响比后者要小得多。

因为改变出行习惯需要付出的代价实在是不太好接受，所以我们才会自欺欺人地相信做到垃圾分类回收就能拯救我们的星球了。但是这其实并没有用——至少单独这么做并不会有什么作用。减缓全球变暖需要做出的行为改变与什么都不做需要承担的后果一样，都会给生活带来巨大的变化。我们其实已经隐约意识到了这一点，但是还不能坦率地接受它。我们反而会选择否认气候变化非常严重，乃至于否认气候变化的存在。

你应该已经留意到了，美国在气候变化这个问题上呈现出了巨大的意见分歧。大约16%的美国人对气候变化感到警惕，29%的美国人对此表示关心，25%的美国人对这个问题持谨慎的态度，9%的美国人没有明确意见，13%的美国人持怀疑态度，8%的美国人拒绝承认这一现象。气象学家将这种分组称为"全球变暖下的六个美国"。虽然从2008年到现在，全球变暖的证据和围绕这些证据的宣传都在大幅度增加，但是这六个群体的规模一直维持在大致相同的水平。

"全球变暖下的六个美国"之间的差异并不仅仅体现在他们对气候变化的态度上，还涉及他们与气候相关的行为与观点。持"警惕"态度的人群比持"拒绝"态度的人更倾向于承认：（1）全球变暖确实在发生；（2）大多数科学家都认为全球变暖确实在发生；（3）全球变暖是人类的行为导致的；（4）全球变暖令人忧虑；（5）全球变暖是有害的；（6）全球变暖会对后代产生影响；（7）如果我们采取正确措施，全球变暖是可以减缓的。从人口统计学上讲，"全球变暖下的六个美国"的人员构成是非常相似的，他们在年龄、收入、种族和性别方面几乎没有什么差异。一个年轻且高收入的拉丁裔男子和一个年老且收入水平低的高加索妇女很可能同样否认全球变暖现象。但是，确实能够起到分化这六种人群的因素是政治倾向和宗教信仰。持"警惕"态度的人群在宗教观点和政治倾向上都偏向自由主义，持"拒绝"态度的人则更倾向于保守。

十分清楚的一点是，在拒绝气候变化这个问题上，有一些社会学因素发挥着作用。这些因素不仅根深蒂固，而且影响非常广泛。但是，社会因素也属于概念错误吗？那些否认气候变化的人真正理解气候变化的含义吗？心理学家迈克尔·兰尼和他的团队组织的一项研

**温室效应**

部分太阳辐射被地球和大气层反射。

部分红外辐射穿过大气层。部分红外辐射被吸收，并且被温室气体分子反射向各个方向。这一效应的影响是提高了地表和低层大气的温度。

多数太阳辐射被地球表面吸收，导致地表温度上升。

大气层
地球表面

红外辐射被地表反射。

向人们讲解全球变暖的原理——这一点并不广为人知——能够有效地增加他们对全球变暖现象的接受程度。

究表明，人们确实并不理解其含义。当时，兰尼和同事们访问了上百名美国民众，请他们讲解全球变暖的原理，结果只有为数不多的人能说得出来，甚至仅有15%的受试者能在解释的时候用到"温室气体"这个词。兰尼团队接下来向受试者提供了一份长达四百词的对气候变化背后的化学与物理机制的简介，并评估了这份信息会对人们与气象相关的观点和态度产生怎样的影响。这份简介的全文可以在HowGlobalWarmingWorks.org上找到，兰尼对它进行了如下总结："地球将阳光的可见光能转化为红外光，而温室气体的吸收会让红外光离开地球的速度变慢。因此，当人们制造温室气体的时候，能量离开地球的速度会变得越来越缓慢，导致地球的温度不断上升。"

向人们提供这样的信息主要有两种功效。首先，它会让人们对全球变暖的本质有更精准的认识——而且他们至少可以在接下来的几周内保留这种认识。其次，它有助于提升人们对全球变暖的接受程度，而不会被人们的政治倾向影响。即便是政治倾向非常保守的人，在学习了全球变暖的理论后，也有可能倾向于接受真相（当然，这样的人并不是多数，因为政治倾向的有色眼镜很难彻底去除）。

另一种有助于提高全球变暖与气候变化接受程度的是围绕着这些问题的科学共识的信息。在要求人们估算同意人为碳排放是气候变化成因这个观点的科学家所占的百分比时，他们通常会猜测在60%到70%之间，这个数值远远低于真实的97%。但是，直接告知他们97%的科学家都相信人为碳排放是气候变化的成因后，人们的观点很快就会发生变化。与对当下科学界的共识一无所知的状态相比，此时我们很明显更容易接受"人为碳排放导致气候变化"这个观点。

有关学界共识的信息可以对我们有关气候变化的观点产生如此强烈的影响，背后的原因其实就像他人的吃穿会塑造我们的饮食喜好与着装习惯一样，是所谓的"同辈压力"。人类是社会动物，我们不仅非常介意其他人的观点和态度，也很注意自己的观点和态度是否能与他人达成一致。我们对与经验问题相关的共识信息尤其明显，因为我们会把共识视作真理的代名词。一个观点看起来流传范围越广，我们就会越倾向于相信这样的观点。

与共识相关的信息不仅会影响我们对气候变化的接受程度，而且会影响我们致力于改善这一状况的投入程度。在一项研究中，受试者被要求说明列举出的一系列组织中哪些应该针对全球变暖问题做更多工作，这些组织包括地方政府、联邦州政府、国家政府以及企业和产业。他们同时被询问是否愿意支持列举出的几项气候相关的政策，比如将二氧化碳定位为污染物、要求电力企业利用可再生能源、为购买节能汽车提供退税优惠、为汽油额外征税等。受试者越（正确地）相信全球变暖在科学上是一个确凿无疑的进程，他们就越认同公共组织应该针对这一现象采取行动，并通过执行公共政策来推动这些行动。同样，受试者越（依旧是正确地）相信全球变暖是人类行为导致的，他们就越认同全人类不共同采取行动的话，全球变暖将是一个严重而禁忌的问题。

心理学家由此定义了两个提升公众对气候变化接受程度的途径：其一是教授气候变化的成因的认知途径，其二是强调科学界对气候变化的共识的社会途径。这两种途径都是行之有效的，但是，我们试图提升公众对气候变化的关注度时不会采用任意一种。我们默认的策略是利用罪恶感——用充满伤害且不公正的言辞掩盖对气候变化的讨论。地球被塑造成了需要从开发的魔爪下解救出来的受害者，人类则是不知节制、一味索取的狂徒。这种话术的一个很好的例子是奥巴马总统在2015年的地球日对全美发表的讲话。"周三就是地球日了，"他说，"这是一个用来欣赏与保护这颗我们称之为家园的宝贵星球的日子……我们只有这一颗星球。我希望在多年以后，我们能注视着子子孙孙的双眼，告诉他们，我们这一代曾经为了保护它而竭尽所能。"

这种话术在情感层面或许能够引起共鸣，但是在概念层面就不行了，因为我们并不会真的把地球视作需要保护的东西。人怎么能伤害这种看似永恒不变的东西呢？为什么对永恒事物受到伤害的担忧要凌驾于我们拒绝自己与能量相关的需求和欲望的伤害之上呢？在概念上更加有效的言辞——除了强调原理信息或共识信息的——既拥抱了我们认为地球是永恒之物的观点，又强调了地球对人类的漠视而非依赖。早在人类出现之前，地质系统就已经运行了上亿年，并且未来也将在诸如大气碳含量更高或者全球温度更高的环境下继续运行下去，不管这些新条件将如何影响人类喜欢的生存方式。

奥巴马总统发布演讲期间，一则在网络上热传的漫画很好地体现了这种更加现实主义的言辞。在漫画里，一个人正在为人类的破坏性行为向大地母亲盖亚——地球的拟人化形象——道歉：

人类：大地母亲，我是为全人类毁坏自然的行为而向您道歉来的，我乞求您的原谅。

盖亚：唉，我亲爱的自私的人类，大自然的适应性很强。不管你们做了什么，它都只是会发生一些改变，然后继续以新形式存在。它可是什么比你们糟的东西都见过。而你们呢，你们干的事只是把它变得不再适合自己生存罢了。你们可杀不死大自然，顶多是自己杀自己。

人类：什么？

盖亚：就是说你们一直在自作自受嘛。走好不送。

这一章标志着我们对物理世界的直觉理论的讨论告一段落，接下来的六章将专注于探讨生物学世界的直觉理论。总结起来，我们总共讨论了以下几种物理直觉理论：

（1）物质的直觉理论。在这种理论中，物质被视为整体而离散的，而不是具有微粒性且可分割的。

（2）能量的直觉理论。在这种理论中，热、光以及声都被视作物质实体，而不是系统微观组分的突现性质。

（3）引力的直觉理论。在这种理论中，重量被视为物质的本质属性之一，而不是质量与重力场之间的关系。

（4）运动的直觉理论。在这种理论中，力被视作某种在物质之间传递的存在，某种让物质发生运动的存在，而不是改变物质运动的外部因素。

（5）宇宙的直觉理论。在这种理论中，地球被视为静止且被太阳绕行的平面，而不是绕太阳运行且自转的球体。

（6）地球的直觉理论。在这种理论中，诸如大洲和山脉之类的地质特征被视为永恒不变的，而不是短暂且动态的。

我们之所以形成了这些理论模式，是因为我们是以对日常生活有用为标准去感知周围的环境的，这些方式并没有投射到大自然真正的运行方式上。我们通过重量感和体量感等概念去感知质量，而不是重量和尺寸。我们通过温暖和寒冷的感受来感知热能，而不是热量和温度。我们认为引力向下牵引着我们，而不是向着地球的中心。我们认为速度是力的产物，而不是惯性的一种形式。我们把地球看作一块平坦的表面，而不是一个巨大的球体。我们把地质学系统看作一系列离散的事件，而不是连续的过程。当我们从理论上解释自然现象的成因时，这些带有偏见的观念会导致我们走向错误的方向，迫使我们做出从实证角度上讲毫无意义的区分，从而忽视在经验上真正具有意义的区别。只有科学理论才能做出正确的区分，因此，也只有科学理论才能为我们提供准确性有所保障且实用性广泛的解释和预测。

# 第二部分：
## 生物学世界的直觉理论

# 8. 生命

——我们因何而生？我们因何而死？

**对**于孩子来说，生物必死的命运并不是生命显而易见的一部分。儿童也会生病和受伤，但是他们不会把这些经历与身体健康联系起来。在他们的认知中，这些现象更多属于心理上的不舒服。来自生存本身的第一手经验的确不会为其背后的生理过程提供什么提示。孩子们愉快地度过每一天，既不了解支撑自己活动的重要功能，也不知道有朝一日这些功能会衰退。在孩子们的心目中，他们是永生不朽的。

反省并不能打破这种永生不朽的幻想。儿童首先必须发现死亡是一种外部特征——换言之，首先要意识到死亡对他人而言是真实存在的，接着再认识到死亡对他们自己而言也是真实存在的。就像诗人埃德娜·圣文森特·默蕾以优美的诗句描述的那样："童年是无人死亡的王国。"

我依旧清楚地记得我的儿子泰迪第一次发现死亡存在的那一天。当时他四岁半，我带他去加州科学中心参观世界木乃伊展。展览海报上印着的主要是石棺和其他古埃及艺术品，这让我以为这次展览主要是关于古埃及丧葬习俗与文化的，而我们能在展览中看见的木乃伊应该只会是裹着亚麻布的那种。

然而事实并非如此。这个"世界木乃伊展"上陈列的真的是世界各地的木乃伊：在洞穴中被风干成木乃伊的古印加人、被扔在沼泽里保存至今的古凯尔特人、被埋葬在沙地中化为干尸的古秘鲁人、安葬在地下墓穴中变为木乃伊的古匈牙利人。这些木乃伊原原本本地展示着干巴巴的身躯，有些是人类的遗体，有些是动物的遗体（比如狗和猴子）；有些遗体是成年人，有些遗体是儿童。甚至有些被展出的木乃伊是婴儿。

眼前的东西让泰迪非常困惑。在此之前，他对木乃伊的认识只是万圣节化装的那种——比如在闹鬼的豪宅里追着史酷比狗一行跑的裹着白布条的东西，白布条下面藏着的其实是活人。他在展览中看见的第一具木乃伊就是一个木乃伊化儿童。泰迪问我那是什么，我告诉他，那是一个死去的小孩，因为他去世的地方气候过于干燥，所以他的皮肤和头发都能得以保存。但泰迪还是很困惑。我进一步向他解释道，一般来说，人类死后会变成骷髅，但是这里展示的所有木乃伊都不属于一般情况，所以他们没有变成骷髅。

听了我的解释，泰迪的眼睛瞪大了。"我死掉后也会变成木乃伊吗？"他喊道。我一边向他保证这种事一定不会发生，一边赶快带着他离开了展览馆，周围的观众都被恍然大悟的泰迪逗得咯咯直笑。

在接下来的几个月里，泰迪总是会提起死亡的话题。他想知道人为什么会死、人能不能规避死亡的命运以及人死掉之后会去哪里。在看过木乃伊的一年半后，我和6岁的泰迪展开了这样一番对话：

泰迪：奶奶的奶奶长什么样子呢？

我：我也不知道，你得问问奶奶。

泰迪：奶奶的奶奶已经死了吗？

我：是呀。

泰迪：唉，这真让人伤心。

我：可是如果她还活着，现在就该有130岁了。所有人到最后都是要死的。

泰迪：所有人都会死吗？为什么？

我：因为事情就是这样。

泰迪：人是死在天堂里的吗？

我：不是，天堂是人死掉以后去的地方，至少有些人相信是这样。

泰迪：那我也会死吗？

我：（暂停了片刻）至少在很长很长时间内不会的。

身为一位父亲，我真的很想告诉泰迪他和所有人类都不一样，他永远不会死。然而，作为一位教育者，我又不想对好奇的孩子撒谎。如果泰迪问我地球的板块有没有漂移，或者气候有没有发生变化，我肯定会痛快地给他答复。所以，我又为什么要在死亡的问题上对儿子撒谎呢？

死亡以及其他生物现象——比如衰老、疾病、生殖、进化——都具有物理现象所没有的情感特征。在学习这些现象时，这种情感特征会对学习产生竞争效应。一方面来说，家长和其他教育工作者不愿意向孩子提供生物学方面的知识，而倾向于告诉他们物理学方面的（以

把死亡粉饰为休息或者睡眠可能会让成年人感到宽慰,却也会给儿童带来更多困惑,因为他们还无法理解死亡的生物学本质。

及其他情感特征不那么突出的)信息。但是从另一方面来讲,孩子们更倾向于自己去寻找生物事实。在一次研究中,5岁儿童在提问时表现出的对生物现象的感兴趣程度是对物理现象的两倍。

孩子们渴望知道祖母为什么会去世,或者他们的小妹妹是从哪里来的,所以他们会向父母寻求答案。如果父母无法给出答案,孩子们就会试着自己创造答案——这些答案都植根于他们最了解的领域:心理学。毕竟所有生理活动都具有心理成分。我们吃东西是为了给身体补充能量,不过同时也是因为我们感到饥饿。我们喝水是为了给身体补充水分,但同时也是因为我们感到口渴。我们睡觉是为了恢复能量,但同时也是因为我们感觉疲惫。死亡是一个复杂一些的问题,因为孩子并没有对死亡的现象性经验,所以他们无法利用感受或者欲望来解释它。但他们确实知道两种看似与其相似的经验:睡眠和旅行。

睡眠就像死亡一样,是一种静止且无知觉的状态;旅行也像死亡一样,会让某人从我们的生活中离开。何况成年人说起死亡时总是会把它描述成某种睡眠("永眠""深海长眠""长眠地下""安息")或者旅行("走了""不在了""驾鹤西去""去了另一个世界"),使用这种委婉的说法来掩饰死亡阴郁的本质。如果成年人都这样描述，谁又能责怪孩子们对死亡感到困惑呢？有时可能的确需要撞见木乃伊这样的遭遇来揭开那层委婉的面纱，直面死亡的本质。

想要理解死亡的话，我们首先需要理解生命，因为死亡是生命的终止。但生命又是什么呢？生物学家告诉我们，生命的本质是一种代谢状态。生命体从所处的环境中获得能量，然后利用这些能量进行促进自己生存的活动：移动、成长以及生殖。这样的活动在整个生物界都是普遍存在的，这种活动把许多天差地别的存在以"生存"之名联系到一起，比如藻类和芦荟、短吻鳄和羚羊。

但是，来自不同生物王国的生物实现同一种代谢活动的具体方式是不同的。它们以不同的方式从环境中获取能量（光合作用、取食植物、捕食动物），以不同的方式生长发育（发芽、膨胀、分离），以不同的方式繁衍（散播种子、产卵、生育幼崽）。因为同样的活动实现的方式不同，所以儿童很难把它们视作同一种以维持生命为目的的行为。孩子们会把注意力集中在一个更加表面化的生命表现上，那就是自主移动。能够自主移动的存在会被他们视为具有生命，不会自主移动的存在则会被认为没有生命。

孩子对自主运动的关注早在婴儿时期就已经开始了。婴儿不仅对移动物体的兴趣比对静止物体的要大，而且更喜欢能够有机运动（像动物一样运动）的物体，而不是机械运动（像车辆一样运动）或无序运动（像蜂群一样运动）。我们是从一系列实验中了解到这些偏好的。在这些实验中，研究人员给婴儿并排展示了两段移动物体的影像，并且对孩子的偏好倾向进行观察。两段影像的内容都是在黑色背景下移动的一系列白色小点，区别是一段视频中点阵排列的形状就像是一个

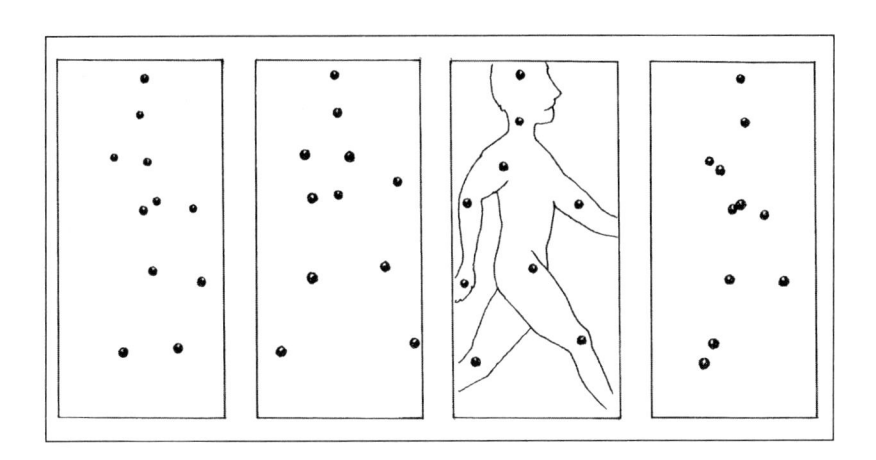

向婴儿展示移动的点阵时，他们更加容易被点阵组合的方式近似于行走的人形的图案（如图所示）吸引，对随机排列的点阵则没有那么大的兴趣。

行走人形的各大关节，另一段则没有明确的排列模式。

从物理的角度来看，这两段视频都包含了相同的运动量，婴儿却明显对点阵形状类似于行走人形的视频更感兴趣，即便是仅三天大的婴儿也会体现出这种倾向。这说明，早在婴儿实际观察到许多行走动作或自己学会行走之前，他们就已经会出于本能地被生物特有的运动模式所吸引了。这种本能在进化的角度上具有重要的意义，因为能够行走的对象（人类和动物）也是能够和我们互动的对象。它们有可能承载我们、喂养我们、清洁我们或者咬我们一口，所以我们能越早认识到这些对象越好。

我们与生俱来的对生物运动的敏感性导致幼儿把"活着"这个词当成了"可以自主移动"的同义词。学龄前儿童会把鸟类、哺乳动物和鱼类列为"活物"，但花草、树木和灌木不在此列，因为后者都不会自主移动。但这个年龄的孩子同样会认为能够自主移动但没有生物特质的东西拥有生命，比如云朵、火焰、河流以及太阳。不论是东方还是西方、发达国家还是发展中国家，儿童都能体现出这种对生命体的归因模式。世界各地的4岁儿童都会说太阳是活的，向日葵却不是。

4岁的幼儿也搞不太清楚世界上哪些实体会进行进食、呼吸、生长和繁殖等生物活动。孩子们知道人类会进行这些活动，但是他们往往不愿意承认其他生物也会这么做。其中的问题一方面在于不同生物可能有各种不同的形式，就像上文提到的那样；另一方面则是儿童不知道将这些活动扩展到其他生物身上的原则性因素。他们对生命的理解建立在有生性或者说能够自主移动的能力之上，而他们对生理过程的理解是以心理学为基础的。

让我们以进食这项生物活动为例吧。儿童由经验得知人类会进食，并通过观察知道其他一部分动物也会进食。但那些他们从来没有亲眼见过进食行为的动物呢？水母会吃东西吗？蝴蝶、蠕虫呢？对儿童来说，"蠕虫会不会吃东西"这个问题并不意味着"蠕虫是否需要能量"，而是"蠕虫是否会感觉饥饿"。同样，如果他们询问"蠕虫是否会繁衍"，这个问题指的也并不是蠕虫是否能够增殖，而是有没有蠕虫宝宝这样的东西——有没有幼小无助、必须依靠双亲照顾的小蠕虫。在一次心理学研究中，被问到这个问题时，一个4岁的孩子给出了否定的答案，但同时强调说"有短一点儿的蠕虫"。与此类似的是，在我的女儿露西3岁的时候，她坚定地认为人类有胃，而鸟类没有。当我问她鸟类吃下去的食物都到哪里去了的时候，她看起来非常迷惑，并且声称（食物）"就直接掉下去了嘛"。

露西不愿意把"拥有胃"这个概念加之于鸟类，这是绝大多数学龄前儿童在面对如何将生物特性归因于非人生物这个问题时出现的典型现象。只有能想象到这些属性在人类身上如何应用时，孩子们才能这样做。非人生物与人类越相似，儿童就越倾向于为它们赋予生物学特性。因此，在孩子们眼中，哺乳动物往往比鸟类或者鱼类具有更多生物学特征；鸟类和鱼类比昆虫或蠕虫具有更多生物学特征；最后，鱼类和蠕虫具有的生物学特征要比花朵或者树木多。病毒和细菌甚至不会被当成可能拥有生物学特征的东西——第十一章将围绕着这个发现展开讨论。

当儿童被要求分配某些他们一无所知的属性时，就常常见到上述这种依照与人类的相似程度分级的属性分配模式。如果你告诉一个学龄前儿童，人类拥有高尔基体，并且问他还有什么东西体内可能有高尔基体，这个孩子会更倾向于回答狗拥有高尔基体，而不是蠕虫。（顺带一提，高尔基体是一种参与蛋白质运输过程的细胞结构。）

然而，如果我们只告诉孩子这种新的特征对某种非人生物来说是真实且正确的，这种模式就会发生改变。比如狗的体内的确拥有高尔基体，我们将这一点告诉儿童，儿童就不会再将这一特质归于其他生物了，尤其是人类。他们会主动过滤这些信息，把它视作只适用于狗的内容。换言之，儿童一方面来说很愿意把人类身上的生物特征推广到狗身上，却在另一方面不愿意把狗具有的生物特征推广回人类身上，就好像人类是生物世界的王公贵族一样。儿童会倾向于认为自己从人身上学到的事实在其他生物身上也是正确的，却不会反过来认为在其他有机体身上学到的事实同样适用于人类。

这种认知上的不对称会随着儿童的年龄增长而减弱，但部分儿童即使到了10岁也会继续拒绝对植物进行生物学上的归因。在对生命的理解从万物有灵论转向代谢的过程中，植物是一个关键点，能够自行

## 160

移动但不具有生命的物体——比如风或者太阳——也属于这一过程的关键点。在我的儿子泰迪快要7岁的时候,有一天,他向我宣布他养的仙人掌"不是活的",这让我吃了一惊。我向他保证仙人掌是活物,并且问了他几个关于其他实体的生命状况的问题:

我:花是活的吗?

泰迪:是的。

我:蘑菇是活的吗?

泰迪:是的。

我:那太阳是活的吗?

泰迪:(停顿了一下)应该不是吧,我说对了吗?

我:对,你说得没错。那电脑是活的吗?

泰迪:当然不是了!这可有点儿傻。

我:那机器人是活的吗?

泰迪:是的。

我:机器人是活的?

泰迪:是啊,因为它能说能走,还能偷走你的脑子。

我:你觉得什么样的东西才算是活着的呢?

泰迪:我不知道,是什么呢?

我:是这样的,活着的东西需要能量和水,还会排泄和繁殖。

泰迪:繁殖是什么意思?

我:就是说它们会生小宝宝。

泰迪:哦。(又停顿了一下)那活着的东西还会变老。

我:你说得没错。所以你还觉得机器人是活的吗?

  泰迪：不觉得了，因为机器人不会变老，它们也没有心脏或者肺，而且它们不怎么能动。

  请你注意，泰迪在回应我什么能使事物活着的描述时自发地补充了其他特征，比如会变老、拥有肺脏和心脏等。但不要忽视，在他最终的想法里还是提到了运动，就好像机器人并非活物这个事实也意味着它无法自主移动一样。

  就在泰迪和我展开这段对话的时候，他对谜语产生了浓厚的兴趣。他最喜欢的谜语是《霍比特人》里咕噜拿来考比尔博·巴金斯的那个："活着不呼吸，冰冷带死气，不渴偏喝水，披甲无声息。"这个谜语的答案是鱼。泰迪被这个谜语深深地迷住了，因为它实在是与直觉截然相反。鱼类以与人类截然不同的方式体现着所有生命的特征：它们不呼吸空气，却从中获取氧气；它们通过渗透而非饮水来获取水分；它们的体温可变，并不是恒定的。泰迪喜欢咕噜的这个谜语，代表他一直在努力破解生命的特征。如果泰迪在如此努力尝试之前就接触到了这个谜语，我怀疑他是否还会对它深感共鸣，因为那时候这个谜语对他来说未必有什么意义。

  对泰迪来说，将对生命的理解从万物有灵论转向代谢的过程十分艰难。不过，这对其他儿童而言是一样的，因为它需要两种彼此相关的理解：首先，不是所有能够移动的物体都是活的；其次，不是所有活物都能够移动，至少不是在可用肉眼观测的范围内移动（比如，植物是能够自主移动的，但是它们的移动非常慢）。接触更多既具有生命、看起来又没有生命力的实例，有可能会帮助泰迪将有生性与生命结合起来。但是泰迪和其他当代儿童一样，距离生物学世界已经相当

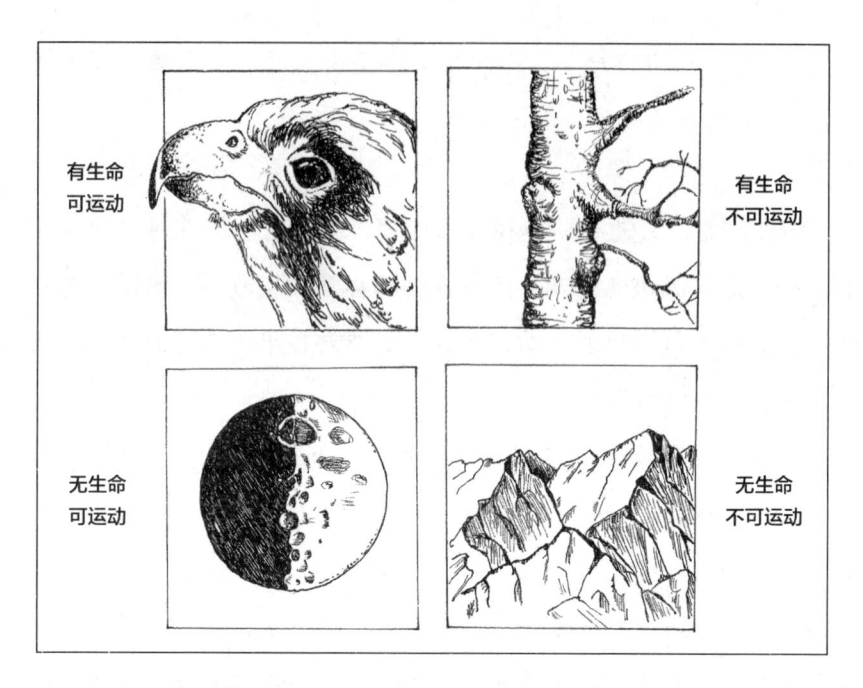

| 有生命 可运动 | 有生命 不可运动 |
| 无生命 可运动 | 无生命 不可运动 |

年幼的儿童判断某物是否具有生命的标准是有生性，或者说可以自主移动的能力。所以，他们会正确地判断出鸟类是活物而山不是，却无法正确地判断出月亮不是活物，而树具有生命。

遥远了。他生活在城市里，而城市生活并不怎么适合探索大自然。

确实，在都市生活的儿童对生物世界的认知会比生活在乡村的儿童发展得慢。他们会在更长的时间里把人类视作生物学上特殊的存在，也就是说，他们会将从人类身上学到的生物信息推及非人类，却不会将从非人类身上得到的相关信息推广到人类身上。城市儿童对生物特性的推论也会相对简单一些。他们认为，疾病更有可能在生活于不同环境的同一分类学家族的生物（比如北极熊和熊猫）之间传播，而不是生活在同一环境中却分属不同分类学家族的生物（比如北极熊和北极狐)。稳定的生态相关的推理似乎需要借助切身探索某一环境的第一手经验。

这种模式的一个明显的例外发生在拥有宠物的都市儿童身上。与没有宠物的孩子相比,这些儿童更倾向于将生物学特质推及非人生物。他们也更倾向于将人类视为生物学意味上很普通的存在——也就是说,他们相信人类和其他生物一样,都是被相同的生物法则限制的对象。宠物是都市儿童在远离自然的情况下与自然保持着的联系。都市家庭有时把宠物当成人来对待——给它们做饭,带它们去水疗中心——但这些宠物依旧提醒着我们,人类也是动物的一种。

在孩子完善他们对"什么东西是活着的"的看法时,他们同时会完善自己"什么东西会死"和"什么会让生物死去"的观点。他们的观念会从把死亡视作一种行为(睡眠或者旅行)逐渐变为将死亡视为一种生物学意味上的终点——所有生物的最终归宿。一个朋友对这一情况做出过清醒的总结:"医生能给你的最好的消息是:'你会因为(疾病之外的)其他事情而死。'"

几十年以来,研究人员通过评估儿童对五条生物学原则的理解来记录儿童的死亡观念。这五条原则是:(1)死亡是不可避免的;(2)死亡是不可逆转的;(3)死亡只适用于生命体;(4)死亡会终结所有生物行为;(5)死亡是由身体机能崩溃和生命功能丧失引起的。

评定对第一条原则(死亡是不可避免的)的认知水平是通过让儿童列举有生命的物体并判断这些物体是否会死来实现的。他们的主要关注点是孩子们是否会提及人类。年龄大一些的儿童会倾向于提到人类,但是年龄小一点儿的孩子不会。评定他们对第二条原则(死亡是不可逆转的）的认知水平是通过进行以下思维实验实现的："如果一个人死去了，但并没有被埋葬很长时间，那么这个人还有可能变回活人吗？"年龄大一些的儿童会回答死人不会复活，年幼的孩子则认为他们可以。

评定儿童对第三条原则（死亡只适用于生命体）的认知水平是通过让孩子列举不会死的事物来实现的。年龄大一些的儿童会表示只有非生物才不会死（家具、衣服、工具等），年龄小一些的孩子则会同时提到生物和非生物。对第四条原则（死亡会终结所有生物行为）的认知水平的评定是通过询问儿童死人是否需要食物、水和空气，是否还会移动、做梦和上厕所这样的问题来实现的。年龄大一些的孩子会指出死人不需要这种东西，但是年幼一些的孩子则认为他们还会做这样的事。最后，对第五条原则（死亡是由失去重要机体功能造成的）的认知评估是通过让儿童列举可能导致死亡的因素并解释其原因来实现的。年龄小一些的孩子列举的主要是可能致命的工具——刀子、枪支和毒药之类的——却无法解释为什么这些东西能够致命。年龄大一些的孩子能够给出一定的解释（"刀子会切开你的身体，里面的血就流光了"），他们也会给出暴力之外的自身因素，比如癌症和心脏病。

儿童不会一次性理解所有五条原则。他们会在理解死亡只适用于活物（原则三）和死亡会终结所有生物行为（原则四）的一年前理解死亡不可避免（原则一）和死亡不可逆转（原则二），再过几年他们才会理解死亡的原因是失去了维持生命所必要的生理机能（原则五）。

如果你思考一下儿童需要知道什么才能掌握每条原则，那么这种模式看起来就是有意义的。想要理解前两条原则的话，他们需要了解死亡是不可避免且无休无止的，就像永恒的沉睡或者无法避免的旅行，但是孩子们并不需要理解更多与死亡相关的生物学知识。想要理解第三和第四条原则的话，就需要他们对生物学有更多了解了。他们至少需要知道什么样的事物是活着的，以及什么样的过程支撑着生命，但他们不需要对生物进程了解得非常具体。直到理解最后一条原则的时候，他们才需要知道所有细节。他们必须理解什么样的进程支撑着生命、这些进程之间的联系是什么以及这些进程如何体现在活生生的血肉之躯上。

绝大多数儿童在10岁左右就能够拥有生物层面相对成熟的死亡观念，但这个年龄可能依据孩子生活的社区中成人谈论死亡的频繁程度而发生变化。在更加现代且工业化程度更高的社会中成长的儿童听到有关死亡的讨论的频率相对来说更低。他们既不太容易在生活中遭遇死亡事件——不论死去的是人类还是动物——也不太容易听到以针对儿童的方式讨论的关于死亡的话题，或者在面向儿童的媒体中遇到对死亡的讨论。即便他们遇到了这样的讨论，其中的侧重点也往往偏向于哀悼，而并非死亡本身。比如，讲述死亡的童书讨论的主要是逝者的亲友感到的悲伤、愤怒或思念等情绪，却很少直接涉及作为生物学进程的死亡。

另一个让问题更加复杂的要素是宗教。大多数成年人都并不真正相信人死后会继续存在，他们相信的至多只是人身份的一部分会在肉体死亡后保留下来。因此，在与孩子谈论死亡时，成年人倾向于利用精神或宗教方面的表达进行掩饰，并使用与上文第四条原则相违背的说法，表示人类的行为不会在死亡后结束，只是会被死亡改变而已。死去的人被描述成依然会思考和感受的状态，他们只是改变了存在的方式（比如作为天使）和地点（比如在天堂）。就像一句流行语说的那样:"我们不是具有精神体验的人类,我们是拥有人类体验的精神体。"

研究表明,这种说法对于幼儿来说是非常令人困惑的。如果年幼的儿童已然准备好从宗教的角度来思考死亡——比如聆听牧师去拜访临终之人的故事——那么他们相信生物活动会在人死亡时停止的可能性就会大大降低,并且会表示死人的眼睛还能看见,死人的心脏也会继续跳动。幼儿必须非常努力才能理解生与死的隔阂,但基于宗教的死亡理论会让他们的理解崩溃。

而且基于宗教的死亡理论极其常见,大多数文化中的多数成年人都会同时把死亡视作生物学上的终点和精神上的转化。他们会把这种双重观念传递给孩子,但是儿童还不具有理解这种双重观念所需的辨别能力,那就是辨别人类生存的物质构成(身体)与非物质构成(灵魂)之间的区别的能力。

幼儿之所以无法做出这种区分,是因为他们还没有掌握"身体"的概念。他们的确能从物理的角度认识身体是什么——毕竟他们自己就有身体——却在生物视角上对它一无所知:身体是一部内部零件协调工作以支撑其运转的机器。成年人可能会把灵魂想象成"机器的灵魂",儿童却对这部"机器"没有概念,因此就无法把它与灵魂区别开来。

"身体"的概念可谓是黏合"生命"与"死亡"这两个概念的黏着剂。一切生物都拥有身体,而所有身体最终都将走向衰败。所谓的身体既可能只是简单的单一细胞,也可能是数万亿细胞组成的不同组织与器官。但不论什么形式,身体都有一个共同的特性,那就是内在的部分服务于整体的功能。

使用"身体"这个概念来思考生物体,能够为儿童提供一种用来理解生物学现象的框架。它让孩子们得以理解以下内容：

（1）只有拥有身体的存在是"活的"（因此太阳和风都不是活物）；

（2）所有具有身体的存在都是"活的"（因此树木和花朵都是活物）；

（3）外部生物功能服务于内部生物功能（也就是说，我们吃东西是因为身体需要能量，呼吸是因为身体需要氧气）；

（4）死亡是身体崩溃的结果（因此死亡时生物活动会停止）；

（5）身体的崩溃可能是各种不同原因导致的（也就是说，存在非暴力致死的可能）；

（6）所有身体最终都会崩溃（因此死亡是不可逆且无法回避的）。

作为这一观点的佐证，知道人体内部器官的名称、功能和位置的儿童也倾向于知道更多生物学知识。他们知道花朵和树木是活的，而太阳和风不是活物；知道生物活动具有代谢功能，并将在死亡时终止，而死亡是由重要功能的丧失引起的。这种关联可能是常识的产物——比如知道很多人体知识的孩子也可能知道其他很多东西，包括和生存与死亡相关的内容——但其他研究的结果显示并非如此。

在一次这样的研究中，心理学家弗吉尼亚·斯拉夫特和其团队拜访了当地的学龄前儿童，评估了孩子们对生命、死亡和身体的理解。然后，研究人员对孩子们讲解了一些与人体有关的生物学知识。斯拉夫特团队预测，孩子们对身体的了解越多，他们对生死的理解就会越透彻。研究人员使用"解剖图围裙"——可以把器官模型的毛绒玩具粘上的布制围裙——来讲解这些知识。他们鼓励孩子们往围裙上粘贴器官，以此来学习器官的位置、功能以及它们之间的联系。

参与教学之前，评估孩子们在以那五条原则为准的"死亡问卷"中的表现时发现，他们对死亡只呈现出了最低理解。评估他们对能够

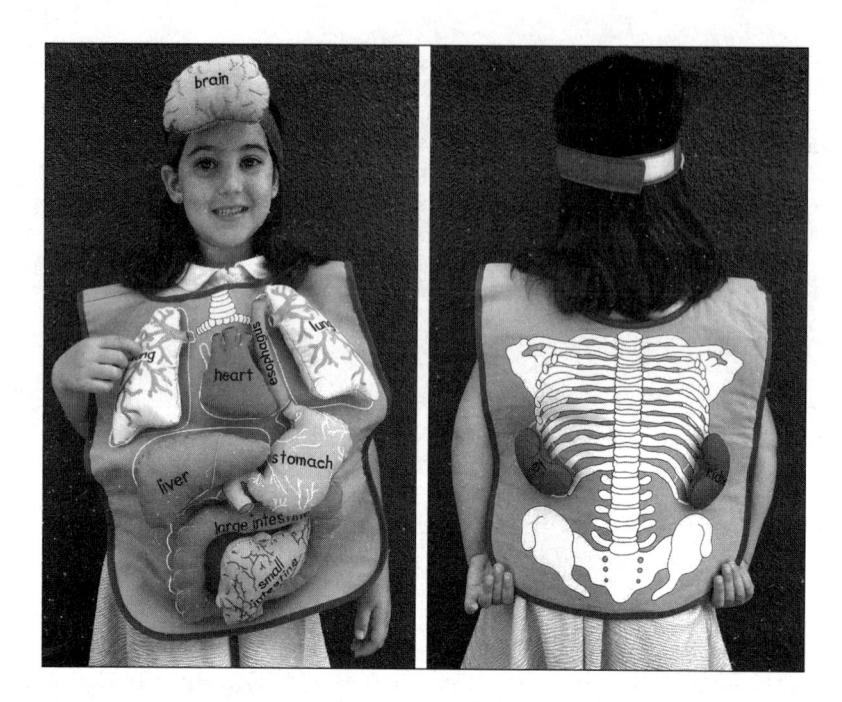

教孩子们认识人体器官的位置和功能，可以帮助他们掌握生存与死亡的更高阶的概念。

表现生物特征的生命功能的阐述时（比如"我们会呼吸是因为身体需要氧气"）则发现，他们对生命有着中等程度的理解。但是，在参与教学之后，他们明显地展示出了对生命与死亡更加复杂的理解。比如，在"死亡问卷"中，他们从曾经的认为死人还会吃东西和呼吸转变为相信死后所有生物活动都会停止，从认为只有用枪或者毒药才能置人于死地到相信关键器官衰竭就可以导致死亡。虽然没有被教授任何与死亡直接相关的内容，但孩子们还是对死亡有了更深的理解——他们对身体的新发现就已经足够了。

人们也许想知道，受试儿童的家长对斯拉夫特的研究有何看法——他们的孩子在学校学了一堆和人体相关的知识，回家后又带上了对自己终有一死的微妙认识。这项研究让人想起"洋葱"节目里调侃假新闻的一期。在这期节目中,一位记者去拜访实验室,研究员正在教授一只名叫"奎格利"的西部低地大猩猩"死亡"的概念:

  研究员:我们做的第一件事是教它记住一些固定模式,比如"红方块""蓝方块""绿方块",就这样一遍遍重复。然后模式变成"猩猩生""猩猩长""猩猩死",也是不断重复。

  记者:然后,研究人员给奎格利看了一些死猩猩和要死的猩猩的照片,同时对它重复"你有朝一日也会这样"和"你别无选择"这两句话。

  研究员:这种重复进行了至少上千次,奎格利最后终于认识到它跟照片上那团腐烂的皮毛和骨肉是有关系的。

  记者:按照研究者的说法,起初奎格利只能传达对自己死亡最基本的恐惧,但是它很快就转为展示更加复杂的情感,比如冷漠和自我憎恨。然后,就在两天前,他们甚至在奎格利身上目睹了一次他们认为的恐慌发作。

  研究员:它发出痛苦的喊声,不断地用脑袋撞墙,而我只是想着:"我们做到啦!"

把有关死亡的知识教给孩子难道真的会提升他们对死亡的恐惧,就像奎格利那样吗?斯拉夫特和她的团队同样探究了这个问题。在后续研究中,他们在对4至8岁的儿童使用五条原则进行调查访问的同时记录着孩子们对与死亡有关的词语的恐惧程度,比如"死掉的""濒死""葬礼""棺材"。儿童的恐惧等级与他们在"死亡问卷"

中的得分有关，但具体的关联方式可能与各位想象的方向恰好相反：孩子们对死亡的理解越多，对它的恐惧也就越少。

　　理解死亡对儿童的情感健康来说实际上是有益无害的。这一发现与临床医生长期以来从为哀悼中的孩子提供咨询得来的个人经验也是一致的。临床医生几乎总是会建议家长直面死亡，坦诚地使用具体的表达与孩子们谈论这个话题，而不是回避问题或者使用委婉的言语掩盖。对死亡的生物学解释可能令人不安，但是令人不安的解释总比完全没有解释要好。

　　儿童早在理解死亡之前就知晓它的存在了，并将死亡视作生命的一种变化了的形式。因此，如果孩子们认为我们埋葬了的人依然需要食物和水，或者被火化了的人依然能够思考和感受痛苦，那是多么可怕！假如他们相信自己深爱的亲人永远离开了家，却还在世界上的某个地方生存着，那又该多么悲伤！从生物学的角度来理解死亡可能会消除那些毫无依据的恐惧——猩猩无法接受这种恐惧，但是人类孩童可以。

　　成年人也许对死亡有着比儿童更好的理解，但我们对它的看法依然很复杂。一个绝好的例子是五角大楼决定发掘七十年前在珍珠港死于日军袭击的近四百名水手与海军陆战队队员的遗体。这些士兵原本埋葬在火奴鲁鲁的一系列集体墓地中，如今他们的遗骨将被挖掘出来，通过DNA鉴定辨认身份，并把身份能够确认的遗骨归还给他们的家属。但是，按照五角大楼的估计，只有一半左右的遗骨的身份能够得到确定。

　　这项工作的成本会很高——甚至高达数千万美元——它的收益是否能够覆盖其成本也是值得商榷的。工作的目的是帮助死难者的家属，为他们带来一些安慰，但是这些士兵早已在多年前死去了，甚至大多数水手的直系亲属都已经不在人世。所以，将遗骨从一个墓地转移到另一个墓地能够改变人们对逝者的认知或者情感吗？

从某种层面来说，我们能够理解骨头不过是骨头；但是从另一个角度上说，我们又把它视作具有其他意义的东西：它是我们存在的一部分，并且可以超越我们身体的崩溃而存在。我们中的大多数人从来没有彻底接受死亡终结一切人类行动的念头，尤其是心理活动，即便我们没有直接的反例来证明也是如此。我们不愿意接受死亡是生物的终结，在很大程度上源于我们对"不存在"这个概念的情感反应，但也可能源于对生死本质的混淆。我们可能不会像孩子一样一直抱持着这种困惑，但是这种困惑实际上从未离我们而去。

我们不妨思考一下成人对植物生命状况的理解。植物符合对活物哪怕最严格的定义（而不是像病毒或者单个器官一样），但我们不会像谈论活物一样谈论植物，不会对植物做出基于"活物"这个概念的推断。在谈论植物的时候，我们使用"生命""活着"之类的词语的频率是讨论动物时的1/5，而且这个频率并没有比孩子高多少。我们对植物的了解要比对动物的少很多，比如，我们能够说出上百种哺乳动物的名字，但能列举出的树木屈指可数。当我们被明确问及植物的特性时，我们倾向于不承认它们会表现出任何有目标导向的行为，比如感知所处的环境、彼此交流或者自主移动等。

我最喜欢的能够证明我们对植物了解匮乏的例子来自一门大学水平的生态课程。在上课的第一天，教师向学生分发了一份问卷，以此衡量他们在参与课程之前对生态学的知识水平。问卷上的第一个问题是列举五个动物互动的行为，第二题则是列举五个植物互动的方式。回答第一个问题时，一个学生写下了"捕食""争斗""说话""追逐""交配"。但是，在回答第二题时，他只是简简单单地写了"它们不会交流"。

也许我们对植物的矛盾概念最明显的体验来自生物学教授将植物归为生物的研究。在这个研究中，研究人员使用电脑给教授们展示了一系列标签，并要求他们用最快的速度判断每个标签提到的东西是否为生物。实验列举的标签包括动物（鹦鹉、海象）、植物（牵牛花、柳树）、可动的人造物（钟表、火箭）、不可动的人造物（铅笔、茶勺）、可动的自然物体（间歇泉、海啸）以及不可动的自然物体（鹅卵石、贝壳）。

生物学教授们整个职业生涯都在研究生命的属性，所以应该没人比他们更擅长辨别什么东西是活的、什么东西不是了。尽管如此，在时间的压力下，生物学教授在辨认植物是否为生物时还是遇到了困难，在辨认植物时出现了比动物更多的错误。如果自然物质是能够运动的，他们也会在辨认时遭遇困难，辨认能够运动的物体（间歇泉或海啸）时比不能运动的物体（鹅卵石或者贝壳）出现了更多错误。即便他们的辨认最终是正确的，教授们还是在辨认植物时花费了比动物多的时间，在辨认能够运动的物体时速度也比不能动的物体慢。

哪怕我们对生物世界有了更加精准的理解——甚至是专家级的理解——儿童对生命基于运动的概念依然不会彻底离开。我们虽然把这种概念抛在脑后了，却从未真的彻底抛弃它们，就像我们童年应对关于物质的概念（第二章）、热的概念（第三章）以及地球形状的概念（第六章）的情况一样。在我们匆忙或承受负担时它们就会出现，在我们遭受认知障碍时——比如阿尔茨海默病导致的记忆和推理障碍——它们也会出现。

研究人员已经对阿尔茨海默病患者失去某些生物学知识的现象进

行了长期的观察：他们会遗忘一些常见动物的名字，忘记它们生活在哪里、会做些什么。科学家一度以为他们遗失的只是与事实相关的信息，然而现在我们知道，罹患阿尔茨海默病的人失去的是对生物学的概念理解。这些人接受本章提及的生物推理任务时，他们的表现和学龄前儿童是一样的。

在被问到"活着"的意思是什么的时候，罹患阿尔茨海默病的患者几乎从来不会提到代谢行为（比如进食、呼吸和成长），但他们往往会提及运动能力。在让他们列举活物的名字时，阿尔茨海默病患者几乎总是会提到动物，却绝少提及植物。在被问到某个具体的存在是否为活物时，阿尔茨海默病患者几乎不会认定花朵和树木是活的，却会认定雨、风和火是活的。这些结果不能归因于受阿尔茨海默病折磨的往往是健忘的老年人，因为并未罹患疾病的同龄老人依然能做出生物学上准确的判断。

因此，阿尔茨海默病似乎夺走了患者在10岁左右就已经获取的对生命基于进化的理解，把罹患这一疾病的人送回了刚刚开始探索生物学世界时的懵懂状态。这种变化也许会对阿尔茨海默病患者看待死亡的方式带来情感上的影响，因为对死亡的困惑势必带来对死亡的恐惧。但是，如果疾病把患者对死亡的认知都一并抹去了，那么这也有可能成为一种安慰。如果大自然自有一份仁慈，那么罹患阿尔茨海默病的患者经历的应该是后一种情况——他们回到了幼童那永远不会有人死去的王国。

# 9. 生长

——我们为什么会长大？我们为什么会变老？

对于幼童来说，生日派对意义重大。在派对举办的几周之前，他们就已经开始谈论派对要邀请谁、派对要在哪里开、自己要在派对上做什么之类的话题了。孩子们这样做有着充足的理由，生日派对是他们生命中诸多重要事件的汇合点——它是获得社会认可与尊重的机会，也是获得特殊食物（蛋糕）和物质奖励（礼物）的机会，标志着儿童在同龄人中地位的改变。当然，它也标志着年龄的变化。

以上的最后一项事件是最为神秘的。生日是对我们出生那一天的纪念，但是儿童对那一天是没有记忆的，而且他们无法把出生作为生物学上的起源来理解。在孩子的认知里，自己一直是作为独立的个体存在的。他们不知道，他们的年龄反映的正是他们结束以非独立个体存在以来的年份。

孩子们知道，4岁的孩子肯定比3岁的孩子个子更大、更聪明、更能干，而3岁的孩子肯定比两岁的孩子个子更大、更聪明、更能干，但这些标签在数字上的含义就在他们身上遗失了。对孩子来说，年龄只是社会身份的一种标记，就像姓名或者住址一样。在我的儿子4岁的时候，他花了几个月才意识到自己不再是3岁了。被问到年龄的时候，泰迪会说"3岁"，而我会提醒他，他现在已经4岁了。可是，有一次，又被问起年龄的时候，他转过头来对我说："爸爸，我又忘了，我那个岁数名是什么来着？"

从核心上讲，年龄是一个生物学概念，是生长的数字指标。孩子们必须理解人类为何以及如何生长，然后才能理解人类为何以及如何变老。因此，生日派对和作为其结果的年龄变化是学龄前儿童非常好奇的话题。这个年龄段的很多孩子会把派对本身和年纪的增长结合起来，他们认为，如果你没有举办生日派对，你就错过增长一岁的机会了。

研究人员通过一项思维实验对孩子在这个问题上的想法进行了探讨："假如有一个男孩，他的母亲生病了，所以没能给他办生日派对。到了第二年，这个母亲决定不像所有人一样只给儿子办一次生日聚会，而是办了一次又一次，一直办到他比所有人年纪都大为止。第一次派对过的是5岁的生日，这样他就和他的朋友一样了。然后马上过6岁的，过几天再过7岁的。你们觉得这么过生日怎么样？是个好主意吗？"参加这个思维实验的孩子年龄在4岁到7岁之间，年龄大一些的孩子没有几个认为这种做法能够成立，但年龄最小的一批孩子几乎都认为这是个好主意。

那些认为错过生日聚会就会延缓年龄增长而多开一次生日聚会就能加速增长的孩子缺乏的正是被心理学家称为"生机论"的生物理论。生机论认为，具有生命的物体拥有一种内在的能量，或者说所谓的"生命能量"，这种能量让生物得以移动、生长。日常活动会消耗

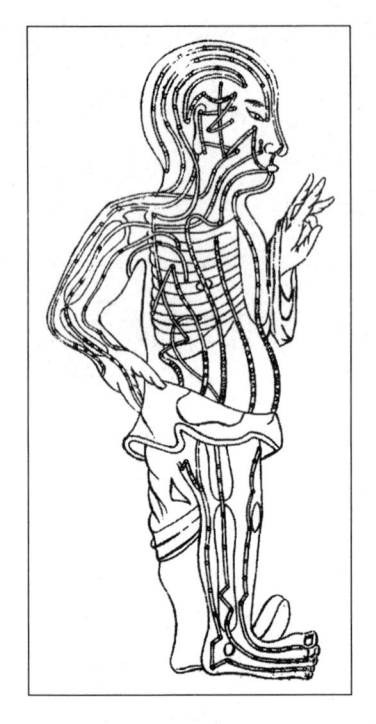

古代中医的基础是相信身体的所有功能都来自内在的生命能量，也就是所谓的"气"。

这种生命能量，但进食、饮水以及睡觉能够对这种能量进行补充。

从科学的角度来看，生机论体现的似乎只不过是代谢机制的冰山一角——我们的"生命能量"正是我们的生化能量供应。但是，生机论不需要对人体组织或者器官的代谢功能进行理解也能成立。在生物学的历史上，生机论的出现远比生命的代谢（或机能）概念早几千年。生命能量在不同的文化背景下有着不同的称呼——生命冲力、生命之灵、脉轮、气、灵魂、体液——但它存在的目的永远是一致的：解释那些看似无法解释的概念，比如健康、运动、意图、直觉、生长以及成长发展的进程。

生机论在其最强的表述之下是无法与生命的生化观点兼容的，因为它暗示着生命不能被简化为单纯的物质。但是，在它相对较弱的表述中，生机论就只意味着外部活动依赖于某种内在能量而存在，因此能够与生命的生化观点兼容。生机论为如何解释生命系统的功能提供了大纲，生化理论又为这种解释填充了细节。

站在发展的角度上看，生机论是理解更加复杂的生命概念的铺路石，就像第八章讨论的机能概念一样。早在孩子们接受生物学现象的机械性解释之前，他们就已经理解了生机论的解释。如果让孩子们在"我们为什么要吃东西"的生机论解释（"因为我们的肠胃要从食物中吸取能量")和机械性解释("因为当食物在我们的胃里发生变化后会被身体吸收")之间做出选择，学龄前儿童和小学低年级学生都会更倾向于生机论的解释。

对其他身体机能的解释也是这样。在被问及我们为什么拥有心脏的时候，年幼的儿童更喜欢"因为我们的心脏会努力工作，用血液把能量带到身体各个部位"这种生机论解释，而不是"因为心脏是输送血液的泵"这样的机械性解释。在被问到我们为什么要呼吸空气时，孩子们更喜欢"因为我们的胸膛要从空气中获取能量"这样的生机论解释，而不是"因为肺脏吸入氧气，再把它转化为二氧化碳"这种机械性解释。然而，年龄稍大一些的孩子和成年人则更愿意接受机械性观点，生机论的解释就显得太浅薄了。

另一个能够表明儿童的生机论生命概念诞生得比机械性概念更早的迹象是，他们对生命机能的观点与判定什么东西拥有生命的观点是不一致的。请你针对以下实体展开思考：人类、熊、松鼠、鸟、鱼、甲虫、蠕虫、树木、灌木丛、蒲公英、岩石、水、风、太阳、自行车、剪刀以及铅笔。这些实体里哪些能够生长呢？哪些实体拥有生命？对于成年人来说，这两个问题的答案应该是一致的。我们知道这个列表中所有能够生长的实体都拥有生命，而所有拥有生命的实体都能够成长。但是，对于学前班儿童和小学低年级学生来说，这两个问题会产生不同的答案。他们会认为前十个实体（从人类到蒲公英）能够生长，后七个实体（从岩石到铅笔）不能；但是他们也认为树木、灌木丛和蒲公英不具有生命，而太阳和风具有生命。直到9岁，孩子们才能明白生命和成长是紧密相关的。

近似的情况也出现在看待是否需要水、是否需要营养以及患病这三个问题上。早在孩子们理解植物是活物的几年前，他们就知道以上这三种情况都会发生在植物身上了。理解某物是活物需要生命的机械性概念，认识到某个对象会吃东西、喝水、生长或者生病却只需要生机论概念就足够了。换言之，儿童很早就能意识到植物具有生命力，远远早于他们理解这些生命力是在何处以何种方式得以实例化的。

这种存在于生命的生机论理解（基于能量）和机械论理解（基于身体）之间的分离影响了儿童学习生物学概念的方式。比如，幼儿园教学的一种常见手段是带领孩子们一起栽培植物，并以此作为引入基本生理学常识的契机。然而，这么做很少能让孩子们相信植物是活的。在上幼儿园的年龄段，幼儿已经知道植物会生长，并且像动物一样需要水和营养。但是，亲眼观察到这些并不能让他们发现植物和动物在基础层次上的相似性——两者的生命能量是由内部组织和器官实现的。对于这么大的孩子来说，生命能量并不是明确的生物力量。

让我们重新考量一下"生长"这个概念。幼儿能够理解生长会导致形态和大小的变化，却不明白生长也意味着生活状况的改变。他们对"生长"的观念近似于晶体或者云的生长。晶体和云的确会生长——是字面意义上的生长，而不是什么比喻修辞——但这种生长只不过是非生物进程的副产品，与我们想要谈论的生长有着不同的含义。水晶或者云朵会生长得更大，但不会变得更复杂，而且它们的生长对于整个实体来说并没有任何功能性的结果。所以，当孩子说植物生长时，他们想说的只是植物变得更大了而已。

虽然生机论可能的确在理解生长与生命的联系这个问题上奠定了基础，但是，如果不能把生长理解为身体内在运作的结果，那么它是无法被视作生命的一种结果的。生长可以被观察，但是还无法被解释。孩子们必须进一步理解现实的另一个额外且无法观察的层面，那就是身体以及所有隐藏其中的器官。

除了对植物的理解，另一个检验儿童是否拥有生机论观点的试金石是他们是否理解食物的营养价值。食物对生长和健康来说是不可或缺的，也是社会风俗和社会规范的一部分。

决定我们吃些什么的既有生物学因素，也有各种社会因素：日常生活规律（麦片通常早餐吃，汉堡通常晚餐吃，很少有倒过来的时候）、文化禁忌（美国人吃用结了块的牛奶做的奶酪，却不吃发酵的白菜；韩国人吃用发酵的白菜做成的泡菜，却不吃结了块的牛奶）、宗教禁忌（穆斯林吃牛肉却不吃猪肉，印度教徒吃猪肉却不吃牛肉）、饮食限制（素食者吃乳制品却不吃肉，乳糖不耐者吃肉却不吃乳制品）等。

在这些社会因素之外，还有许多与食物有关的流行词：碳水（化合物）、麸质、抗氧化剂、添加剂、防腐剂、加工食品、益生菌、有机食品、自由牧场、全麦……这些流行词既体现了技术层面的含义，又承载着道德上的内涵，这种内涵代表着某种内在或与生俱来的善恶判断。这种社会道德层面的纠葛让孩子们面对食物的因果属性时犹豫不决，更不用说难以决定该吃什么、不该吃什么了。

我的女儿露西四岁半的时候，她特别在意食物中的一种属性：蛋白质。我们也留意到，她的这种关注以意想不到的方式体现了出来，就像下面这段关于噩梦的对话那样：

露西：我做了个被海盗追的噩梦。
我：想想别的事情，想点儿开心的事。

露西：我是想要想点儿开心的事的，比如美人鱼和海豚，但是我的脑子不让我想。

我：你的脑子是你自己控制的，你让它想美人鱼和海豚就好啊。

露西：我做不到啊，我吃的蛋白质不够。

露西把蛋白质视作对身体功能非常重要的东西，因为学校的老师建议她午餐的时候先吃富含蛋白质的东西（先吃意大利香肠，后吃椒盐卷饼）。所以，在4岁这个年纪，露西总是会告诉我们她吃的东西里什么富含蛋白质、什么没有，而她绝大多数时候都是错的，因为她的判断主要建立在自己想吃什么（"甜甜圈里有蛋白质"）和不想吃什么（"鸡蛋里没有蛋白质"）上。

整体来说，4岁的孩子在辨别食物的营养价值方面表现得惊人的差。他们还不能把食物的生物学维度（我们应该吃什么）跟它的社会维度（我们看到他人吃了什么）与心理学维度（我们想吃什么）区分开来。在一次研究中，研究人员让4岁的幼儿判断以下食物是否健康：培根、豆子、西蓝花、蛋糕、胡萝卜、芹菜、"奇多"牌膨化食品、玉米、甜甜圈、软糖、薯片、红甜椒。这个列表中一半是蔬菜，一半是垃圾食品。但4岁的孩子不会留意到这一点，他们把蔬菜归为健康食品的概率只有70%，而将垃圾食品归类为健康食品的概率有47%。很显然，许多4岁幼儿认为培根和薯片比芹菜和红甜椒健康。

我在自己的孩子身上也偶然发现了这种概念错误。当时我的儿子7岁、女儿3岁，我们正在儿科诊所进行健康检查。医生问我的女儿最喜欢的蔬菜是什么，她高声答道："西瓜！"

"西瓜可不是蔬菜，"儿科医生纠正道，"那是水果。"然后医生向我的儿子抛出了同样的问题。

"奶酪通心粉。"我的儿子说。

"哎哟，我的天！"儿科医生叫道，"你们的爸妈可得反省一下。"

然而，幸运的是，对我们这些为人父母的人来说，儿童对食物的概念错误是可以纠正的。在上文提到的研究的后续研究中，研究人员向4岁的幼童展示了以下两种健康饮食教程之一：一种是规定型教程，另一种是基于生机论的教程。规定型教程为孩子们应该吃什么、不应该吃什么提出了具体的建议："健康食品为身体提供必需的营养，有很多种健康食品你都应该多吃。蔬菜就是一种健康食品，比如豆子、芹菜、胡萝卜、西蓝花和玉米。你每天都应该吃蔬菜。"

生机论的教程虽然体现的是同样的信息，表达方式却在明确的生机论框架之中（下文研究人员用斜体标出的部分）："健康食品能给你的身体提供必需的营养，*因为它们富含维生素。健康食品里有维生素，而维生素帮助你成长。它能给你源源不断的能量，还能让你不生病。*有很多种健康食品你都应该多吃。蔬菜就是一种健康食品，*因为蔬菜里有很多维生素。*比如豆子、芹菜、胡萝卜、西蓝花和玉米都是*拥有很多维生素的蔬菜。这些食物能帮助你成长，给你源源不断的能量，还能让你不生病。*你每天都应该吃蔬菜。"这两份教程也都提到了不健康的食物，不过一个用的是规定型的表达（"你不应该每天都吃含有大量脂肪的食物"），另一个用的是生机论的表达（"含有大量脂肪的食物里没有帮助你成长的维生素"）。

完成这两份教程所需的时长是完全一样的，两份教程也都为孩子们提供了判断食物是否健康的基础。然而，只有基于生机论的教程是有效的。学习过这份教程的孩子在判断健康食品和非健康食品时明显有了更好的表现，而且它的效果不局限于刚学完教程的时刻，在五个月后依然有效。强调事物的生机论特性，可以让孩子们重新衡量对食物的观念，从把食物视为带来快乐（或者不快）的东西转向富含（或者缺乏）营养的东西。

食品工业似乎也意识到了生机论观点的效果，因为它在向成年人营销健康食品时越来越强调营养相关的信息。成年人在模糊的理论上知道蔬菜比垃圾食品健康，但"全食超市"或者"乔氏超市"这样的商家发现，让成年人留意到他们出售的食品对健康的影响不仅非常有效，而且有利可图。因此，羽衣甘蓝、海藻和巴西莓从平凡的植物一跃成为"超级食品"，而奶油夹心蛋糕、巨无霸和橘子汽水这样的东西从解馋的美食变成了"无声的杀手"。

抛开人类的食物不谈，另一项对儿童是否抱有生机论观点的更为有力的检验是测试他们是否能认识到食物可能会在整个生物世界中以不同形式体现，那些人类不能食用的物质对其他动物来说一样具有营养价值。毕竟人类可以取食的范围实际上只是有机世界的一小部分。人类无法利用的食材包括木材（白蚁和甲虫能够以此为食）、浮游生物（鲸鱼和水母等动物的食物）以及粪便（苍蝇和真菌能够食用）。

只有将食物理解为营养的来源，人类无法食用的物质可以被其他生物食用这个观点才具有意义。在我的儿子三岁半的时候，他还不能建立这种理解，以下这段关于蚊子的对话就体现了这一点：

泰迪：蚊子咬过的地方是什么样的？

我：圆圆的，而且又红又痒。

泰迪：蚊子的牙齿很大吗？

我：蚊子没有牙齿，它们的嘴上长着尖尖的小东西，拿那个东西来吸血。

　　泰迪：它们为什么要吸血啊？

　　我：因为血就是蚊子吃的饭。

　　泰迪：可血不是吃的东西啊，鸡肉才是吃的东西。

　　我：你可以吃鸡肉，但蚊子是要吃血的。

　　泰迪：那蚊子会咬我的变形金刚吗？

　　我：不会，因为你的变形金刚没有血。

泰迪判断某物是否为食物的依据是味道，而不是它是否可以维持生命。他最终会学会以维持生命为标准判定食物，但是这样做需要采用一种生机论的框架对作为整体的生物进程进行推理。

获得这种框架的能力并不是与生俱来的。具有智力障碍的人可能永远无法拥有这种能力。让我们认识到这一点的是针对一种特殊形式的智力障碍——威廉氏综合征——进行的研究。威廉氏综合征是一种罕见的基因缺陷，它会导致患病的个体智力发育低下，但是语言能力完全正常。罹患威廉氏综合征的成年人缺少其他成人在童年阶段就可以获得的部分知识，但是，由于他们的语言能力正常，他们能够以其他认知障碍人士难以做到的方式来用自己的知识进行交流。

心理学家苏珊·约翰逊和她的团队对这种奇特的能力组合很感兴趣，他们想尝试着探索患有威廉氏综合征的成人是否能够获得生物的生机论概念。因此，他们抽取了一组罹患威廉氏综合征的成年人进行采访，以此测试他们对诸如生命、死亡、生长、代谢、繁殖和遗传等一系列生物学概念的理解。

在采访中，约翰逊和同事发现，一个21岁、智商低于平均水平但拥有标准语言能力的女性受试者对吸血鬼相关的传说非常着迷。她读了很多本吸血鬼小说，并且乐于把自己关于吸血鬼的知识与约翰逊和她的团队分享。研究人员也很愿意听听她想说些什么，因为吸血鬼的设定无疑违背了他们的采访涉及的每一条生物学原则。

"吸血鬼到底是什么呢？"研究人员问。

"哦，吸血鬼就是半夜爬到女士的卧室里，并用牙齿咬她们的脖子的男人呀。"受试者答道。

研究人员追问吸血鬼为什么要这么做，这位女士明显吓了一跳。

"我从来没想过为什么。"她说。在一段漫长的沉默后，她终于给出了一种解释："吸血鬼对人类的脖子一定有某种不正常的喜好。"

虽然这位女士对吸血鬼传说有着长期的兴趣，但是她没有对吸血鬼主要的行为——吸食血液——建立起基于生机论的阐述方式，在必要时也无法构造出所需的解读。她只是默认选择了这种行为的心理学解释，推测吸血鬼吸血是因为他们想要喝血，而不是因为他们必须喝血。

整体来说，约翰逊观察到，罹患威廉氏综合征的成年人绝少对生物学现象——不仅仅是与吸血鬼相关的问题，所有生物学现象都是这样——构建基于生机论的解读。罹患威廉氏综合征的成年人知道很多动物的名字，也知道它们的许多行为，但是他们似乎对动物为何参与这些行为缺乏理解。他们不理解这些动物为什么要吃东西，为什么会生长，又为什么会死去。实际上，这些成年人对生物活动的理解更近似于4岁左右的孩子，甚至与9岁左右的儿童都有些差距，更不用说与其他成年人相比了。

知道许多生物学方面的事实并不能保证对这些事实的理解，不论是生机论理解还是更详细的机械型理解都是这样。这两种理解都需要积极的建构，然而，患有威廉氏综合征的成年人似乎缺乏进行这种建构所需的认知资源。

正如我们看到的那样，我们的生物学理论塑造了我们看待食物的观点：什么属于食物，我们为什么要吃食物，食物如何促进生长和健康。早在童年时代，我们的生物理论就塑造了我们选择吃什么食物——以及避免什么食物——的方式。而孩子挑食又是著名的，他们会拒绝富含维生素和矿物质的食物（蔬菜），而把注意力放在富含糖分（面包）或者脂肪（奶制品）的食物上。"让孩子吃蔬菜"一直是一个经久不衰的挑战，但是，如果把背后的生机论原理讲给他们听，孩子们是可能被说服主动去吃蔬菜的。

这一点是心理学家莎拉·格里斯霍夫和她的同事在一次针对学龄前儿童的食物选择和他们对营养价值的理解的研究中发现的。研究人员教授了参与实验的学龄前儿童五条生机论原则：（1）人类需要吃很多种食物，而不是只有一种；（2）同一种食物可以体现为不同的形式；（3）食物中含有微量元素，这些微量元素被称为营养；（4）食物中的营养物质首先在我们的胃里被提取出来，接着由血液输送到身体各处；（5）所有生物活动——从跑步和攀登等高辛烷值的活动，到思考和写作这种低辛烷值的活动——都需要消耗营养物质。

一旦孩子们学到了这些原则，他们的饮食习惯就会随之发生改变。到了吃零食的时候，他们自觉自愿地拿了九片蔬菜——这是没有被教授上述生机论原则的孩子拿取蔬菜量的两倍。实际上，接受了以上生机论教程的孩子主动摄取蔬菜的量甚至比接受了美国农业部（USDA）

创建的营养教程的孩子摄取的量还要多。USDA的教程没有强调健康饮食在生物学上的益处，它强调的只有健康饮食的乐趣所在，然而这种信息孩子们根本不可能买账。

在成年人中也体现出了健康饮食与有关营养的观念的联系。他们可能会抱怨孩子爱选择高糖、高脂肪的食物而不是健康的蔬菜，但是绝大多数成年人——尤其是美国成年人——应该为对那种食品的过分偏爱负有同等的责任。今日的美国成年人的体重比以往任何时代都要高。几十年来，我们摄入的卡路里一直比我们需要的多（暴饮暴食），燃烧的热量也比我们应该消耗的量要少（运动不足）。暴饮暴食和运动不足都会导致体重上升，你不妨问问自己，主要原因到底是什么？

医学专家指出，主要原因在于暴饮暴食。如果暴饮暴食的问题没有得到妥善应对，那么锻炼对体重的影响很小。然而很多人持与此相反的观点，而这种观点对他们的健康有显著的影响。那些认为运动不足是导致体重增加的主要原因的人，他们的体重指数（BMI）比认为暴饮暴食是增重主因的人要高9%。

在很多国家——美国、法国、中国、韩国——都出现过相似的结果，而且这种结果独立于其他影响人体BMI指数的因素，比如性别、受教育程度、每晚的睡眠时长、持续性的压力、疾病史、当下的社会经济状况、童年时期的社会经济状况、怀孕状况、就业状况、自我评估的健康状况、对营养学的兴趣、烟草的使用情况以及自尊心理。即便以上所有要素都得到了控制，认定运动比饮食更重要的人群还是会比认为饮食更重要的人群拥有更高的BMI指数。

实际上，研究者已经观察到了基于锻炼的增重理论的有害影响。在一项研究中，他们要求受试者填写一份关于体重相关看法及行为的问卷，在填写问卷的同时可以吃巧克力。每个受试者都得到了一杯带独立包装的巧克力，那些在调查问卷中倾向于认为运动对增重的影响比饮食大的人比不这么认为的受试者吃了更多的巧克力。换句话说，这些本身已经超重的成年人在填写一份关于超重的问卷时，恰好做出了直接导致超重的行为。这一点显然有必要得到干预。

到目前为止，我们对生长的讨论一直只集中于什么有利于生长（以及更加普遍的健康）的角度，但是我们关于生长的直觉理论还有另外一种维度上的考虑：生长会带来哪些改变。塑造这种观点的不再是生机论，而是一种被称为"本质主义"的认知偏见。

"本质主义"观点认为，有机体的外观与行为是其内在性质——或者说"本质"——的体现。随着有机体的生长，它的外观与行为可能发生改变，但是它的本质保持不变。实际上，这种本质正是导致外观与行为发生变化的原因。依照这种思路，生物会从它们的父母那里继承其本质，并由此继承能够发展出种群特质的潜能。比如，猪和牛就被视作继承了完全不同的本质，牛的本质让它具有犄角、乳房以及草食的习性，而猪的本质让它具有粉红色的皮肤、卷曲的尾巴以及吃泔水的胃口。

我们不会在日常生活中使用"本质"这个概念，但是这个理念始终贯穿在我们与生长和成长相关的思路中。让我们想想看那些耳熟能详的童话故事，故事主角的真实本质往往被不幸或不寻常的事件所掩盖，只有到了故事的末尾才能闪耀应有的光芒，比如《丑小鸭》《青蛙王子》《狐狸与猎狗》《灰姑娘》《美女与野兽》《石中剑》《豌豆公主》等。这些故事的主角一般来说是人而不是动物，但情节是建立

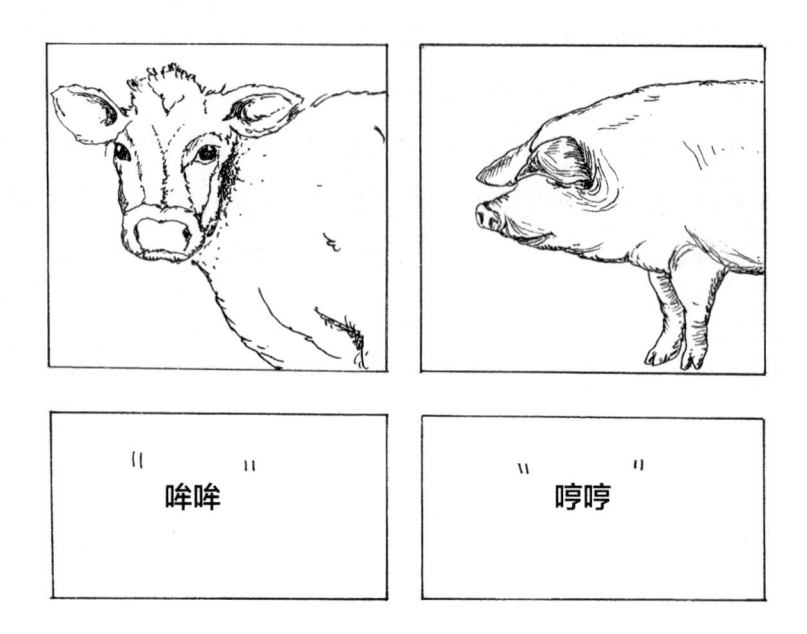

虽然对孩子们讲的是和猪一起长大的小牛的故事，但他们还是预测这头小牛最终会拥有牛而不是猪的特质，并且不管是解剖学特征（比如它的皮肤会是白色还是粉色）还是行为特征（比如它是会"哞哞"叫还是"哼哼"叫）都是这样。

在本质主义的概念上的。主角们在本质上与其他人物以为的不同，他们注定要挑战他人以为的观念，就像有些丑小鸭注定要变成天鹅，有些村姑也注定会变成公主。

因为成年人和儿童都很喜欢这种基于本质主义的童话，所以看起来没有额外教他们使用本质主义的思路思考的必要了——本质主义似乎不需要特定的经验或者引导也能自主产生。心理学家也对这个问题进行了研究，而他们的成果支持了这种观点。儿童从他们第一次思考生物为何以及如何生长的时候开始，就已经是天生的本质主义者了。

率先研究幼儿本质主义思路的心理学家是苏珊·盖尔曼和她的团

队，他们从几个不同的方面对儿童的本质主义直觉进行探究，其中最直接的方式是一项接近《丑小鸭》的故事的思维实验："我要给你讲讲一头名叫伊迪丝的奶牛的故事。伊迪丝出生后不久，还是小小的奶牛宝宝时，就被带到了一座养了很多很多猪的农场。这些猪照顾着伊迪丝，她就这样在农场里和其他猪一起长大了，从来没有见过别的奶牛。那么，等到伊迪丝长大成年时，她的尾巴会是什么样子的呢，直的还是卷的？她又会发出什么样的声音呢，是'哞哞'地叫，还是'哼哼'地叫？"

这项思维实验将生物的养育条件与其亲子关系对立起来了，而后者正是决定物种特定生长方式的源头。孩子们通常会站在亲子关系那边。4岁左右的孩子认为伊迪丝会长着直尾巴，叫起来也是"哞哞"的。就算把这个故事颠倒过来——伊迪丝变成了一只被牛养大的小猪——他们也会回答小猪伊迪丝会"哼哼"叫，并且长着卷曲的尾巴。

故事具体涉及的是哪种动物和特征其实并不重要。4岁的孩子会认定山羊养大的袋鼠擅长跳跃而不是攀缘，马养大的老虎肯定会长出虎斑条纹，猴子养大的兔子爱吃胡萝卜而不是香蕉。4岁的幼儿甚至知道在柑橘园中种下柠檬种子一定会收获柠檬而不是柑橘。这一点令人印象深刻，因为这个年龄的孩子甚至不会把植物视作活物。

研究人员在巴西儿童、以色列儿童、玛雅儿童（来自墨西哥）、维佐儿童（来自马达加斯加）和梅诺米尼儿童（来自美国威斯康星州）之间进行了这种跨种族收养思维实验，而所有孩子都认可被收养的动物会呈现出亲生父母而不是养父母的特征。因此，本质主义的思路看起来是普遍的。实际上，这种思路实在是过于普遍了，甚至会出现在一些本质主义分析并不适用的语境中。

一个典型的不适用语境就是人类社会学。诸如种族、族裔、职业、宗教以及社会经济阶层这样的社会类别在生物学上很少有一致性——如果不是根本没有一致性——但我们还是会利用本质主义的观点来看待这些类别，把它们视作稳定、离散、统一且能够提供心理学上的信息的要素。儿童尤其容易将社会类别本质主义化，他们认为不同社会类别下的成员彼此完全不同，就像不同物种具有根本性差别一样。

如果要求7岁的儿童对不同社会类别的成员（比如穷人和富人、阿拉伯人和犹太人）之间的相似性进行评价，他们的评价只是"略有相似"，就像为两种不同的动物的相似性进行评价时得出的结果一样。比如，他们认为，穷人和富人在外表、偏好、行为和生理技能等方面都有很大差异，就像狮子和大象的差异一样。因此，儿童看待社会类别的方式和生物类别是相似的，他们认为这些类别的成员在与生俱来的特质方面就已经有了区别。

另一个本质主义生长概念容易被误用的语境是器官捐赠。器官往往被误认为像完整的有机体一样具有"本质"——或者说它含有拥有这一器官的人类的本质。为了让这种情况更加形象一些，请你设想一下这个场景：医生发现你的心脏具有某种缺陷，必须换掉它来避免更严重的健康隐患出现。你必须在自己的身体里移植一颗别人的心脏，但不幸的是，器官捐献者的数量非常有限，而唯一和你适配的捐献者是一名连环杀手。你能接受连环杀手的心脏吗？或者换成精神分裂症患者的心脏呢？猪的心脏又如何？

绝大多数人都不愿意接受这些捐献者的心脏，因为他们相信心脏中包含着捐献者的"本质"。在被要求想象移植了心脏后他们的性格和行为会发生什么变化时，大多数人都认定自己的行为和个性会发生显著的变化，并且会变得与捐献者相似。这种预测并不局限于心脏移植的情况，输血和基因治疗也经常被认为会改变人们的性格和行为。一个接受了心脏和肺移植的中年女性——这些器官的捐献者是一个喜爱摩托车和啤酒的18岁男青年——甚至写了一部记录自己术后性格与喜好发生改变的回忆录。她为这部回忆录起了一个非常贴切的名字——《变心》。

从科学的角度来看，这种认为"本质"可以从一个人转移到另一个人、从一个物种转移到另一个物种的观念毫无疑问是不正确的。但本质主义并不是科学，它只是近代科学出现之前看待遗传的一种观念而已，就像生机论只是近代科学出现前看待新陈代谢的观念一样。但它破坏的不仅仅是我们关于生长和成长的认识，还有我们对另外三种即将在接下来的章节讨论的生物学概念的看法，这三种概念分别是遗传学（第十章）、进化适应（第十二章）以及物种起源（第十三章）。

本质主义虽然有着各种问题，但它让我们得以将不同物理状态对应到同一物种的不同发展阶段，比如从牛犊到奶牛、从猪崽到成猪、从鹅雏到成鹅。我们甚至可以通过它来理解同一物种身上体现的彼此差异巨大的物理状态，比如从毛虫到蛹再到蝴蝶、从卵到蝌蚪再到青蛙、从种子到树苗再到大树。我们不仅能够认识到生物在生长过程中会保持其物种身份，更能够理解这种身份如何随着时间的推进逐渐发生变化，并影响到它的外观和行为。

奇怪的是，我们反而难以追踪随着时间的推移而发生变化的个人身份，尤其是自己的身份。在学龄前儿童看来，人是永远不会变的——至少不会发生剧烈的变化。就好像一些人是作为孩子被放置在地球上，另一些人是作为成年人而存在一样。孩子最终会长大成人的观念似乎并不像它看起来那样来自直觉。以下这段在心理学家苏珊·卡利和她三岁半的女儿伊莉莎之间展开的对话就是一个很好的例子：

女儿：如果我长大了，这里就没有一个叫伊莉莎的小女孩了。
母亲：是这样的。
女儿：你们会再去买一个吗？
母亲：当然不会，我们爱我们拥有的这个伊莉莎，没必要再找一个呀。你觉得自己长大后会发生什么呢？
女儿：我会当老师。
母亲：那时候你的名字会是什么呢？
女儿：萨杜（这是她最喜欢的学前班老师的名字）。

卡利母女之间这样的对话延续了好几个星期，因为她的女儿一直在试着搞清楚，她从小孩变成大人后怎么还能保证是同一个人。让卡利意识到女儿终于理解了这个谜题的是她的这个问题："妈妈，在你还是个小姑娘的时候，你的名字也是苏珊吗？"

我还记得自己和儿子泰迪经历同样的过程时的情况。那是从他四岁半的时候开始的，我们当时正在玩卡片排序游戏。这个游戏的玩法是按照内容的时间和因果顺序对四张卡片进行排序，用到的卡片举例有苹果派、长在树上的苹果、切开的苹果以及装在篮子里的苹果。目标则是让他认识到从苹果到苹果派的过程分为几个步骤，这些步骤应该按照顺序进行排列（长在树上的苹果、装在篮子里的苹果、切开的苹果、苹果派）。

　　这个游戏对成年人来说当然是小菜一碟，对学龄前儿童则是不小的挑战。泰迪拿到的卡组可以说尤其具有挑战性：婴儿、孩童、年轻人、老人。他看不出这其中最根本的因果是生长。我把正确的排序展示给他看了之后，泰迪看起来非常震惊："为什么这样的顺序是正确的？"在盯着卡片又看了一会儿后，他突然问道，"我也会变成老人吗？！"

　　在接下来的一个月中，这场游戏激发了好几次有关成长与衰老的充满焦虑的讨论。在一次睡前对话中，我终于意识到了泰迪焦虑的根源何在。

> 我：睡觉去吧，你得多睡觉才能长大。
> 
> 泰迪：我会越长越大，然后……我会长成老人吗？
> 
> 我：在很长很长的时间内不会的。你会先长成一个大孩子，然后长成青少年，再长成年轻小伙子，再当上爸爸。
> 
> 泰迪：可是，等我变成老人以后，我要怎么变回原来的样子呢？
> 
> 我：原来的样子？
> 
> 泰迪：我的胳膊要怎么变回来？还有腿，怎么变回来？

　　泰迪搞不明白他的身体怎么会变成老人的样子。如果他变成老人，他现在的身体会到哪里去呢？他不理解衰老的渐进性与持续性，因为他并没有观察到自己在这短短四年中也"衰老"了许多。他只知道自己生活中出现的老人总是那么老的。自然到底会耍什么残酷的伎俩，能让好好的年轻人变成老人呢？

衰老是持续的，我们却把它视作具有不同阶段的过程。儿童尤其难以意识到自己当前所属的生命阶段、已经度过的生命阶段（婴儿时期）以及即将进入的生命阶段（成年时期）三者之间具有连续性。

在我的女儿露西5岁的时候，她对生长表现出了一种完全不同但同样引人瞩目的概念错误。在科学博物馆中，她被要求画一幅关于未来的自己的画。她实际上画了三幅画，并分别在上面写着"我很有钱""我又老又有钱""我老死了"。她在每幅画里都画了全家人——在"我老死了"那幅画里，我们所有人都是装在棺材里的样子——而画上的她大小总是只有父母的一半。换句话说，她一直把自己画成一个孩子的样子。虽然露西知道自己有朝一日会变老，会死去，但她还没完全明白这在生物学上意味着什么，也没有明白她的父母可能会在她自己去世很久以前就不在人世了。

孩子因衰老而生的困惑与他们对生物进程的困惑是彼此相关的，因为他们还不能把衰老和生长结合起来。孩子要到开始上学的前几年才能建立这种联系，但他们可能永远无法完全理解这种联系的结果。即便是身为成年人，我们也难以接受年龄增长带来的不可避免的改变——既有物理上的变化（头发变白、皮肤下垂、腰围增长），也有心理上的变化（产生新的态度、新的价值观、新的兴趣）。心理学家发现，后者尤其容易被我们忽视。

如果你去问20岁的年轻人，他们的喜好——音乐、食物、爱好和朋友——在过去十年中有过什么变化，他们会声称这些喜好有了很大的变化（平均40%左右）。如果请这些年轻人预测未来十年这些喜好发生变化的概率，他们预判的百分比却要低很多（平均25%左右）。换句话说，年轻人知道自己并不会像现在这样一直喜欢泰勒·斯威夫特、瑜伽和寿司，但他们相信自己在未来的十年中会继续保持这些偏好。

也许20岁左右的年轻人对自己喜好的稳定性有所增加的认识是正确的。毕竟青春期是一个快速成长的时段，因此，在这个时期末尾出现的喜好倾向应该比之前的更加稳固。但这种解释的问题在于，30岁的成年人的答复和20岁左右的年轻人并不会有太大的差别，他们也相信自己的喜好倾向在接下来的十年中会发生的变化比过去十年中的变化要小。40岁的人的答案和30岁的人差不多，连50岁的人给出的答案也和40岁的人差不多。

事实证明，所有年龄段的人都认为自己当前的偏好比过去的偏好更加稳定。我们总是相信生命已经过去的十年比下一个十年更能塑造我们的身份，并且会把这种认识延伸到身份的方方面面，包括我们的性格（开放程度、责任心、外向性、亲和性以及神经质）和核心价值观（我们为成就、享乐、自我导向、仁慈、传统、从众心理、安全和权利等赋予的价值）。

因此，即便是成年人也会对个人身份随着时间的推移而发生变化的程度产生误解。成年人虽然目睹了诸多变化，却依旧会长期低估未来可能发生的改变。在每个特定的时刻，我们都会以为自己到达了身份构成的最终阶段，到达了性格发展的顶峰。所以，虽然我们比孩子更善于识别身体随着年龄的增长而发生变化的可能，却不太擅长识别心理随年龄的增长而变化的可能性。在我们的眼中，当下的自我永远是"真正的自我"，是我们在过去和未来都不会改变的身份。

# 10. 遗传

——我们为什么长得像父母？我们从哪里继承了自己的特质？

如果你在网络上以关键词"克隆"搜索图片，你可能会发现各种恐怖的结果：两个脑袋的奶牛、六条腿的狗、一只眼睛的小猫、半机械的人类、装在罐子里的人类婴儿，如此种种。如果你搜索"基因工程"，还会出现一些完全不同的恐怖画面：浑身发着磷光的猫、长着尖牙的草莓、充满了血的苹果、金花鼠和狼蛛的混种。这些图片和基因工程或者克隆完全没有关系，它们要么是编辑出来的（比如长尖牙的草莓），要么取自自然发生的畸形现象（比如双头奶牛）。

克隆和基因工程的形象在流行的想象中远比现实更加可怕。克隆体不过是基因相同的有机体而已，而且自从生物开始繁衍就一直有这种现象存在。每只斑纹鳌虾都可以视作其母的克隆体，婆罗门钩盲蛇、哀鳞趾虎以及新墨西哥鞭尾蜥蜴也是这种情况。这些无性繁殖的动物不需要父亲（或母亲）贡献遗传物质，因此种群中的每个个体都可以被视作祖先的克隆。而且，每对同卵双胞胎都是彼此的克隆体，不论是奶牛、小猫还是……人类（哇！）。

将并未使用任何生物原料的事物（比如盐、小苏打、水）标注上"非转基因"的行为，体现了人们对于基因的无知非常普遍。

基因工程的实践存在了上千年。人类最近才发明了直接将从一个基因组（比如鱼的基因组）中切割出来的片段植入另一个基因组（比如西红柿的基因组）的技术，但是我们在过去的几千年中一直在其他物种的基因组上做文章。如果人类没有选择性地培育某些野草，让它们结出更加饱满且有营养的谷粒，就不会有玉米的出现了。苹果、橙子、草莓、杏仁、猪、鸡、马和狗也都是这个原理。我们如今用作食物、劳动力或者伴侣的有机体全都是通过选择性繁育实现基因改造的产物。在野地里徘徊着寻找主人的野生狮子狗是不存在的，我们通过对狼进行基因改造，让它们慢慢变成了如今的狮子狗。

现代社会中某些最具争议的技术也与遗传学相关：克隆技术、求职者的基因筛选、胎儿的基因筛选、个人先祖的基因探究、用于工业的细菌的基因改造、作物的基因改造、牲畜的基因改造以及转基因食品。不论是在美国还是世界的其他地方，人们都对这些技术非常警惕。然而，几乎没有人真正了解基因是什么以及基因能做什么。

在一次最新的调查中，82%的美国人支持强制性为经过基因编辑的食品贴上特殊标签，同时有比率基本相同（80%）的美国人支持为

"含有DNA"的食品也强制性贴上标签。如果80%的美国民众并不知道实际上所有食物都含有DNA——就像几乎所有食物都来自动物或者植物一样——那么他们对转基因食品的观点又有什么依据呢?

公平地讲,遗传学确实是一个艰深的话题,许多成年人都没有在学校接受过完善的遗传学相关的引导。作为对你的遗传学知识的测试,请试着判断以下陈述的正误:

- 同卵双胞胎出生时拥有完全相同的基因。
- 平均而言,人应该有一半的基因与自己的兄弟姐妹相同。
- 两个来自同一种族的人在基因上的相似性比来自不同种族的两个人高。
- 两个女性基因的相似性要比一男一女在基因上的相似性更高。
- 身体的不同部位有不同类型的基因。
- 单个基因可以直接控制特定的人类行为。

绝大多数人会认为这六种说法都是正确的,然而实际上只有前两条陈述正确,其他几条都是错误的。

基因和身体性状的关系远比我们想象的要复杂得多。人类有大约两万条基因,这些基因是通过一系列相互依赖的生化反应来体现的。没有哪条单独的基因能够决定种族乃至于性别,而不同种族或性别相同的两个人拥有的相同基因的数量与上百条不同基因相比完全相形见绌。实际上,种族相同的人群体现出的遗传多样性和不同种族的人群的多样性基本一致。正是出于这种原因,科学家只把种族视作一种社会建构。

## 200

人们之所以缺乏遗传学知识，一方面是因为缺乏教育，另一方面则是因为人类的本质主义倾向。正如上一章讨论过的那样，本质主义认定有机体可观测到的特征是由其核心的某种不可见的物质——"本质"——所决定的。人们认为，"本质"是不变（老虎永远是老虎）、同质（所有老虎都是一样的）、离散（老虎与其他动物有根本上的不同）以及与生俱来（老虎生来就是老虎）的。

孩子们认为，有机体的生长和发展都是受其"本质"制约的，但是他们并不知道有机体的哪一部分构成了这种本质。成年人则把本质与基因联系起来。我们知道有机体的特征是由基因决定的，所以认为基因一定就是"本质"所在之处。但这种联系毫无疑问是有问题的，我们对本质的绝大多数看法都不适用于基因。

基因并不是一成不变的，它会在致癌物或复制错误的影响下发生变异；基因不是同质的，多种潜在的不同性状的表现都与基因有关；基因更不是离散的，它们总是与其他几种基因协同运作；基因也不是与生俱来的，它在生物的整个生命周期中都会根据甲基化（化学修饰）和表现方式等发生变化。

基因和本质的联系导致了许多并不适宜的态度和行为。我们会过度重视基因在我们认为可遗传的性状（比如智力、冲动性和精神疾病）中发挥的作用，并认定这些性状是不可变动且具有决定性的。同时，我们会在认定某些社会类别（比如种族、性别、性取向）是由基因预先决定的情况下过度强调不同社会类别之间的差异。当违法犯罪行为（比如药物滥用、家庭暴力和强奸）被视为与基因有关时，我们又会低估对从事犯罪行为的个体的道德谴责。我们嫌弃通过转基因技术——将基因从一个物种的基因组中剪接到另一个物种的基因组中的技术——生产的食品,哪怕这些食品已经被证明是绝对安全的。

对基因的本质主义解读既不精确,又没有什么成效,却是我们在解读这些信息时必须长期面对的障碍,因为本质主义是我们思考遗传问题时普遍存在的出发点。毕竟,连遗传学家曾经也是用离散而不变的本质认识生物世界的学龄前儿童。

本质主义也并非一无是处。它让我们得以追踪生物体在外观与环境发生变化的情况下身份的同一性,并对某些族群典型的特征在生长过程中的变化做出预测,就像第九章讨论过的一样。但是,本质主义并没有解释这些特征从双亲到子女之间的传递。孩子们知道双亲会生出与自己的物种相同的后代,这些后代会生长出具有物种典型特质的性状,但他们并不知道其中的原因——换句话说,为什么有些动物天生就有变成天鹅的潜质,而另一些动物的潜质注定了只能是鸭子?

换句话说,本质主义给孩子们提供的是一种关于成长的直觉理论,而不是关于遗传的直觉理论。没有关于遗传的理论的话,他们就会对这个话题持有几种错误概念,主要包括:(1)认为心理特征和生理特征一样是可以遗传的;(2)认为亲缘关系是一种社会关系而不是生殖关系;(3)认为如果一个有机体在生理特征上发生过足够的改变,那么它的物种也会产生变化。

让我们从第一个错误观念讲起。你应该还记得,在学龄前儿童的预判中,动物幼崽即便被其他物种抚养长大,也会长出和亲生父母一致的种群特征。所以,如果告诉他们有一只小猪被奶牛养大了,他们会预判这只小猪长着卷曲的尾巴,并且会"哼哼"地叫。如果换成猪养大的牛犊,孩子们也会预判它长着直尾巴并且会"哞哞"地叫。在做出这些判断的时候，全世界4岁左右的幼儿都认为亲生父母具有多于养父母的特权，但他们并不理解为什么亲生父母更加重要。也就是说，他们不理解为什么亲生父母的特征被编入了子代的生理存在，而这种预先编好的程序在子代出生前就已经通过某种机制传递给了子代。

直接询问学龄前儿童对性状遗传的理解是非常困难的，但是，可以利用思维实验间接地了解他们的看法。这里列举的思维实验是关于没有编入某种生命体的生理存在的，这种生理存在不具有在出生前就由亲代传给子代的特征。精神特征就符合这种描述。虽然这样的特征也可以遗传，鉴于儿童往往和他们的父母持有同样的信仰、价值观和生活习惯，但这是通过教导而非孕育集成的，因此属于后天形成。如果孩子们能够从生物学角度的更加成熟的方式来理解性状的遗传，他们就应该能够意识到，生理特征是在出生时就已经固定了的，心理特征却可以在成长过程中得以调节。

心理学家格雷格·所罗门和他的团队试图对这种可能性进行研究。他们向4岁至7岁的儿童呈现了一系列和"奶牛与小猪"近似的收养的例子，不过主角换成了人类。以下是其中一个例子："在很久很久以前，有一个国王。这个国王不能生小孩，但是他非常想要拥有一个孩子。于是他在自己的王国中寻找，发现了一个有很多孩子的牧羊人。国王对牧羊人说，他想要收养牧羊人家的一个男婴，把他当成自己的亲生儿子来养育，日后这个孩子会成为王子。牧羊人认为这实在是个好主意，国王就收养了一个婴儿，把他带回了王宫。国王非常疼爱这个孩子，孩子也非常爱国王。孩子就这样在王宫里长大，成了这个王国的王子。"讲完这个作为铺垫的故事后，所罗门请孩子们判断，王子长大成人后在某些特质上是会更像国王还是更像牧羊人。具体的特征有些是生理上的，有些是心理上的。比如，国王长着绿眼睛，牧羊人长着棕色的眼睛，孩子们需要判断长大成人的王子眼睛的颜色像国王还是牧羊人。其他生理特征包括头发的质感（卷发还是直发）、声音的类型（声音高还是低）以及身材的高矮。心理特征则包括他们对土豚吃什么（植物还是肉）的看法、对交通信号灯中红灯的含义（停止还是前进）的看法以及对油在水中会发生什么（漂浮还是下沉）的看法。

超过7岁的孩子在做判断时会体现出一种固定的区分模式，他们认定王子会拥有牧羊人（生父）的生理特征以及国王（养父）的心理特征。然而年龄低于7岁的儿童在判断时则呈现出一种混合模式，时而在一些特征上支持生父，时而在一些特征上支持养父，整体来说并没有建立起生父对应生理特征、养父对应心理特征的分组模式。

简而言之，没有证据能够表明年龄低于7岁的儿童真的理解为什么孩子会与父母相像。他们对与生俱来的潜能的认知在这种情况下毫无帮助，因为这个故事里的生父和养父属于同一物种，不管是心理特征还是生理特征也都体现出了同一物种的特点。

在后续研究中，所罗门提供了一项更为有力的证据，证明儿童关于遗传最早的期望并非严格基于生物因素。在这次实验中，所罗门不再将生理特征与心理特征进行对比，而是直接将生理特征与一项完全不相干的特质——上衣的颜色——进行类比。所用的收养问题是这样的："这两个人是史密斯先生和史密斯太太，他们有一个女婴。这就是说，这个婴儿是从史密斯太太的肚子里出来的。但是，从史密斯太太的肚子里出来后，这个孩子就去了琼斯先生和琼斯太太家，一直和他们生活在一起。琼斯先生和琼斯太太照顾着这个女孩，喂她吃饭，给她买衣服，在她伤心的时候抱她、亲她。他们很爱这个孩子，孩子

幼儿的遗传观念和上图呈现的场景非常相似，因为幼儿还不能将以生理方式遗传的特征和以社会方式传递的特征区分开来。

也很爱他们。他们管孩子叫'女儿'，孩子也叫他们'爸爸''妈妈'。现在这个婴儿已经长成了一个小女孩，我这里有两张女孩的画片，你能告诉我哪个是故事里的女孩吗？"

在这个故事的一个版本中，史密斯夫妇被画成白皮肤的样子，琼斯夫妇被画成黑皮肤的样子，孩子们需要决定那个由史密斯夫妇生育却由琼斯夫妇养育的孩子拥有黑皮肤还是白皮肤。在另外一个版本里，两对夫妇的皮肤颜色相同，但是史密斯夫妇穿着红色上衣，琼斯夫妇穿着蓝色上衣，而孩子们需要决定故事里的小女孩穿的上衣是蓝色还是红色。严格来讲，第二个问题根本没有正确答案，但是参加所罗门的实验的学龄前儿童不这么看。他们在两个问题中都选择了和亲生父母（史密斯夫妇）一致的答案，就好像他们认为上衣的颜色和皮肤的颜色一样可以遗传。

考虑到幼儿认为上衣的颜色也可以遗传这一点，认定他们对肤色或其他生理特征的遗传具有生物学上的理解应该是不合适的。他们并没有区分通过生物手段获取的特征和通过社会手段获取的特征的能力。

不论儿童拥有多少通过社会手段后天获得特质的经验，以上这个论断都依然准确。比如，那些从婴儿时代就开始学习一门新语言的孩子——这要么是因为他们搬到了一个新的国家，要么是因为他们参与了语言浸入项目——拥有与一种通过社会手段获取的特质（语言）相关的直接经验，并且可能因此建立宝贵的对后天获得的特征与先天特征进行区别的理解。但就算是这些孩子，在面对收养问题时也难以将两种类型的特征区别开来。

这些具有顺序双语能力（先学会一种语言，再学会了另一种语言）的孩子会像只掌握一种语言的同龄人一样，无法成功通过收养问题测试。一部分孩子会在先天生理特征和后天通过社会获得的特征两方面都选择亲生父母那边，另一部分孩子会在亲生父母与养父母之间犹豫不决，但具有顺序双语能力的孩子则倾向于选择养父母那边。显然，他们对语言的社会起源的认识让他们相信，所有特征都是可以通过社会手段获得的，连头发的质地和眼睛的颜色也是如此。他们可以说是极端化地理解了文化的相对论。

另一个可以证明儿童缺乏生物学理论上对遗传的理解的语境是亲属关系。亲属关系的称呼像生理特征一样可以遗传。比如"儿子"这个称呼是与生俱来的，并不是在成长过程中取得的成就。男婴一出生就会获得这个头衔，而且可能的话甚至包括表兄弟、侄子、兄弟等其他亲属关系中的称呼。

这些称呼从本质上说也是生物学的，它像地图一样记录着一个家族的成员之间的生殖关系。它们揭示了谁生养了谁、谁是谁的后代、谁与谁有共同祖先。但孩子们的直觉不会这样解读亲属关系中的术语，在他们的解读中，这些称呼表现的只有社会关系而已。

当然，亲属关系的社会属性确实比生殖属性更加显著。很多孩子都没有见证过自己的弟弟妹妹或者堂表亲的弟妹出生,至少不是在作为分娩现场的医院亲眼见证。何况孩子们不可能见证比他们年龄大的哥哥姐姐降生,父母或祖父母更是不用说了。因此,虽然儿童总是被顶着"兄弟""叔伯"或者"表亲"这样的称呼的人包围着,却没有人对他们解释这些标签具体有什么含义,所以他们只好自己为这些标签寻找社会解释:"叔叔"的意思是和双亲年龄相仿的男性亲友,"兄弟"则是和自己年龄相仿的男性亲友;兄弟两人往往住在同一座房子里,叔叔应该住在另外一个地方;兄弟两人的兴趣应该差不多,叔叔的兴趣就应该不太一样了。如此类推。

我的儿子泰迪刚刚4岁的时候,我们发现他开始管自己最好的朋友叫"兄弟"。那时候他还没有任何亲生的兄弟姐妹,他很想要一个,尤其是想要个弟弟。而且泰迪根本不想等着父母给他"找"一个,只是执着于把他的堂兄弟当成自己的兄弟。泰迪有三个堂兄弟——比他大几岁的马特和查理,以及比他小几岁的凯文。但我注意到,他只会把马特和查理看作兄弟。所以我问他这是为什么:

  我:你有兄弟吗?

  泰迪:有啊,马特和查理嘛。

  我:马特和查理不是你的堂哥吗?

  泰迪:不是,他们是我的哥哥。

  我:那凯文呢?

  泰迪:凯文是个小宝宝呀!

  我:小宝宝就不能有兄弟了吗?

  泰迪:不能。

我：为什么不能？

泰迪：因为他们只会喝奶、玩婴儿玩具什么的。

我：如果凯文不是你的兄弟，那他是你的什么人呢？

泰迪：（顿了一下）他可以当我的堂弟嘛。

在这个时期，泰迪对"兄弟"的定义是"和我是好朋友的男孩"，但是他偶然听到的一段对话挑战了他的这种定义方式。那是在一场家庭聚会上，他的一位叔祖父称另外一位叔祖父为"兄弟"，这让泰迪不由得发问：

泰迪：你的兄弟是谁？

叔祖父：丹叔公是我的兄弟，你的爷爷史蒂夫也是我的兄弟，我们三个都是兄弟。

泰迪：（吃惊地瞪大了眼睛）你们是怎么发现的？

依照泰迪对"兄弟"的定义，三个成年人是不可能成为"兄弟"的，因为他们的年龄不对。这三个男人之间一定建立了什么秘密联系，在泰迪看来，这种联系就像把他自己和兄弟们（实际上是堂兄弟们）联系起来的那种关系一样。

当然，表示亲属关系的术语在使用时并非总是只有生物学上的意义。成年人也会使用它们来表示某种社会关系，比如《兄弟连》、（高校的）兄弟会和姐妹会、灵魂姐妹（黑人姐妹）、牧师父亲、圣诞老爹、山姆大叔等。成年人最终能够认识到这些术语的社会用途是比喻意味上的，但儿童认识不到这一点。

　　这一点在一项研究中得到了很好的体现。在这项研究中，研究人员要求5至10岁的儿童考虑某些非常规的亲属关系，比如一个年仅两岁的叔叔或者生活在另一个家庭中的双胞胎姐妹。更具体地说，他们被要求考虑的是这样两个角色：一个代表了亲属关系的社会属性，而不是生物属性；另一个代表了亲属关系的生物属性，而不是社会属性。然后，研究人员会请他们判断，哪个角色更有可能是真正的亲属。

　　研究人员对孩子们讲了这样两个假想的叔叔或舅舅的例子："这个人和你爸爸的年纪差不多，他很爱你，也很爱你的爸爸妈妈。他很喜欢到你们家做客，而且来的时候总是会带礼物。但他和你的爸爸妈妈一点儿关系也没有，他不是你爸爸妈妈的兄弟或者其他亲戚。那么，他还能不能做你的叔叔呢？现在假设你的妈妈有很多很多兄弟，这些兄弟里有些年纪已经很大了，有些则很小很小。你妈妈的最小的弟弟甚至只有两岁，那么他算是你的舅舅吗？"

　　幼儿会坚决否认那个两岁的婴儿是自己的舅舅，但是同意那个毫无亲缘关系的朋友做自己的叔叔。实际上，连9岁左右的孩子都更愿意把舅舅（叔叔）的标签分配给那个没有亲属关系的朋友，而不是母亲的还是婴儿的小弟弟。这种判断背后的推论显然并不是出于生物学层面的考量。

　　　　研究人员：这个宝宝可能是你的舅舅吗？
　　　　孩子：不可能吧……他太小了，只有两岁大。
　　　　研究人员：那你觉得舅舅应该多大呢？
　　　　孩子：二十四五岁吧。

>研究人员：如果他只有两岁大，就不能做舅舅了吗？
>孩子：不能……他倒是可以做个表弟。

"表亲"对孩子们来说显然是亲戚关系中一个万能的概念，如果某个家族成员不符合叔叔或者兄弟的社会定义，那么他就一定是个表亲。

这种看法实际上具有某种真实性。从生物学的角度看，人类都是表亲。如果追溯得足够远，那么所有人的家谱都能够汇聚到一处。我们可能需要上溯好几代人，才能找到与某个看似不相干的人的共同祖先，但这个共同祖先毫无疑问是存在的。亲爱的读者，就算是你和我，也有可能是表亲。即使我们也许是隔了两房的三十代表亲之类的，依然还算是表亲。即便是拥有成熟且包含生物学知识的理论基础的成年人，也很容易忽视亲缘关系中的这个事实。

第三种能够体现出幼儿缺乏遗传的生物理论的语境来自H.G.威尔斯的《莫罗博士的岛》：跨物种转换。在威尔斯的书中，一位医生试图通过手术来改变解剖解构和生理特征，实现从非人生物到人类的转化——剃去这些动物的毛发，除去它们的尾巴和指甲，重塑它们的爪子和面部的形状，重新训练它们的姿态和本能等。

但这位医生的尝试最终还是失败了，因为他虽然能够改变这些动物的外部特征，却无法改变它们内在的本性——它们的本质。书中一个造访了莫罗博士的岛屿并观察了他的实验的人如此描述那些实验动物："虽然这些活物拥有人类的形态，但是，编织在它们的行为举止中、混杂在它们的表情和神态里，甚至渗透在它们的整个存在内的是某些让人无法避免地想起野猪的东西，某些只有猪才有的特征，某种确凿无疑的属于野兽的印记。"

威尔斯这部反乌托邦作品的背后存在着这样的前提条件：某一物种特有的本性是固定且持久的。这一点在成年人看来是真实的，对儿童来说却不尽然。儿童认为，物种的特征虽然可以遗传，却又是可能发生变化的。在他们看来，只要猪这个品种不发生改变，猪的幼崽就永远会发展出猪的特征。被牛抚养长大这样的情况并不会改变猪的品种（如同上文讨论过的那样），但是手术会。

孩子们从来没有见过有人通过手术将动物从一个物种转变为另一个物种，但是他们对这么做可能产生的结果具有某种直觉。向我们揭示了这一点的是心理学家弗兰克·凯尔的研究。他向5至10岁的儿童提出了一些与莫罗博士的故事相似的问题，比如以下这项思维实验："假如医生抓了一只浣熊，把它的毛剃掉一部分，再把剩下的毛染黑，只留下后背最中间的一条染成白色。做完这个手术后，他们又在这只浣熊体内植入了一个能放出臭气的袋子，就像臭鼬一样。那么现在这个动物是浣熊还是臭鼬呢？"

7岁以下的孩子倾向于相信这个动物变成了臭鼬，有些孩子甚至对此非常确信。

　　孩子：他们把它变成臭鼬啦。

　　研究人员：你为什么认为它变成臭鼬了呢？

　　孩子：因为它看起来像臭鼬，闻起来像臭鼬，动起来像臭鼬，叫起来也像臭鼬。（实际上，孩子们并没有被告知后两点。）

　　研究人员：即使它的爸爸妈妈都是浣熊，它也能变成臭鼬吗？

　　孩子：可以啊。

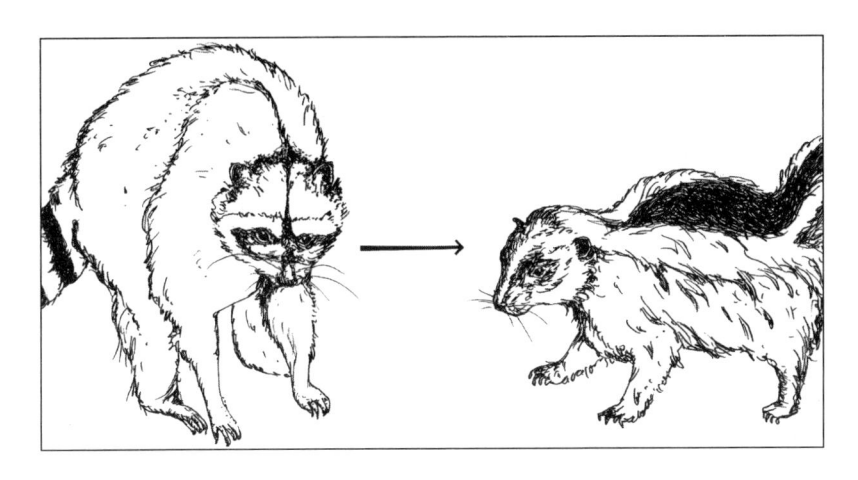

听了浣熊变臭鼬的故事后，孩子们相信，如果这种变化只在于外形，那么这个动物还是浣熊；可是，如果这种变化是通过手术实现的，那么浣熊就变成了臭鼬。

> 研究人员：即使它的宝宝都是浣熊，它也能变成臭鼬吗？
> 孩子：是的。

孩子们的这种直觉并不仅限于被改造得像臭鼬的浣熊，还有被变得像马的斑马、被变得像老虎的狮子、被变得像绵羊的山羊、被变得像松鼠的老鼠、被变得像火鸡的鸡。只要一种动物被加上足够多的属于另一种动物的特征，孩子们就会推测它的物种也发生了改变。

不过，他们并不是对所有变化都一视同仁的。通过手术或内源性诱导（比如注射或服用药剂）实现的变化在他们看来会改变物种，单纯改变外貌则不会。如果对孩子们描述的是一只穿着臭鼬服装的浣熊，那么他们不会认为浣熊变成了臭鼬。哪怕给他们展示一张外形变得非常像臭鼬的浣熊的照片，他们还是相信浣熊依然是浣熊。儿童并不会完全被外形约束。动物的外形背后的历史远比外形本身重要。只有能够展现出更深层次的内在变化时，外部变化才会被他们视为与物种特性相关。

一旦孩子们关于物种的本质主义推论变得与成年人的遗传理论更为接近，他们就会否认跨物种转换的可能性，因为他们已经接受了这种事情不可能发生的生物学原因。请你阅读以下这段生物学家和9岁大的孩子就把山羊变成绵羊的可能性展开的讨论：

孩子：他们把好多东西都混起来了，所以……它应该一部分是山羊、一部分是绵羊。

生物学家：好吧，那这是怎么做到的呢？跟我说说你为什么认为它一部分是绵羊、一部分是山羊。

孩子：它生下来的时候是山羊，但是他们给它打维生素针的时候可能也……呃……改变了它的内在。

生物学家：如果要你决定它到底更接近山羊还是绵羊，你打算怎么做呢？

孩子：我会让它交配，然后看生出来的宝宝是山羊还是绵羊。

这个孩子成功地把物种身份与遗传联系了起来，并且把物种身份视为与生俱来的特性。因此，"山羊是否可以变成绵羊"不再是一个推测，而是可以通过繁殖来决定的经验性问题。

心理学家让孩子们参与的思维实验的灵感来自一部哥特式恐怖小说，这听起来可能有些奇怪。实际上，这些思维实验的真实灵感来源并不是H.G.威尔斯，而是让·皮亚杰。请回想一下本书的第二章皮亚杰设计的那项声名狼藉的守恒实验。在这项实验中，孩子们看到的是改变了某一物质实体的外形却没有改变其质量的物理变化（比如把黏土圆球拍成扁片）。凯尔的物种转换实验实际上就是生物学领域的守恒实验，想要通过它的话，受试者就必须理解动物的物种身份在外部变化中是守恒的，但会因为其内在构成（DNA）改变而发生变化。

所有年龄段的孩子在只涉及外部改变时都能通过这项测试，但只有9岁左右的孩子在变化更为微妙时依然能够通过。这种能力比在质量领域通过标准的守恒测试的能力出现得晚一些。物种的守恒性看起来比质量的守恒性要难以掌握一些。事实上，这种不同能力之间的梯度并不仅仅存在于儿童之中，在罹患阿尔茨海默病的人群中也有发现这种情况的记录。当阿尔茨海默病患者开始由于痴呆而失去概念知识时，他们会先丧失对物种守恒的理解，再丧失对质量守恒的认识。换句话说，他们会认为剃毛、染色以及整形手术能把浣熊变成臭鼬，这种认识的出现要早于相信把水从矮粗的杯子倒进细高的杯子体积就会改变的认识。在成长中最后获得的洞察力在这种情况下反而是最先丧失的。

幼儿在生理特征的可遗传性、亲属关系术语的含义以及物种身份的决定因素这三个方面的错误概念表明，他们对遗传建立起的最初的概念并不是生物学层面的。孩子们对这些问题无疑是有自己的看法的——至少他们参加思维实验时并不会耸耸肩表示什么都不知道——只不过这些观念建立在本质主义而非生物学的基础上。那么，孩子们要如何获得生物学上的遗传理论呢？事实证明，这就像让他们明白"小宝宝是从哪里来的"这个问题一样简单——他们不需要了解有性生殖的全部内容，只需要知道婴儿是在母亲的子宫里由卵子发育来的就好了。

我的女儿露西四岁半的时候，她对宝宝是从哪里来的这个问题有了一些新奇的想法。她知道婴儿是"从妈妈的肚子里出来的"，但她并不完全明白这到底意味着什么。她对肚子建立起来的最初的联想是和吃东西有关的，所以她以为母亲必须先把婴儿吃下去，这样孩子才能进到她们的肚子里。就像露西有一次对我的妻子解释的那样："我一开始是活的，然后死了，你把我吃下去了。我先是待在你的肚子里，然后你把我吐出来了。"

我们试图向露西解释，她最开始是母亲身体里的一颗卵子，而不是她妈妈吃下去的食物，但是这种解释并没有什么成效。在她提出"得先把宝宝吃下去"的解释的几周后，我和露西又展开了这样的一番对话：

露西：我能看看把我孵出来的那个蛋的照片吗？

我：露西，你不是从蛋里孵出来的，你是从妈妈的肚子里来的。

露西：我知道！我是妈妈肚子里的一个蛋嘛。妈妈吃了很多蛋，我就在其中一个蛋里头。然后我就在她的肚子里孵出来了。

儿童一般会在9至10岁的时候学到繁殖的生物学事实，这时他们已经能够解释为什么某个生物体身份的某些角度——比如生理性状、亲属关系中的身份、物种身份——是在出生时就固定下来的，而另一些角度不是。研究人员分别记录了学到"生命的真相"前后孩子们对遗传的观点，发现学习这些真相会产生广泛而深远的影响。在一项研究中，心理学家肯·斯普林格将以下三种关键性事实教给4至7岁的孩子们：（1）婴儿是在人体内孕育的；（2）婴儿的生命是以胚胎的形式开始的；（3）胚胎是在母亲的子宫内长成婴儿的。

在了解这些事实之前，孩子们持有好几种关于遗传的错误观念，包括认为看起来和自己相似的陌生人与看起来和自己不像的亲属拥有数量几乎相同的共同特征；认为后天获得的特征（比如染发）和先天特征（比如天然卷发）一样是可以遗传的；认为先天不足的特征（比如比较脆弱的心脏）的遗传性比适应性更强的特征（比如强壮的心脏）的遗传性弱；他们还相信，父母可以选择让自己的子女遗传什么样的特征。但是，学到那三条和婴儿发育有关的关键事实后，孩子们彻底改变了他们对遗传的观念。他们此时已经明白，即使是长得和自己不像的亲属也比陌生人拥有更多的共同特征；后天获得的特征是不能遗传的；先天不足的特征和适应性更强的特征具有相同的可遗传性。除此之外，他们也明白了父母通过"生理方式"将特征遗传给孩子具体是什么意思——这些特征在宝宝出生之前就通过"很小很小的东西"从母亲身上传给孩子了。

这一系列观念共同构成了儿童第一种真正的遗传理论。他们对遗传的理解的下一步发展就是学习基因相关的知识。一般来说，他们上了中学后就已经知道基因、遗传学和DNA这些词语了，并且可以把这些术语和遗传联系起来。但他们对基因在遗传中的具体作用依然没有概念，更不用说知道它在人体中的物质状态了。

一些中学生认为，基因就像荷尔蒙一样，随血液一起循环。还有些学生认为，基因像营养物质一样，可以随着食物一起吃进去。更有些学生认为，身体的不同部位有不同类型的基因，就像细胞一样。至于功能方面，大多数中学生都相信基因编码的是性状而不是蛋白质。他们认为基因和性状之间存在着两两对应的关系，即每条基因都包含着建立某种独立且离散的性状的指令。甚至绝大多数成年人都相信这一点。现实是许多不同的基因共同构成单一性状的表现，那种基因和性状两两对应的认知里根本没有多种基因相互作用的观念。在成长与发展实时进行的同时，如果没有蛋白质，也就没有基因彼此沟通交流的机制了。

因此，学习关于遗传的知识只是一个需要分两步进行的过程。第一步是对先天潜能的本质主义认识让位于基于性状的对信息转移的认识。第二步是基于性状的对信息转移的认知让位于基因表达和基因调控的分子概念。第一步诞生于童年早期，在儿童学到关于受孕和怀孕的基础知识时，它就会出现。第二步出现的时间段则存在着一些变数，因为这一步需要对细胞处理进行更详细的引导，然而绝大多数成年人都没有接受过这样的教学。

但是，普通的成年人真的需要对遗传学进行详细的生化层面的了解吗？简单的基于性状的了解是不是就已经足够了？事实证明，媒体对遗传学研究的报道——在我们这个属于现代基因组学的时代越来越多的报道——需要相当高层次的理解水平才能读懂。从2010年到2011年，《纽约时报》上共发表了超过两百篇关于基因、遗传学或者DNA的文章。教育研究者妮可·希亚针对这些文章需要的知识类型进行了分析，发现读者在阅读时应该知道以下几种生化方面的事实：

（1）基因是构造蛋白质的指令，对于所有生物体来说，编写这种指令所用的分子语言都是一致的。

（2）蛋白质发挥着各种细胞功能，比如运输分子或者调解化学反应，它们发挥的具体功能取决于其结构。

（3）许多DNA序列都因物种（或个体）而异，这种差异解释了为

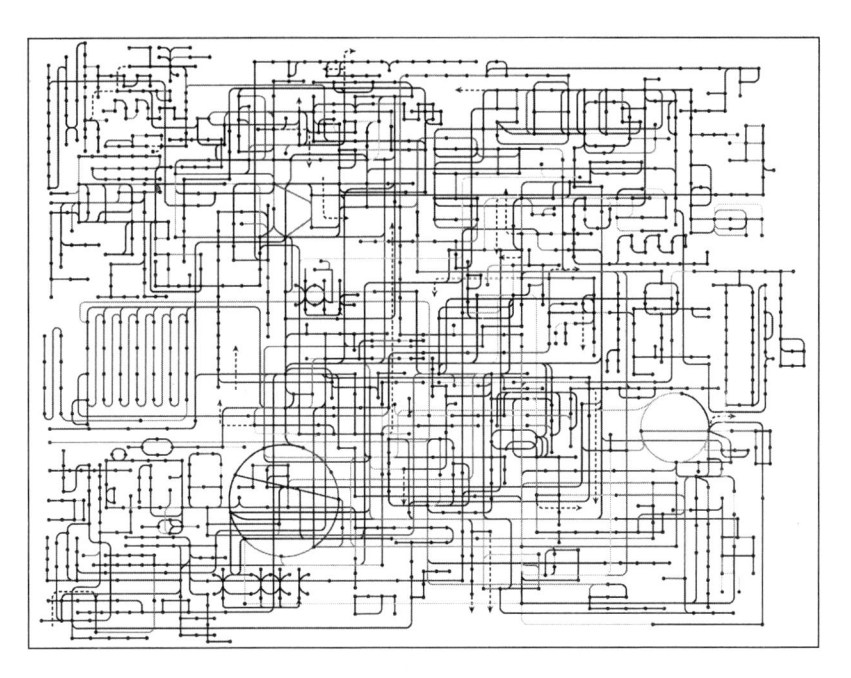

这幅插图是三种新陈代谢网络（克氏循环、尿素循环、脂肪酸氧化）的艺术化再加工，它展现了生化系统固有的复杂性——这种复杂性需要明白基因和蛋白质的相互作用才能理解。

什么不同的基因结构会导致形态结构上的差异。

（4）环境因素可以导致基因变异，或者改变基因的表现形式。

如果绝大多数成年人都认为包含DNA的食物需要强制性贴上标签，那就说明他们对遗传学肯定没有以上那种深度的认识。知识丰富的消费者在做出与遗传学问题相关的决定时，具有深度的认识起着至关重要的作用，这种决定举例有食品的选择、判断是否参加测试以及药品的选择。但这并不是拥有遗传学知识唯一的重要之处，我们对基因的理解同样会影响我们面对与基因和行为的关系相关的信息时做出的反应。

从某种层面来讲，我们的所有行为背后都有着基因的参与。但遗传学家对具体哪些基因对应哪些行为的研究才刚刚起步。当我们了解到这种联系的存在时，我们总是倾向于为它赋予某种象征意义——而且是比它应得的更多的象征意义。比如，赞同基因对超重具有影响的人对自身体重的掌控力比对这种理论持怀疑态度的人弱。只是登在报纸上的一篇关于基因导致超重的文章，都会导致人们摄入比平时更多的垃圾食品。同样令人忧虑的是，如果读过用基因解释为什么女性在数学和科学相关的职业中表现更弱的文章，女性受试者就会在标准数学测试中出现更差的表现。

　　与基因本身的影响相比，我们对基因的看法反而对我们的行为有着更强的影响。比如，就数学成绩这个方面而言，能证明先天性别差异对此具有影响的证据微乎其微，但社会性别差异带来影响的证据非常强大。讽刺的是，就在科学家努力寻找基因影响行为的边界何在时，我们对那些莫须有的影响的认知却让我们做出了更加倾向于宿命论的行为。基因不能决定命运，真正决定命运的是我们对基因的认识。

# 11. 疾病

——是什么让我们生病？疾病是如何传播的？

如果人类可以通过进化获得对某种自然现象与生俱来的知识，那么这种自然现象一定是疾病。从进化的角度来看，知道如何规避疾病显然是非常有利的，因为我们的进化之路一直笼罩在病原体和寄生虫挥之不去的威胁之中。此外，确凿无疑的是，全世界的人类都饱受各种包含病原菌和寄生虫的事物的困扰：人体的产品（呕吐物、排泄物）、体液（唾液、汗水）、体表损伤（开放性伤口、瘀血）、肉眼可见的感染迹象（肿胀、变色）、寄生虫（虱子、蛆虫）以及腐烂分解的有机物质（腐肉、变质的牛奶）。

当我们遭遇这种事物的时候，我们会做出一副在全世界各地通用的"恶心"的表情，这个表情的特点是皱起鼻子、吐出舌头。这两个动作都有着实际意义上的益处：皱起鼻子可以让我们少吸入一些受污染的空气，而吐出舌头可以将污染物质阻隔在我们的口腔之外。

我们的大脑中掌管对有害物质的厌恶情绪的区域——岛叶皮层——在进化上出现得很早。包括人类在内的所有哺乳动物的大脑中都具有这个区域，它是负责将内脏感觉与自觉意识联系起来的神经系

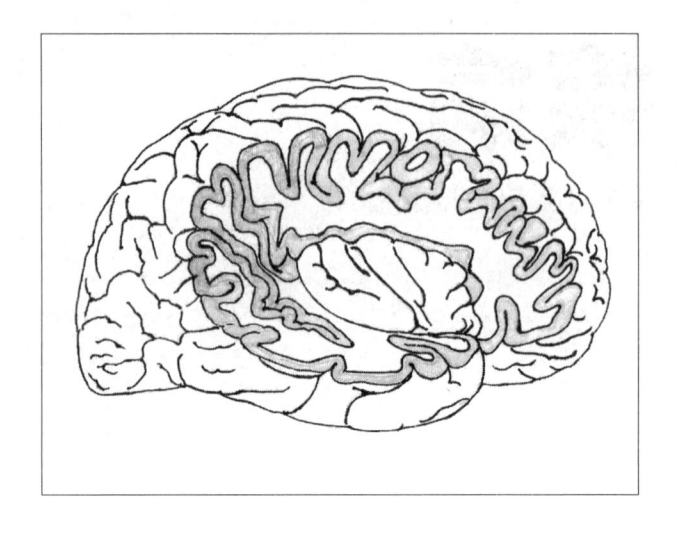

脑岛（图中白色部分）位于大脑的中央。当我们亲身感受恶心或目睹他人经历恶心时，这个区域会活跃起来。

统中的一个子部件。

有趣的是，岛叶皮层不仅仅会在我们自己感到恶心时活跃，在我们看到他人展现出恶心的情绪时——看到他人皱起鼻子、吐出舌头——这个区域也会活跃起来。因此，在神经层面，不论是直击某种有害物质的亲身经历还是二手经验都会触发恶心。我们的大脑运动时预设的前提是"任何让你恶心的东西也应该会让我感到恶心"，鉴于"你"和"我"都容易受同样的疾病影响，这种前提是很明智的。看到他人表现出恶心甚至会激发我们的免疫反应，我们会生产更多的抗疾病蛋白，以便应对与可能导致疾病的对象的接触。

可能导致疾病的对象确实是导致恶心的根本刺激因素，这种对象在世界各地都是令人厌恶的。在一项涉及范围很广的研究中，研究人员要求来自各大洲的四万名成年人对以下列举的每项事物在他们眼中的恶心程度进行评估，这些事物分别为：一只覆盖着黏液的盘子、一条沾着脓液的毛巾、一张看起来发烧了的面孔、一节挤满了人的地铁车厢、一团寄生虫以及一只虱子。世界各地的人认定上述事物比不会让人想到疾病的普通事物恶心许多，比如一只装着果冻的盘子、一条沾了墨水的毛巾、一张健康的面孔、一节空荡荡的地铁车厢、一团毛毛虫以及一只黄蜂。从平均水平来看，女性比男性更容易感觉致病对象恶心，年轻的成人比年长一些的成人更容易感觉致病对象恶心，并且所有人都一致认为那些致病对象在一定程度上是恶心且令人嫌恶的。

"恶心"背后的进化逻辑看似简单直接，其实自有巧妙之处。请你思考如下动作：

- 喝一杯变质的牛奶
- 踩到呕吐物
- 被别人打的喷嚏喷到脸上
- 手上扎了鱼钩
- 接触某人火化后留下的骨灰
- 用嘴吹起一个全新且不带润滑剂的安全套
- 喝用消过毒的苍蝇拍搅拌过的汤
- 吃造型像狗屎的软糖

以上这些情况每一种都会激起不同程度的恶心，但前四条与后四条存在着本质上的区别。前四种动作包含真正的感染疾病的风险，后四种则不会。后四种只是在联想层面让人感到恶心：它们要么让人对致病对象产生感知上的联想（狗屎形状的软糖），要么产生功能上的联想（全新的安全套、消过毒的苍蝇拍），要么是具有历史层面的联想（尸体火化后的骨灰）。这时，恶心的边界包含了实际上并没有威胁的事物，与其避免接触或者摄取的确具有致病风险的对象，不如连疾病中立的对象也一并回避了。从进化的角度来看，回避疾病中立的对象是无关紧要的，暴露在致病对象面前则可能危及生命。

对传染疾病的过度敏感不仅存在于我们对假设场景的考虑中，我们的实际行为也多见这种现象。假如给成年人一块做得像狗屎的软糖，虽然他们知道这块软糖是绝对干净的，却多半还是会拒绝它。给成年人一杯用消过毒的苍蝇拍搅拌过的果汁也是这样，他们虽然很清楚果汁没有被污染，却还是不愿意喝。与此近似的是，绝大多数成年人都不愿意用牙齿咬装满了塑料做的假呕吐物的盘子，不愿意喝装在全新的夜壶里的汤，也不愿意吃装在贴了"氰化物"标签的碗里的白糖——哪怕那个标签是他们亲手贴在碗上的。

最不理性的情况则是绝大多数成年人都不愿意喝他们自己往里面吐过口水的汤或者水，哪怕他们知道自己之前喝下去的每口汤或水都在与舌头接触的一瞬间混上了唾液。以上这些活动没有一种在生理层面是有害的，但它们在心理层面有害。

如果不是我们有时无法将一些本来应该令人恶心的东西与恶心联系起来，这种会通过联想产生恶心的倾向就是人类认知的一项特别之处。在过去的几个世纪里，霍乱或者天花这样的疾病一直像野火一样肆虐，因为人们不会对被霍乱菌污染的水或者接触过天花的毯子之类的东西感觉恶心。这些致病对象并不会在外形上显露它们致命的特征，因此，它们比基本的人与人之间的接触更加容易传播疾病。哪怕到了今天，人类依然饱受诸如HIV、衣原体等非常容易预防的疾病的困扰，因为传播它们的行为给人带来的是欢愉而非嫌恶。

因此，我们由进化得来的、规避病原体和寄生虫的能力——感到恶心的能力——很大程度上不太灵通。一方面来说，只是和疾病有一些关联的声音和图像就会诱发恶心；另一方面来讲，它又对每日活动中暗藏着的病原菌和寄生虫视而不见。让我们恶心的未必真的会构成威胁，真的构成威胁的未必会让我们恶心。

让儿童感到恶心的事物和让成人感觉恶心的差不多，这完全符合由进化层面看待"恶心"产生的预期。孩子们也不会喜欢闻腐烂的臭味或者去摸脏袜子，更不愿意伸手去接看似从某人的眼眶里掏出来的玻璃假眼。但儿童对恶心的反应总有一些角度和成人不同。

首先，蟑螂、垃圾或者死亡动物这样的外表不能直接体现出疾病的有害物质并不会让7岁以下的儿童感到恶心。儿童也很难识别他人的恶心情绪。直到8岁左右，他们都会把表达恶心的表情误以为是愤怒。他们在辨认皱起鼻子、吐出舌头的表情时之所以会遭遇问题，并不是因为他们不理解"恶心"这个词语（实际上，他们5岁时就已经掌握这个词语了），也不是因为他们自己不会做恶心的表情（实际上，他们在婴儿时期就已经会做这种表情了）。真正的问题在于恶心和愤怒有许多相似之处，二者都是负面情绪，都会在生理上激起反应，并且都与拒绝和回避有关。因此，孩子们会误以为恶心只不过是愤怒的一种表达形式。

儿童和成年人对恶心的体验最大的差异也许就在于儿童不会对被疾病的外部来源污染的物品感到恶心。任何有过训练婴儿使用便盆或教幼儿使用公共厕所等经验的人应该都对这一点深有体会。当我的儿子泰迪长到可以用小便池的年纪时，他的注意力总是被便池中粉色的固体洁厕剂吸引，老是盘算着把它拿出来。我好不容易说服他不要去拿池里的洁厕剂之后，又得马上制止他用手去抓小便池的边缘，还得告诉他千万不要把裤子脱到脚腕，别让裤子沾上小便池底下那一摊鬼知道是哪里来的水。

一位家长向我讲述了一个更恶心的事例。她四岁半的儿子特别想自己去上公共卫生间，但她因为担心潜伏的恋童癖，所以一直对这一点非常谨慎。有一天，她带着儿子去购物。商店的厕所是一个单间，在确认过里面没有藏着人之后，这位家长让儿子自己去用厕所了。几分钟后，儿子带着一脸骄傲的笑容走出厕所，看起来一切正常——直到她发现儿子的嘴里嚼着什么东西：从厕所的墙上抠下来的一块口香糖。

记录下儿童的恶心反应——或者说缺乏恶心反应——的是心理学家保罗·罗钦和他的同事。在罗钦团队的一次研究中，他们要求一批4至12岁的儿童考虑如下这则思维实验："一只蚱蜢在湖里洗澡，洗干净之后，蹦蹦跳跳地进了一座房子。房子里的妈妈正从冰箱里拿牛奶，她把牛奶倒进一个杯子里。现在你有多愿意喝这杯牛奶呢？"研究人员同时向孩子们展示了一份情感量表，上面分别有皱眉头的脸、没有明显表情的脸和微笑的脸，孩子们要在这三张脸中选出能代表他们愿意喝牛奶的程度的那张。

孩子们第一次做出选择后，研究人员继续描述思维实验中的场景："然后，那只蚱蜢跳到了杯子旁边，你有多愿意喝这杯牛奶呢？蚱蜢又跳到杯子边上，掉进杯子里了，现在你有多愿意喝这杯牛奶呢？妈妈过来把蚱蜢从杯子里捡出去了，你有多愿意喝这杯牛奶？妈妈倒掉了杯子里的牛奶，用同一个杯子倒了一杯新的，你有多愿意喝新倒的这杯牛奶呢？妈妈用水和肥皂把杯子洗了三次，重新往里面倒了牛奶，你有多愿意喝这杯牛奶呢？"

实验刚开始的时候，所有孩子都选了笑脸，表示他们愿意喝那杯新倒出来（未污染）的牛奶。得知蚱蜢掉进去了，大多数孩子都把答案换成了皱眉的脸。从这个节点开始，年长一些的孩子做出的选择和年龄小一些的孩子有了明显的不同。大一点儿的孩子（8岁及以上）不愿意喝那杯牛奶，直到杯子被彻底清洗干净，再往里面倒上新的牛奶，他们才能接受。而小一点儿的孩子（6岁及以下）只要知道蚱蜢不在杯子里了，就表示可以接受那杯牛奶了。

把思维实验中的蚱蜢换成"狗便便"的话，得出的结果是一样的。大一点儿的孩子会一直拒绝那杯牛奶，直到沾过"狗便便"的杯子被洗过又倒上新的牛奶。但小一点儿的孩子说，只要把"狗便便"捞出来，他们就可以喝那杯牛奶了。对成年人用同一份材料进行测试的话，哪怕那杯牛奶经过了最极端的清洁手续（清洗杯子、替换牛奶），他们通常也会有些不满。

罗钦和他的同事担心，年龄小一些的孩子的反应与年长一些的之所以不同，并不是因为他们对恶心的反馈更弱，而是因为他们的想象力不够生动。为了排除这种可能性，他们又进行了一次后续实验。这次他们不再使用虚拟的场景，而是直接使用实体对象为孩子们进行演示。研究人员给孩子们提供了各种看似被污染过的食物：拿用过的梳子搅拌过的果汁、里面泡着一只死蚱蜢的果汁以及上面撒着所谓的"磨碎了的干蚱蜢"的饼干。

这些食物都没有真的被污染——那把梳子是消过毒的，死蚱蜢也是消过毒的，所谓的"蚱蜢粉"实际上只是绿色的糖粒——但是孩子们并不知道这一点。实验结果与先前一致。年龄大一些的孩子（7岁及以上）拒绝食用这三种食品，年龄小一些的孩子（6岁及以下）却可以接受。在这些孩子中，77%的孩子愿意喝梳子搅过的果汁，63%的孩子愿意喝有死蚱蜢的果汁（蚱蜢还泡在果汁里），甚至有45%的孩子愿意吃撒了"干蚱蜢粉"的饼干。

为什么幼童不会被看似受到污染的对象引发恶心情绪呢？一种可能性是，这种形式的"恶心"是专属于现代工业化社会的某种奢侈品。在人类历史的绝大部分时间里，任何拒绝吃带菌餐具中的食物的人都必然要面对饥饿的威胁，拒绝从绝对清洁无味的某些特制容器中饮水的人多半会活活渴死。即便到了如今，生活在某些发展中国家的人也面对着这样的处境。实际上，"东西掉在地上的瞬间就不能吃了"这种人们普遍持有的观点确实是只有衣食无忧的人才能拥有的一种奢侈。食物只要接触另外一个表面，就肯定会沾染一定量的细菌——所有物体其实都是这样——但具体沾染细菌的量取决于食物的种类、另一表面的种类、表面的清洁程度以及食物与表面接触的时长。在绝大多数情况下，吃掉在地上的食物只有极小的感染风险，但许多人会把掉在地上的食物当成致命的威胁，并且直接把它们扔进垃圾桶。

儿童的恶心反应之所以产生得如此迟缓，另一个原因在于，这种反应必须适应他们所处的环境。因为恶心的首要功能是保护我们的身体免于有害物质的伤害，所以它往往与食物有关。我们会自愿将食物摄入体内，但食物也存在着携带病原体和寄生虫的风险，所以"恶心"就相当于身体的守门人，它帮我们分辨眼前的食物吃下去是否安全。

对于某些物种来说，进化已经为它们预设好了对哪些食物感到恶心，因为这些食物在它们先祖的生活环境中曾经十分常见。比如乌鸦似乎就拥有内生的对蜜蜂（取食时容易被蜇刺）和帝王蝶（食用后会

西方文化视角下的蚱蜢是一种恶心的东西,但它在许多非西方文化中则被视为美味。

引发呕吐)的恶心反应。乌鸦不需要通过经验和错误学到吃蜜蜂会被蜇或者吃帝王蝶会呕吐这样的知识,因为进化已经为它们设立了自动防御机制。

另一方面,人类占据了——并且继续占据着——彼此之间差异巨大的各种环境,这些环境能提供的食物类型很少有重叠之处。人类的进化不可能预见到如此多样的环境中都有哪些基于食物的威胁存在。因此,人类必须亲自探索这些环境中的什么是安全的、什么不是。我们似乎遵循了这样一条简单的规则:在童年时代由照料我们的人提供的食物一定是安全的,在童年从未接触过的食物就是不安全的。在这种规律的影响下,在北美沿海地区长大的孩子会养成吃各种甲壳类海鲜的习惯(这是抚养他们的人提供的食物),却会对白蚁感到恶心(这不是抚养他们的人提供的食物);在非洲中部长大的孩子会养成吃白蚁的习惯,却会对甲壳类海鲜感到恶心。

从营养的角度来看,白蚁和甲壳类海鲜是很相似的节肢动物,我们却会在愿意吃什么动物、不愿意吃什么动物这一点上产生强烈的情绪。如果某种食物我们没有在童年接触过，我们长大后不仅会觉得这种东西令人不快，而且会感觉它让人恶心，就好像它根本不在人类取食的范围内一样。因此，如果在不同文化之间进行对比，那么没有几种食品是在全球各地都让人感觉恶心的。讽刺的是，西方的研究人员在研究恶心反应时使用的刺激物是蚱蜢，而蚱蜢在诸如中国、印度尼西亚、泰国、日本、墨西哥和乌干达等国家被人们视为美食。只有在欧美视角下，孩子愿意吃沾了"蚱蜢粉"的饼干、愿意喝蚱蜢泡过的饮料才是反直觉的。

"恶心"可能是我们应对传染病——由细菌、病毒、真菌或寄生虫导致的疾病——最强有力的防御机制，但人类会因为其他原因而患上疾病，我们对疾病的概念也有很多不同的方面。有时我们会因为营养不良而患病（比如佝偻病、败血症），有时让我们患病的是基因异常（比如亨廷顿舞蹈症、囊性纤维性变），有时我们的疾病是由基因和环境因素共同引起的（比如糖尿病、心脏病、癌症）。医学对大多数人类疾病的成因都进行了分类，但这种分类法是最近才产生的一种创新。在人类历史的绝大多数时间里，我们对绝大多数疾病——不管是由微生物、营养不良还是基因引起的——的解释都是我们体内的液体不平衡，这就是所谓的"体液学说"。

从希波克拉底开始，医生一直以如下四种体液对疾病进行分析，这四种体液分别是"乐观的"体液血液、"冷淡的"体液黏液、"暴躁易怒的"体液黄胆汁以及"忧伤的"体液黑胆汁。每种体液都对应着人体的一种器官（血液对应心脏，黏液对应大脑，黄胆汁对应肝脏，黑胆汁对应脾脏)、一年的一种季节(血液对应春季,黏液对应冬季,黄胆汁对应夏季,黑胆汁对应秋季)以及自然界的一种元素(血液对应空气,黏液对应水,黄胆汁对应火,黑胆汁对应土地)。

体液不平衡被用来解释疾病的成因。人们认为,血液过多会导致头疼,黏液过多导致癫痫,黄胆汁过多导致发热,黑胆汁过多导致抑郁。通过呕吐、排泄或放血排出这些多余的体液就顺理成章地成了治愈这些疾病的方法。这些方法中的最后一项——放血——在当代视角中可能尤其古怪。放血曾经是一种非常普遍的疗法,世界上每个大洲的人类社会中都有过放血疗法的记录,但这种做法总是弊大于利。乔治·华盛顿总统就死于放血,为了治疗呼吸道疾病,他被放掉了体内几乎一半的血液。虽然现代医生偶尔会将水蛭用于治疗,但这种动物的功效主要在于它们唾液中的抗凝血成分,而不是放血。

对于很多实践者来说,放血是一种让体液恢复平衡的做法。人们认为体液可能变得不平衡的原因有很多:遗传因素、不健康的饮食、不谨慎的行为、天气变化、居所变化或者不干净的空气。其中,"不干净的空气"——或者说"瘴气"——曾经是解释鼠疫或霍乱等传染病的最流行的说辞。在早期医生的观念中,跟与它们相关的恶劣气味相比(病得快死的人身上的味道确实很糟糕),这些疾病本身的接触传染性很容易就被忽视了。当然,"瘴气"并不是死亡的原因,而是死亡的原因形成了"瘴气"。人们曾经认为疟疾也是瘴气导致的——英语中"疟疾"(Malaria)这个词来自意大利语的"瘴气"——不过这种疾病与瘴气的联系是有名无实的。人们以为吸入沼泽的毒气会导致疟疾,真正传染疟疾的却是沼泽中滋生的蚊虫。

虽然具有种种缺陷,但疾病的体液理论还是盛行了上千年,从古

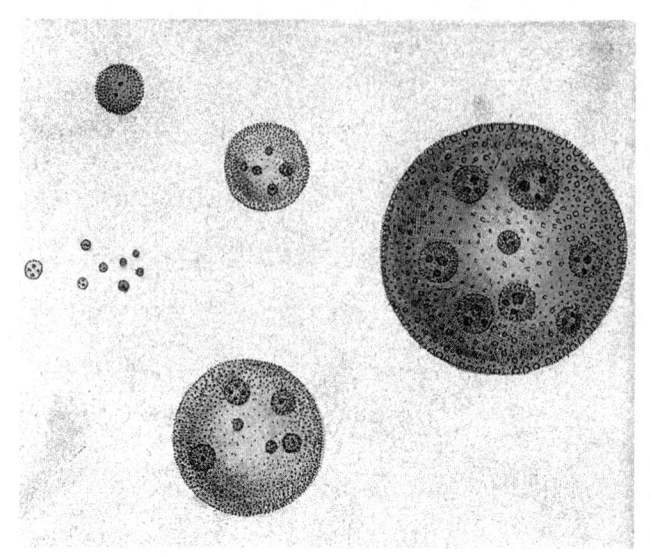

一幅17世纪绘制的只能通过显微镜观察到的微生物的示意图。

风时代一直流行到19世纪中期。它的后继者——微生物理论——的确是姗姗来迟。早在1546年,意大利医生吉罗拉莫·弗拉卡斯托罗就曾经在一篇论文中指出,即便是体液非常平衡的人也可能因为接触了无法感知到的微小粒子而患病,他称这种粒子为"病源"或"种子"。弗拉卡斯托罗的种子理论相对于体液说来说无疑是一种进步,因为它强调了接触传染发挥的作用,不过他没有把种子归纳为一个生物学概念。

一个世纪后的1676年,荷兰科学家安东尼·范·列文虎克第一次在显微镜下观测到了细菌——从他自己的牙齿上刮取的样本中的细菌。列文虎克把自己观测到的东西命名为"微生物",意为"微小的生物",但他没有把这些微生物和疾病联系起来。将近两百年后,1857年,法国科学家路易斯·巴斯德第一次在二者之间建立起了这种联系。

巴斯德当时正在研究酵母在啤酒和葡萄酒的发酵过程中发挥的功效,并由此发现酵母实际上是活的——酵母是一种微生物,它分解淀粉细胞，并生产出酒精。巴斯德由此推测，微生物在疾病中发挥的作用和发酵过程中的酵母菌类似。德国科学家罗伯特·科赫将巴斯德的设想进一步推进成一系列实证主义的预测，后来，他和巴斯德通过使用炭疽病毒和狂犬病毒的实验证明了这些推论。他们研究的结果不仅开创了疾病领域的一个新理论（微生物理论），而且为生物学领域开拓了一片新天地（微生物学）。

如今，细菌这个概念已然在流行的观念和论调中占据了一席之地。即便是蹒跚学步的婴儿，每天也被各种和细菌有关的信息轰炸着："别吃那个，上面有细菌。""去洗洗手，让肥皂把手上的细菌杀掉。""打喷嚏的时候用手捂住鼻子，这样就不会把细菌喷出去了。"这些关于细菌的言论影响了幼童对疾病的看法。学龄前儿童知道腐烂的食物里"有细菌"，所以吃腐烂的食物会让人生病；知道生病的人"有细菌"，所以直接接触病人会传播疾病；知道细菌可以由被污染的对象（比如死虫子）转移到未被污染的对象（比如一杯牛奶）上；还知道细菌太小了，肉眼看不见，所以它传播的过程也是无法察觉的。

即使拥有这么多事实性的知识，孩子们还是愿意去接触细菌污染过的东西，也不介意吃掉包含细菌的食物。一项实验以惊人的方式展现了儿童对细菌的满不在乎：研究人员给孩子们展示两碗麦片，一碗是干净的，另一碗则被人对着打了个喷嚏。学龄前的孩子不仅会从这两个碗中吃掉同样多的麦片，还会表示两碗麦片都是一样好吃。这说明孩子们关于细菌的事实性知识很明显具有局限性。

鉴于科学家花了几百年才发现细菌理论，认为学龄前儿童能从日常生活中各种偶发的涉及细菌的对话里学到疾病的细菌理论无疑太武断了。传染的观念可能很容易理解，细菌的概念就没那么容易理解

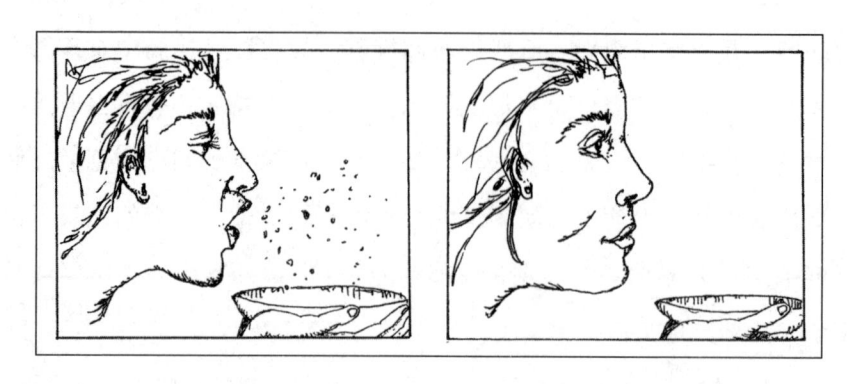

幼童并不介意接受有人对着打过喷嚏的食物，他们在上图右边干净的碗和左边被污染过的碗之间并没有什么偏好。

了。对孩子们来说，"细菌"只代表着某种会让人生病的东西。他们并不知道细菌和其他有害物质——杀虫剂、消毒剂、有毒气体、重金属、污染——到底有什么不同，除了细菌是活的这一点以外。

对比儿童对细菌和毒素的理解就可以清楚地展现这一点。在这项研究的第一部分，研究人员向4至10岁的孩子们提出了这样的问题："一个名叫苏珊的女孩意外地吸进去了一点儿病菌，然后开始流鼻涕。如果一个朋友去看她，你觉得那个朋友会被苏珊传染流鼻涕吗？还有一个叫希德的男孩不小心吸进去了一点儿毒气，并且立刻开始咳嗽。那么，如果一个朋友去看他，你觉得这个朋友会被希德传染咳嗽吗？"在研究的第二部分，研究人员又分别询问了细菌和毒素会不会进食、繁衍以及自主移动。

在这个研究的两部分中，10岁以下的孩子不能在毒素和细菌之间做出很明确的区分。他们认为细菌导致的疾病和毒素导致的疾病反应具有同样的传染性，并且认为细菌和毒素都不具有任何生物特质。然而，在另一方面，满10岁的孩子能精准地认识到细菌导致的疾病比毒素导致的疾病反应更具有传染性，并能正确地表述出细菌具有生物特性，而毒素没有。尽管如此，他们在细菌身上认识到的生物学特质依然很少（比赋予植物的生物特质要少一半，这是符合第八章讨论过的发展模式的）。

另一项殊途同归的研究着眼于儿童是否理解基因导致的疾病和细菌导致的疾病之间的不同。在这项研究中，孩子们被要求思考的是第九章和第十章中收养问题的疾病版本："罗宾逊先生和太太有一个小女儿，也就是说，这个宝宝是从罗宾逊太太的肚子里出来的。刚从罗宾逊太太的肚子里出来，这个宝宝就去跟琼斯先生和琼斯太太一起生活了，他们给她起名叫伊丽莎白。琼斯夫妇一直照顾着伊丽莎白，他们供她吃饭，给她买衣服，拥抱她，在她伤心的时候亲吻她。罗宾逊先生和太太在辨认颜色时有一点儿问题，他们看不到黄色。那么，你觉得伊丽莎白长大以后会怎么样呢？她是会像罗宾逊先生和太太一样看不到黄色，还是像琼斯先生和太太一样能够看到黄色？"

这项研究提供的某些情境描述的是基因上的障碍，比如色盲；另一些情境描述的则是传染性疾病，比如流感。10岁以下的孩子并不能明显地将这两种情况区分开来，他们认为两种疾病都会由亲生父母传给子女。换句话说，孩子们相信，如果亲生父母是色盲，那么伊丽莎白也会是色盲；如果亲生父母得了流感，那么伊丽莎白也会得流感。如果孩子们真的理解传染性疾病是通过接触——细菌的物理转移——实现传播的，他们就会在只有养父母患流感的情况下判定伊丽莎白也会患流感了。但孩子们很少把养父母视作伊丽莎白当前健康状况的决定性因素，他们似乎认为传染病像遗传疾病一样，也是在出生时即遗传的。这清楚地证明细菌和疾病的联系对于年幼的孩子来说是很模糊的。

实际上，在成年人的观念中，细菌和疾病的联系也是模糊的。以"着了凉就会感冒"这个常见的观点为例。不论是东方还是西方，都有很多成年人对这一点坚信不疑，并且认定只要穿好了厚外套、厚围巾和干燥的袜子就能不生病。实际上，着凉并不会增加你患上感冒的概率。在长达一个世纪的研究中，免疫学家并没有找到寒冷和疾病的直接联系。寒冷可能会让你患上致命疾病的观点不过是口耳相传的一句老话，或者，按照心理学家的说法，那只不过是一种民间信仰。

　　这种民间信仰的确是非常吸引人的，它不需要任何关于疾病传播的知识，就能让我们做出预防性的行为。不管人们认为导致疾病的是细菌还是体液，他们都可以遵循穿得暖和一些并让自己保持干燥的建议。但民间信仰往往是错的，它们指示的行为也往往并不适应实际情况。唯一能让人万无一失地保持健康的手段只有拥有与疾病相关的因果知识。

　　心理学家区洁芳和她的同事通过一系列着眼于知识的健康教育项目充分展示了这一点。根据上述发现，他们设计了一款能够教授用户感冒和流感预防的因果知识的电脑软件，并把这款软件命名为"生物思维"。传统意义上的健康教育项目往往将重点放在行为上（告诉人们为了预防感冒和流感"该做什么""不该做什么"），"生物思维"软件的关注点则是知识（感冒和流感预防中的"为什么"和"如何做到"）。这个软件的主要目标是让使用它的学生能够从概念上把细菌视为有生命的能够繁殖的生物介质，而不是像毒药一样的惰性物质。它强调了四条关键原则：（1）病毒是非常微小、不能用肉眼观察到的生物；（2）感冒和流感病毒可以在寒冷湿润的空气中生存好几个小时，但高温和杀菌剂可以很快杀死它们；（3）只有病毒的活体毒株才能引发流感和感冒;(4)流感和感冒病毒可以通过眼睛、鼻子和嘴巴进入人体。

为了测验"生物思维"软件的有效性,区洁芳让一群来自香港的三年级学生使用这个软件,并将这群学生的成果与参加传统健康教育项目的同年龄学生的成果进行对比。传统项目并没有涉及感冒和流感传染的任何生物学背景,只是探讨了感冒和流感的症状、治疗、复杂性、预防行为("该做什么")和风险行为("不该做什么")。

研究人员使用了三个问题来测试学生参与项目前后对感冒和流感感染的理解程度。第一个问题是让他们描述可能导致人们感染流感和感冒的行为,并解释成因。第二个问题是观看日常生活场景的录像,并从中找出具有感染流感和感冒风险的行为,比如揉眼睛、啃指甲、给别人自己对着打过喷嚏的橡皮擦。第三个问题更加隐蔽,每个学生都被叫到一个独立于大教室的房间里,在那里帮忙把稍后点心时间要吃的饼干分装到小塑料袋里。房间里的桌子上除了饼干和袋子,还有一瓶免洗消毒洗手液。研究人员考量的重点是孩子们在接触饼干之前是否会自发地用免洗洗手液清洁双手。

到了研究结束的时候,参加过两种健康教育项目的学生都能够更好地利用细菌传播的原理解释疾病的成因。但是,只有使用过"生物思维"软件的学生能够解释为什么细菌传播是有害健康的("因为细菌一旦传播,就会进入新的宿主体内")。同样,只有使用过这个软件的学生在解释感冒和流感的成因时很少提及寒冷的天气。到了辨认风险行为时,参加过传统项目的学生能够辨认出他们学过的风险行为(比如被打喷嚏的人喷到),却无法识别他们没有学过的危险因素(比如和朋友共享一杯饮料)。"生物思维"项目中的孩子则能够辨认出没有学过的风险行为。最显著的一项成果是,参加过"生物思维"项目的孩子接触食物之前使用免洗洗手液的概率有所上升。参加项目之后，这些孩子对手部进行消毒的概率上升了将近两倍，由原本的15%上升到了41%。

区洁芳团队在另外一项教授青春期学生通过性行为传染的疾病背后的生物学原理的教学项目中取得了近似的成功。这类教育项目不仅引发了学生对传染病成因更加精准的推理，而且激发了学生更加灵活的思维推理能力。没有什么健康教育项目能够对具体的每种疾病的传染都进行探讨，就算真的有这样的教学，学生也不可能记住全部内容。真正有效的教学项目为学生提供的是用来实时评估风险的概念工具，让他们可以应对各种与疾病相关的新情况。

作为这一点的佐证，区洁芳和她的同事在他们进行过流感及感冒预防项目的香港学校中观测到了一次奇特的疾病预防行为的失灵。这所学校的学生既忠实地遵守着饭前洗手的原则，又会在几分钟后触摸脸上为了应对2003年爆发的非典型性肺炎（SARS）而佩戴的口罩，从而再次污染双手。这些口罩可以说是孩子们的生活环境中受污染最严重的东西，上面满是这一天从孩子们的呼吸系统外隔离的微生物和细菌。

这所学校实行的传统的感冒预防教学中并不包括"不要用干净的手去摸口罩"这一条，但是这条原则原本可以通过"生物思维"软件涉及的基本原理推测出来。实际上，很多孩子的确推断出了这条原则。在"生物思维"项目的结束阶段，他们曾把"用手接触脸上的面具"标记为具有传染风险的行为。

在区洁芳的研究中，那些学到了感冒和流感的微生物特性的孩子不会再把这两种传染病归因于寒冷潮湿的天气了。其他与疾病成因相关的民间信仰却没有这么容易被撼动——尤其是具有超自然色彩的民间信仰。某些疾病引发的关注超越了世俗事务的范畴，进入了由上帝、天使、祖先和精灵掌握的领域。

对于基督徒和犹太教徒来说，免受疾病之苦是祈祷时最常出现的心愿之一。即便在应对某些传染疾病时——比如肝炎和肺炎——他们也会寻求上帝的帮助。他们之所以这样做，并非因为不知道导致传染疾病的是细菌，而是因为在他们看来，上帝和细菌之间存在着某种互补性。上帝是人类健康的远端代理，细菌则是近端代理。换句话说，上帝回答的问题是"我们为什么会生病"，细菌回答的问题则是"我们是如何生病的"。

从笔者所处的西方视角出发的话，患病时向上帝祈求帮助是完全可以容忍的，但我们对其他文明的超自然信仰就没有这么宽容了。比如，克里奥尔人认为肺结核是由魔法导致的，苗族人相信被灵体附身会导致癫痫，非洲人认定艾滋病是由于巫术的影响。很多西方人认为这种观点是非常愚蠢的，但是，心理学家发现，这些观念在形式和功能上与犹太-基督教徒相信上帝能够掌管人类的健康的观点完全没有区别。

让我们一起思考一下"艾滋病是巫术导致的"这个观点。医护工作者花费了巨大的努力去劝说非洲人民不要相信这种说法，因为他们认为这种说法会阻碍人们接受关于艾滋病和导致艾滋病的HIV病毒的科学知识。但是，其实多数非洲成年人——甚至还有一些非洲儿童——都了解和艾滋病相关的基本知识。他们知道艾滋病是通过性行为或者血液传播的；知道皮肤接触不会传染艾滋病；知道携带HIV病毒的个人可能不会表现出任何艾滋病的症状；还知道虽然艾滋病会让人衰弱、瘦削，但不能说所有衰弱而瘦削的人都有艾滋病。即便拥有这些知识，他们依然相信艾滋病是巫术导致的——释放这种巫术的要么是忌妒心重的邻居，要么是心怀不满的祖灵。

如果要求他们解释艾滋病怎么能既通过病毒传播，又由巫术引起，非洲成年人可以给出许多种因果逻辑非常严密的解释，比如下面这些说法：

- "巫术会欺骗你，让你和被感染的人上床。"
- "巫师会让安全套变薄并且破掉。"
- "讨厌她（染病者）的人花钱找了巫师，请巫师让她感染病毒。"
- "他（感染者）中了魔法，和被感染的人睡觉了。"
- "巫师想要杀掉你的话会用上所有可能的手段，不管是邪恶的魔法，还是HIV病毒。"

在很多非洲国家，艾滋病教育需要不断地与认为巫术导致艾滋病这样的民间信仰进行斗争。以上这幅由内罗毕的肯尼亚艾滋病非政府组织联合会制作的海报就很好地体现了这一点。

在许多非洲人的心目中，关于病毒和巫术的观念往往是纠缠在一起的，而且这二者一般会同时发展。只有在孩子们对HIV感染这个问题有了生物学认识后，与它有关的超自然观念才会产生。把巫术视作艾滋病的来源的并不是对生物学一无所知的孩子，而是成年人。

在印度和越南发现过近似的发展模式。这些国家的许多成年人针对疾病都持有一种生物学解释与超自然理论相结合的观念，但在这里长大的孩子都是先接受了生物学的科学解释，再接受了超自然理论。即便在美国，儿童也比成年人更不容易接受疾病的超自然解释，尤其是当这种解释把疾病归因于不道德的行为的时候。

疾病不会遵守任何道德法则，它既感染正直之士，也感染恶人，并没有什么区别。很多成年人——甚至是受过大学教育的成年人——却有不同的看法。请你思考一下以下这段场景描述，它选自一项针对成年人和儿童在疾病的道德背景方面的看法的研究："彼得和马克正在讨论一个患上了某种致命的神秘疾病的人。这个人的生活方式非常健康，关于此人为何会染病也没有已知的明确原因。彼得说：'我知道不管是好人还是坏人都会遇上不幸的事情，但是我相信坏人遇上坏事的概率更高。这个人不是好人，他经常说谎骗人，还抢过很多好人的钱。善有善报，恶有恶报。'马克说：'我不同意。好人和坏人得上重病的概率是完全一样的，这不是善有善报恶有恶报的问题。'"

当12岁的孩子听完这段描述，并被问及更认同哪种说法的时候——是认同马克的"患病完全是随机事件"的说法，还是认同彼得的"疾病是一种报应"的说法——80%的孩子都选择了马克，只有20%的孩子认同彼得的说法。换句话说，成年人认定某人患病完全是此人自己的道德原因的概率比儿童高一倍。这种发现刚好符合许多成年人都持有的认为癌症病人患病全怪他们自己的观念。癌症是美国人心头萦绕不去的阴影，就像艾滋病之于非洲一样。除了疫苗问题，没有任何医疗相关的话题像它一样吸引过这样多的反智主义现象。网络上、电视脱口秀里以及自我帮助型图书中，到处都是和癌症有关的歪理邪说，各种跟癌症诱因（糖粉、柠檬、菌类、快节奏的现代生活、负面思维）和治疗手段（大麻、小苏打、姜、冥想、咖啡灌肠）相关的奇谈怪论可谓经久不衰。

  成年人比儿童知道更多与疾病和疾病的传播相关的知识，但是，知道"我们如何患病"并不能解释"我们为何患病"，而全世界各地的成年人都会被后者所困扰。不管是我们自己罹患疾病，还是身边有所爱之人生病，这个问题都会在我们心头萦绕不去，让我们偏离科学领域，把视线转向超自然世界。不同文明背景的人即使拥有生物学方面的知识，也更愿意寻求将疾病归因于偶然事件之外的解释。将患病归罪于忌妒的巫师或者愤怒的神祇，总比无处可以归因、无人可以指责要好得多。

# 12. 适应

——为什么有那么多种生命形式？它们如何随着时间的推移而变化？

儿时第一次学到艾萨克·牛顿"发现了地心引力"的时候，我忍不住如此想道："哎呀，他那时候的科学一定很简单吧。"因为能意识到"没有支撑的物体会掉下来"这一点似乎算不得什么天才。当然，牛顿并不是单纯地发现了引力这种现象，而是发现了对引力这种现象的解释：引力是质量的副产品，它将两个对象以一种刚好与其质量的乘积成正比的力拉到一起，并与两个对象之间距离的平方成正比。

查尔斯·达尔文"发现了进化论"这一点似乎也是这样。达尔文发现的并不是进化这一现象本身。从古风时代起，进化论就被视作一种理论上的可能，并且早在达尔文出生的几十年前，学界就已经开始将其作为一种生物学现实来研究了。达尔文的盛名来源于他发现的对进化现象的解释：进化是某一物种相对于其他物种而言，其中一些成员连续数代有选择地生存和繁衍的结果。

达尔文发现的正是进化的机制——自然选择，这一发现需要一系列彼此相连的见解才能成为现实。首先，生物体的种群数量具有以指数方式增长的生殖潜能。这一点与其说是生物学知识，不如说是数学知识。如果某一种群的每个生物个体都只能繁殖两个后代，那么每一代这一种群的数量都会增加一倍。比如，第一代的个体数量是2的话，第五代就会变成32，第十代则变成1024。

达尔文在他的巨著《物种起源》中使用了这样一个例子来说明这一点：在七百五十年的时间里，一对大象可以留下超过一千九百万头后代。然而，很明显，生物种群数量并不会增长到这么大，不然地球上就该到处都是大象或者其他生物了。这说明绝大多数生物体可能根本就不会留下后代。这就引出了达尔文的第二条见解：种群数量的增长是受有限的资源制约的。生物所处环境的食物、藏身处和配偶的数量是有限的，这就说明生物们——甚至包括同一种类的生物——必须为了这些资源而彼此竞争。所有形式的生命都必须竭尽全力为了生存而努力，而且只有一小部分能够成功幸存到性成熟的年龄。

那么，谁才能幸存下来呢？答案是那些生来就具有能够帮助它们获取资源或躲避天敌的特性的生物。这就是达尔文的第三条见解：生存竞争不是在公平的环境中进行的。出于偶然，某些生物生来就带有能够增加其生存概率的特性，并留下后代。这些后代很可能继承那种帮助它们的亲代生存和繁衍的特性。这种特性的可遗传性正是达尔文的第四条见解：遗传上的优胜者会把它们的制胜关键遗传给下一代。

达尔文的最后一条见解是：以上这个过程是循环往复的。随着具备有利特征的生物在生存和繁衍上逐渐超越不具备这些特征的生物，拥有这种特征的生物数量就会不断增加。最终这一种群每个成员都会拥有这种特征。这样的特征最初只是随机出现在单一个体身上——比如更长的鼻子、更硬的甲壳、更锐利的爪子——但是，只要这种特征在生存竞赛中是有利的,那么它终将成为整个种群都拥有的标志。

简而言之,达尔文的基本观点包括:(1)生物繁殖后代的数量原则上大于环境的承载量;(2)因此,生物必须通过竞争获得生存的机会;(3)因为天生具备的特征存在差异,某些生物在生存竞争中具有更大的优势;(4)这些特征上的差异是可以遗传的;(5)这些差异会随着时间的推移变得越发显著,具有较少有利特征的生物(遗传上的输家)会逐渐灭绝,具有更多有利特征的生物(遗传上的赢家)则会逐渐成为种群中的多数。

达尔文的观点开启了一种全新的审视进化的角度,这种角度强调的是适应性不强的形式如何被淘汰,而不是适应性强的形式如何产生。他的观点同时强调了整个种群的变化,而不是某一个体的变化。达尔文并不是第一个着眼于为何物种会适应环境的生物学家,他的先辈和同时代的人就此提出过几种自己的理论,但这些理论没有用正确的方式来阐释生物学世界。这些理论把物种视作某种整体,而不是由不同个体组成的种群;把进化视作某种统一的适应过程,而不是具有差异的生存竞争。在这些与达尔文理论分庭抗礼的理论中,最有名的一种是法国生物学家让-巴蒂斯特·拉马克提出的。拉马克认为,生物终其一生都在不断通过启用和弃用已经存在的特征来获得适应性特征,并将这些特征传递给下一代。比如,长颈鹿可能是在多年伸着脖子够树叶的过程中让脖子变长的,老鹰也可能是在多年注视遥远的目标的过程中拥有了更好的视力。这些特征一旦获得就可以传递给下一代,比如长颈鹿的下一代会拥有稍微长一点儿的脖子,老鹰的下一代也会拥有稍微好一些的视力。

拉马克的理论在特性的遗传方面是错误的,子代并不会遗传到亲代在生命周期内才获得的特征，但这并不是拉马克的理论与达尔文理论的本质性差别所在。拉马克的理论认为，一个物种内的所有成员都是共同进化的，就像一个彼此衔接的整体一样。比如，所有长颈鹿都在努力让脖子变长，所有老鹰都在努力让视力变好，这样做的结果是这两个物种的下一代一出生就会比上一代更适应环境一些。

然而现实中并没有能够确保某一物种的下一代全部生来就更适应环境的生物机制。有些生物生来就更适应环境，另一些则不行，而后者只是因为无法在死前留下后代，所以直接从基因池中消失了。达尔文成功地意识到，生物学的适应并不是"一个"进程，而是两个——突变和选择，但拉马克并没有意识到这一点。突变是盲目且随机的，子代和亲代（以及其他子代）相异的方式是无法预测的。选择却是具有识别能力的，它会将具有适应能力的突变因素从不能适应的突变因素中筛选出来，从而改变可行突变的整体格局。这两种进程的结果不会是一整个完全由更加具有适应力的个体组成的种群，而是一个其中多数个体都更加具有适应力的种群。

学界用了数十年才认识到达尔文理论的高明之处。在达尔文提出这一理论的五十年后，还有很多生物学家偏爱其他理论，比如西奥多·艾默的直升论（这一理论把进化解释为有机质定律的副产品）、爱德华·科普的加速增长理论（这一理论把进化解释为胚胎加速发育的一种形式），甚至还有拉马克的后天获得的特性继承理论。最终让生物学家信服达尔文理论具有正确性的原因是它刚好符合基因角度上对遗传的理解，这种理解在达尔文过世几十年后才发展出来。基因为各种不同性状与特征的起源提供了解释，达尔文对这一点有所推测，但是并没有做出解释。今日的生物学家不仅完全接受了自然选择理论是对进化的解释，还把自然选择看作生物科学的一个基本框架。按照当代生物学家的说法，"如果没有进化作为解释，生物学中的任何事物就都没有意义"。

历史总是不断自我重复的。那些无法接受自然选择这一重要理论的20世纪早期生物学家也许早已作古，但是今日坐在生物课堂里的学生会和他们犯同样的错误。很多学生甚至不相信进化是真实发生过的，并且会转向神创论来寻求生物适应性的解释——我们在第十三章还会讨论这一点。即便在能够接受进化论的学生中，很多人也并不完全理解进化论究竟是如何成立的。

请你思考如下场景：假设生物学家新近在与世隔绝的海岛上发现了啄木鸟的一个新品种。这些啄木鸟鸟喙的平均长度是1英寸，它们的唯一的食物来源是一种生活在树皮之下的约一又二分之一英寸的昆虫。那么，如果两只啄木鸟交配，它们的下一代的喙更有可能接近以下哪种情况呢？（1）下一代的喙比亲代的长；（2）下一代的喙比亲代的短；（3）既有可能比亲代的长，也有可能比亲代的短，二者的可能性并没有什么差异。

这道思考题的正确答案是（3），因为子代与亲代之间的差异完全是随机的。自然选择也许会更偏爱较长的鸟喙，但是造成亲代和子代之间差异的因素——突变和基因重组——是不会考虑子代的具体需求的。但绝大多数人不会选择第三个选项，他们会倾向于选择（1），理由则是进化会确保子代生来就比亲代更加适应环境。其他选择这个选项时的典型说辞还包括"它们需要更长的喙才能得到食物""这是生存所必需的""它们会适应自己生活的环境"，或者简简单单的一句

"这就是进化嘛"。

这个问题是我和同事为了检验学生是否承认进化中自然选择的作用而设计的一系列试金石测试之一。在这本书涉及的所有直觉理论里，和进化有关的直觉理论是我个人最为熟悉的。我用了超过十年的时间来研究它们的内容、结构和来源，一直震惊于这些直觉理论与达尔文理论之前的理论是何其相似。当我们中的绝大多数人试图思考进化这个问题时，我们遵循的是拉马克而非达尔文的思路，就好像达尔文从未存在，自然选择理论也从未被提出过一样。我们会以为生物能够遗传到它们需要的特质，这样它们就能适应自己当前所处的环境了，并且这种过程会整体出现在一整个物种中。在许多人对进化的理解中，自然选择和遗传突变并没有什么作用。

以下是另一个很多人都会搞错的进化问题："在19世纪，英国本土的一种飞蛾桦尺蠖——俗称的椒花蛾——因为工业革命带来的污染而颜色变得更深了。假如生物学家在1800至1900年间每隔二十五年就随机取一份桦尺蠖的样本，那么你认为在每个时间点取得的样本的颜色会是什么情况呢？"回答这个问题时，你会拿到一份以五乘五的矩阵分布的飞蛾轮廓示意图，每行、每列都有五只未上色的飞蛾。竖轴上分别标有1800、1825、1850、1875、1900这五个时间点。你的任务是为图表中的飞蛾上色，以此表示这些随机样本的颜色在这段实践中发生的变化。

只有很少的几个人能够回答正确，那就是让深色飞蛾的数量逐行递增，以此来展现一种随机变异——更深的颜色——随着时间的推移逐渐在这一物种中扩张的过程。比如矩阵的第一行有四只白色飞蛾和一只深色飞蛾，第二行是三只白色和两只深色，第三行是两只白色、

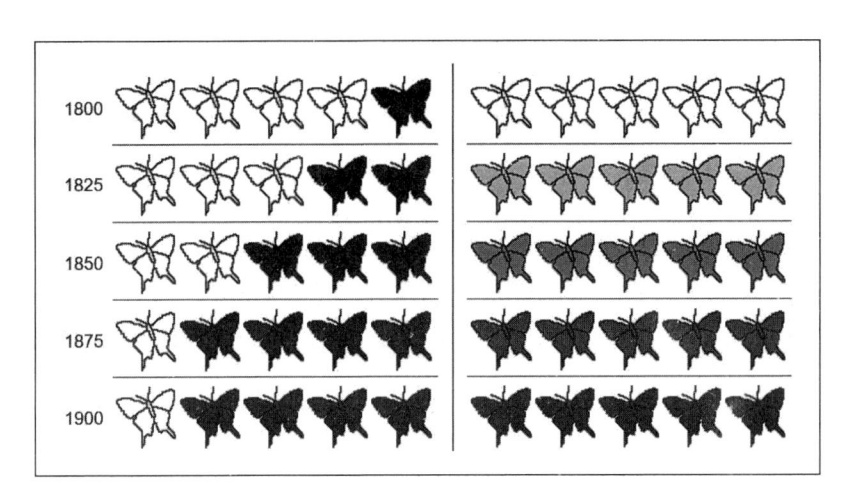

进化通常被理解为整个物种（如右图所示）共同发生的转变，而不是物种的某一子集选择性生存和繁衍的结果（如左图所示）。

三只深色……就这样逐行增加深色飞蛾的数量。一种更多人选择但并不正确的答案是让飞蛾的颜色逐行加深：第一行的飞蛾是白色，第二行的比第一行颜色略深，第三行又比第二行颜色略深，以此类推。

这两种模式之间本质性的差异在于它们是否包括同一代生物中存在的（色彩）差异。第一种模式既展现了代际差异，又展示了同一代生物之间存在的差异；第二种模式却只展现了代际差异，每只飞蛾都和其他同类一样一步步地进化出了更深的颜色。

在我刚开始设计这个实验的时候，第一位受试者的行为就让我意识到，这个实验肯定能够将理解进化论（并把它理解为一种由自然选择驱动的进程）的人和不理解这一理论的人区分开来。这位受试者先是把一整列飞蛾以颜色深度逐行递增的方式涂完，然后停下来问我："我要把所有蛾子都涂上颜色吗？"我告诉她"是的"，并且因为她这个问题而感觉有些奇怪。然后这位受试者把其他几列飞蛾都涂成了第一列的样子：从白色到浅灰，从浅灰到深灰，从深灰到黑色。她原本只需要涂一列就能把这个规律展示得很明确了，为什么要把所有蛾子都涂上颜色呢？

这项飞蛾涂色任务需要受试者理解物种内部的差异是适应的前提条件。这是我和同事们为了区分对进化论具有理解和不具备理解的两种人群而设计的数十个实验之一。其他实验需要受试者理解的进化论的要素也不尽相同，比如遗传、种群数量变动、驯化、物种形成以及灭绝。实验结果表明，对于以上某个话题持有非达尔文主义错误观念的人，也会对所有话题持有非达尔文主义的错误观念。比如，在上文啄木鸟的问题中，选择第一种答案——相信直接变异观点——的受试者，也会在飞蛾涂色实验中选择不包含同代生物内部差异的颜色变化模式。

物种形成和物种灭绝是非常有趣的两个主题。从后达尔文主义的观点来看，物种灭绝是自然选择的显著体现，一旦一个物种的死亡率超过了其出生率，那么这个物种就会灭绝。物种形成在这种观点看来也是自然选择作用于地理环境上相对孤立的种群的结果，当同一种生物的某个亚种群被不同环境导致的不同自然选择所影响时，新的物种就会产生。但是，绝大多数人并不会用这样的视角看待物种形成与灭绝。他们会把灭绝视作非常罕见的事件，诸如某种自然灾害（比方说彗星或者大洪水）将某个物种从地球上彻底抹消。物种形成在他们看来也是一种非常罕见的事件，接近于进化将某个物种彻底变成了另一个物种（比如猴子变成了类人猿）。

在达尔文之前的生物学家持有相似的观点。对于他们来说，物种灭绝和形成都是由非常规环境导致的罕见事件，而不是自然选择运作

犬类展会是本质主义思路的一种体现。每只参展的狗都会被拿来和一个理想的原型进行比较，偏离原型的个体会被看作有问题且不合规范的，但这其实是自然选择的结果。

下的正常结果。如今的许多学生也倾向于和这些前达尔文时代的生物学家拥有同样的观念错误，这说明这样的错误观念并非不称职的教师或者误导性的文章导致的孤例。实际上，它是在缺乏后达尔文主义包含的选择与变异两种概念的前提下产生的、对进化的直觉理论导致的深层次的混乱和迷惑。

就像作为这种观点的佐证一样，事实证明，和进化相关的观念错误是顽固且流传广泛的。不仅没有学习过进化论的学生持有这种观念，接受过几年进化论相关教育的学生也会出现这种情况。不论是小学生、初中生、高中生还是受过大学教育的成年人，他们都可能拥有这种错误观念。甚至连最不应该出现这种情况的人群——生物学专业低年级学生、医学生、生物师范专业的研究生、高中生物老师——也未能幸免。进化相关的观念错误尤其难以摆脱，其中的问题并非在于普通的学生更相信后天获得的性状可以遗传（拉马克的理论）或者进化是由胚胎的加速发展导致的（科普的理论），而是因为他们相信适应是在同一物种内所有成员中共同进行的,并且会与这些成员的具体生存需求相符。他们对进化的观点与前达尔文主义的相近之处在于其精神内核,而非具体的细节。

心理学家告诉我们,大自然排斥真空;生物学家却告诉我们,大自然排斥分类。地球上的生命形式实在是过于多种多样了,以至于它们难以被划分为整洁的类别。达尔文比在他之前的生物学家更加能接受这一点。他青年时代前往加拉帕戈斯群岛的那段旅程以及他对岛上栖息的各种雀科小鸟的观察结果,都让他很早就意识到了物种(或者种属)的差异性可以有多大。

但达尔文对物种差异的理解是与众不同的,不论是对于他那个时代的科学家来说,还是对于普通人来说,这都称得上非同寻常。我们中的大部分人都会把差异与变化视作一种错误,视作对某种动物"真实形态"的偏离。犬类展会就是这种思路的集中体现。评委和竞赛者做出决定的依据往往是哪只狗更能体现它所属品种的特征。更短的嘴、更长的腿之类的多样化特征都被视作缺陷,哪怕在现实生活中这些特征实际上是宝贵的财富。毕竟这些特质让繁育者可以把腊肠犬与大麦町犬、寻回犬和罗威纳犬区分开来,更不用说最开始还要将狗和狼区分开来了。

生物学家史蒂芬·杰·古尔德已经充分写明了我们是如何错误地解读生物学系统中多样性的遗传的。我们总是过度关注系统中的平均特质——比如爱尔兰蹲猎犬的嘴平均应该有多长,或者腊肠犬的腿平均应该有多短——而疏于关注那些更加极端的特质。古尔德认为,这种对差异性的误解甚至可以上溯到柏拉图的观点。柏拉图认为,我们通过感官认识到的俗世中的对象只是掩藏着某种深层本质的幻影而已,就像洞穴墙壁上的影子是某个物体留下的投影一样。古尔德表示:"(我们的)柏拉图主义精神遗产让我们把方式和媒介视为坚实的'真相',却把那些让推算得以实现的差异性视作其深藏的本质的一组短暂而不完美的变量……但所有进化论生物学家都知道,只有差异性才是大自然唯一确信无疑的本质。变化不是核心趋势的不完美变量,变化就是坚实的真相本身。方式和媒介才是抽象的。"

虽然古尔德认为是柏拉图让我们抓着假定的"深藏的本质"不放,但本质主义实际上是人类认知中的一种核心特质,我们在第九章和第十章探讨过这一点。就算柏拉图从未存在过,我们还是会成为本质主义者。让我们再想想汉斯·克里斯汀·安徒生的《丑小鸭》的故事吧。在这个故事里,一只天鹅不知道为什么从鸭子的窝里孵了出来,这只天鹅的雏鸟因为不符合鸭雏的外形和行为特征而饱受嘲弄,直到它长到成年,体现出了自己真实身份的外表和行为,变成了一只天鹅。几乎所有年龄段的读者——包括蹒跚学步的幼儿——都能理解这个故事,因为我们几乎出于直觉就能明白——用安徒生的话来说就是——"只要你是一只天鹅,就算出生在养鸭场里也没有什么关系"。

我们知道丑小鸭会长成美丽的天鹅,并且这和它吃什么、住在哪里或者想要什么完全没有关系,这只是因为它生来就是天鹅。而且我们知道它生来就是天鹅这一点也和它的父母吃什么、住在哪里或者想要什么没有关系,它的父母也生来就是天鹅。这就是所谓的"龙生龙,凤生凤"。当我们对单一生命体的特征进行推理时,这种推断方式对我们非常有利,因为生物的种族是判断其特征的可靠依据。知道一个生物是天鹅可以让我们对它应有的外形(雏鸟为棕色,成鸟为白色)、生活的地区（水边）、对食物的选择（植物）以及如何繁殖（产卵)等特征做出更精准的预测。

本质主义虽然在对生物个体进行推论时有利，在对整个种群进行推理时却会起到反效果。子代的确会与亲代相似，但是这种相似性并不是精确对应的。每个生物都是独特的，每个种群都充满了各种变化，但本质主义让我们习惯于忽视这些差异，或者把它们视为无足轻重的因素——天鹅就是天鹅，所有天鹅都一样。

我们这种本质主义的生物学思路不仅仅体现在犬类或花草展会这样的文化活动中，还潜移默化地存在于我们的语言里。我们往往通过单一的标签——比如鸭子或者天鹅——来指代生物的种类，而这些标签让我们把对这一物种的单一个体的认知推及整体。如果有人告诉你，天鹅一出生就会游泳（这是真的），你应该不会认为这个人想说的是"大部分"天鹅生来就会游泳，而是认为他想说的是"所有"天鹅都会；你认为，生为天鹅就能够确保一个生物拥有本质上的、出生即会游泳的能力。

在我的实验室里，我们通过请人估算不同生物体之间不同性状的可变性来研究这一现象。在一项研究中，我们给4至9岁的儿童和成年人呈现了六种不同的动物——长颈鹿、袋鼠、大熊猫、蚱蜢、蚂蚁和蜜蜂，然后要求他们判断是什么特征让以上这几种动物和其他动物有所区别。我们询问的具体性状既包括行为特征，也包括两种不同类型的解剖学特征：外部特征和内部特征。

比如，我们会问，让长颈鹿与其他动物不同的是站立睡觉的行为特征、皮毛带有斑纹的外部特征，还是颈部关节更多的内部特征（以上这三种特征都是真实的）。或者我们转而提问，让蚂蚁与其他动物不同的特质是生活在土堆里这个行为特征、头上有触角这个外部特征，还是心脏呈管状这个内部特征（以上这三种特征也是真实的）。

我们将这些问题分两部分提出，第一部分询问是这一类的所有动物都拥有这种特质，还是只有大多数拥有这种特质（"是所有长颈鹿的皮毛上都有斑纹，还是大多数长颈鹿的皮毛上有斑纹呢？"），第二部分问该品种的动物是否可能携带着这一特征的不同版本出生（"长颈鹿有没有可能生下来皮毛的花纹不一样的幼崽？"）。第一个问题的用意在于评估参与者对当前种群性状的实际可变性的认知，第二个问题则旨在评估他们对种群特质在未来发生变化的潜质的认识。

不论问题具体涉及的动物或性状是什么，绝大多数孩子都会否认动物的性状可能发生变化，并且在这些性状日后是否可能发生变化这个问题上表现得模棱两可。孩子们唯一比较接受可能发生变化的特征是行为特征，这可能是因为他们相信动物可以控制（并因此改变）它们的行为。成年人的答案则取决于他们是否理解进化论——我们用另外的一系列测试评估过这一点。理解进化论的成年人会表示所有特征都是可能发生变化的，而且既包括当下可能发生的变化，也包括未来发生变化的潜质。如果他们否认特征可以发生变化，那么他们否认的也总是内部特征，因为这种特征的可变性会损害生物本身的生存能力。然而，另一方面，不理解进化论的成年人给出的答案和孩子们差不多，他们不承认生物的特征——尤其是解剖学特征——可能发生变化。

所有特征一定都是由什么地方产生的，因此，所有特征一定在动物进化之路的某个节点上以其他形式存在。但是，只有理解进化论（并将其理解为由自然选择推进的过程）的成年人才能够接受这个事实。并不理解进化论的成年人以及没学过进化论的孩子似乎倾向于认为变化是生物种类的一个非典型性特征。

在一项后续研究中，哪怕向他们以图像形式展示了可变性的存在，孩子们还是会否认生物的特性可能发生变化。引导这项后续研究的研究人员担心，在我们自己的研究中，孩子们否认这种可能性的理由也许是他们缺乏想象力，无法想象出变化发生的情形。比如，不长斑纹的长颈鹿会是什么样子呢？蚂蚁不住在土堆里的话又要住在哪里呢？

为了消除这种疑虑，研究人员向孩子们（年龄在5岁至6岁之间）介绍了一些完全虚构且具有虚构特征的动物，并使用图片询问他们这些特征可变性的情况。比如，他们给孩子们展示了一种名叫"赫格布"的啮齿类动物，这种动物长着毛茸茸的耳朵。然后，研究人员向孩子们提问，是所有"赫格布"都长着这种耳朵，还是只有一部分"赫格布"是这样。第一个选项配的插图是四只长着毛茸茸耳朵的"赫格布"，第二个选项则是两只毛耳朵"赫格布"和两只秃耳朵"赫格布"。然而，即便是在这种条件下，孩子们还是表示动物的特征不可能发生变化，他们见到的第一只"赫格布"已经决定了他们的心目中所有"赫格布"应该长什么样子。见过一只"赫格布"就等于见过所有"赫格布"了。

了解变化的存在与接受它在进化中的作用并不是一回事。达尔文时代的生物学家当然知道变化的存在——他们庞大的动植物收藏就体现了这一点——他们只是不知道变化和进化相关而已。科学史学家分析由前达尔文主义向后达尔文主义进化理论转化的过程中，往往会将达尔文对变化的接受作为区分他的观点与同时代人观念的关键点。但达尔文对自然选择理论的接受是同等重要的，而且它像对变化的接受一样与直觉相悖。

这一点在《洋葱》的一篇名为《自然选择在最血腥的一天中杀死了3.8亿亿生物》的讽刺新闻中得到了很好的体现。这篇文章报道："自然选择在诸如撒哈拉以南的非洲、太平洋和对流层等饱受冲突困扰的地区造成了大量伤亡。在这些死亡事件中丧生的生物包括帝企鹅、珊瑚蛇以及蓝绿海藻，还有数群蓝翼黄蜂、一系列风信子集群、131只红猩猩，此外更有不计其数的微生物受到波及。据称，所有被波及的动物都不具备能够帮助它们逃离席卷所处生态系统的恐怖行为的能力与装备。在这些极其凶残的事件中，凶手似乎刻意选出了最为脆弱的生物——年幼或者身体虚弱的生物——作为屠杀的对象，在这些动物惊惶逃窜的同时对它们施以残暴的杀戮。"

生存竞争本身就不是什么宜人的图景。达尔文在这方面从经济学家托马斯·马尔萨斯那里获取了不少信息，马尔萨斯长期以来一直专注于描述资源有限的环境中人口不断增长带来的后果。结合应用数学和逻辑学，马尔萨斯指出，人口不能不经监控地放任增长，不然就注定会导致痛苦和冲突。

然而，虽然人类数量众多，痛苦和冲突却不是今日工业化社会背景下的常态。农业、建筑和医药方面的技术进步让人类可以不用像其他物种一样为了生存而竞争，实际上，我们也意识不到生存竞争的存在。绝大多数生活在工业化社会中的人类都拥有足够的食物，也不用担心捕食者的存在。而我们会把这一点推及所有生物。这方面有一个很好的例子。一组针对参加生态学启蒙课程的学生进行的研究认为，他们心目中稳定的生态系统应该符合如下特征：

（1）拥有充足的食物、水源和庇护所；

（2）种群数量过剩和灭绝之间能够达到和谐的平衡；

（3）生物和地球之间达成互利共生关系；

（4）能够确保所有物种生存且繁衍的承载力。

在我自己的研究中，我偶然地发现了马尔萨斯主义的世界观是多么反直觉。我当时正在分析一项由受过大学水平教育的成年人参加的正误判断的测试结果，在问卷的两百条和科学相关的论述中，其中一条的结果格外引人注目："大多数生物都无法在死前留下后代。"只有33%的受试者认为这个论述是正确的，这比能够成功判断"细菌拥有DNA"（71%）、"冰也拥有热量"（66%）和"原子大部分是空的"（50%）为正确的比例要小得多。

这个发现给了我启发，让我决定将大学生对进化的理解和他们看待自然的观点——他们是把大自然视为和平且存在合作的环境，还是暴力而充满竞争的环境——进行对比。为了对后者进行衡量，我要求受试者估计动物进行某些特殊行为的频率，其中某些属于"乖巧"的行为，另一些则是"不乖"的行为。所谓的"乖巧"的行为主要是与同一物种其他成员合作互动（比如照料族群中没有血缘关系的成员的幼崽，或者容许种群中其他成员照料幼崽）以及不同物种之间的合作互动（比如与不同物种的生物共享巢穴），而"不乖"的行为则包括物种内部的竞争（比如吃掉同一物种的其他成员）和不同物种之间的竞争（比如通过欺骗行为让其他物种抚育自己的幼崽）。

每种行为都有六种动物作为对照，受试者需要决定这些动物是否展现出了这样的行为。我特意挑选了一些不怎么为人所熟悉的动物（比如鸸鸟、蓝纹濑鱼），这样受试者就不会知道正确答案，只能进行猜测了。实际上，列举的动物中一半会展示出目标行为，另一半则不会。

爱德华·希克的画作《和平王国》（1826）展现了一幅与自然选择理论不符的自然图景。也就是说，它违背了生物必须为了生存而彼此竞争、大多数生物在死前都无法留下后代的观点。

整体来说，受试者们高估了合作行为出现的频率，尤其是高估了同一物种内成员合作行为出现的频率。他们认为，容许种群内其他成员抚育幼崽这样的行为在我们选出的动物样本中比同类相食之类的行为更加普遍。最关键的是，受试者越是高估合作行为出现的频率，对进化的理解就越浅，后者是通过另一系列实验测试得出的结果。换句话说，如果受试者对大自然抱有某种粉饰过的印象，认为其中的动物更倾向于共享资源而不是为了资源进行竞争，那么他也更倾向于把进化视作由某一物种所有成员共同进行的适应。能够用更加现实主义的眼光看待大自然（认识到竞争关系）的受试者则会把进化理解成同一物种内某些成员相对于其他成员选择性生存、繁衍的结果。

从经验主义的视角看，应该把大自然描绘为和平美好的王国还是张牙舞爪的血腥世界是可以探讨一番的——至少生物学家就这两种描述展开过争论——但后者至少有利于培养对进化的正确理解。诚然，对受试者对自然的看法和对进化的理解之间存在的联系影响最大的并不是他们能否意识到广义竞争的存在，而是他们是否对物种内部的竞争具有认识。受试者越能理解同一物种的生物也会为了资源而争斗，他们对进化的理解就越好。

当然，毛茸茸的小白兔为了争夺领地而打斗，或者毛蓬蓬的红狐狸争夺动物残骸这样的念头不是那么好接受的。比如，你可以联想一下公众对猫头鹰或鹰的巢穴内部的实况录像的反馈。这些巢穴正是很多"不乖"的行为发生的地方：雏鸟会彼此攻击、争夺食物；亲鸟会抓家庭宠物来喂食这些雏鸟；亲鸟有时会忽视幼鸟，甚至吃掉它们。一部分观看过这种行为的公众甚至开始组织活动拯救那些被忽视或虐待的雏鸟，他们还在社交媒体上留下了一些相当刻薄的发言："我知道这是大自然的法则，可是……你看到有生物需要帮助的时候就应该伸出援手。""至少我会坚持抗争，一定要让它们（幼鸟）从巢里移出来不可……袖手旁观真是可耻。""你们居然不把这些小鸟从那种恶魔父母身边救出来，真是太恶心了！！！"

另一个能够展现我们对生存竞争的厌恶的例子来自网上流传的一个学生的生物考试答案。这个学生被要求阐述一幅三格示意图上的内容。在第一格里，两只长颈鹿正从一棵很高的树上取食树叶，第三只长颈鹿也在努力够取树叶，但是它的身高不够。在第二格里，较矮的长颈鹿躺在另外两只长颈鹿的脚下，这两只较高的长颈鹿还在吃树

某些动物生来就难逃饿死、病死或被捕杀的命运这一点对大多数人来说都很难接受。

叶。在最后一格里，较矮的长颈鹿已经变成了一堆骨头。旁边的题干要求学生选出这幅图画最能够体现出的内容：（1）拉马克的进化理论；（2）达尔文的进化理论；（3）马尔萨斯理论；（4）莱尔的过往改变理论。在这些选项下面有一个用铅笔歪歪扭扭地加上的选项：（5）长颈鹿是残忍的动物。我们总是愿意相信所有动物都有能力照顾自己，但是，如果它们的确做得到，那么物种内的竞争和进化就不会存在了。长颈鹿那气派的长脖子不是凭空产生的，它的代价就是无数因为无法获得足够的食物而饿死的短脖子长颈鹿。

就像我们看到的那样，进化挑战了两条生物学领域根深蒂固的错误观念。其一是同一物种内的所有成员在本质上都是相同的，其二是同一物种的所有成员都能享有同等充足的资源。如果生物学教育者想要阻止这些错误观念继续壮大加深，那么他们应该在生物学课程中尽早把进化论介绍给学生。美国的情况却与此恰恰相反，直到高中，我们的生物课程都不包括进化论的内容。美国国家科学教师协会建议小学生学习的内容包括解剖学、生理学和分裂学，但是不包括进化论。这样做的后果就是，小学生学到了表面的适应现象，却没有了解到塑造了这种适应的历史压力，也没有对其形式或者功能的具体解释。在某些教育系统里，学生可能永远都不会得到这方面的解释，因为这些系统即使到了高中也不教授进化论的内容。

即使学生最终的确能学到进化论的知识，那时的结果通常也只是对生物适应留下某种精神分裂般的印象而已。有些适应现象的确用自然选择的理论解释了，但更常见的情况还是使用本质主义（"这个生物的核心属性是什么？"）、倾向性（"这个生物想要做什么？"）和目的论（"这个生物需要做什么？"）来对适应现象进行分析。目的论，或者基于需求的推论，尤其不利于对适应的认识。个体生物的需求和物种整体的进化之间毫无关联。进化并不会向个体生物提供它需要的东西，只是有些生物刚好生来就带有这些特征，并能因此活得更长、留下更多后代而已。

学习过适应的进化论解释的学生也很难把基于自然选择的考量和基于需求的考量区分开来。他们会同时用这两种思路来解释自然选择，就像下面这些对上文提到过的啄木鸟问题的回答一样："这些啄木鸟生来就会拥有更长的喙，因为它们需要更长的喙才能生存。""更长的喙能够保障生存。""这些鸟会生来就拥有更长的喙，这样它们才能获得更多食物，让寿命更长。"这些论述的逻辑完全颠倒了：适应是持续生存（和繁衍量增加）的结果，而不是它的成因。

为什么抛弃基于需求的推论、拥抱基于自然选择的推论是那么困难呢？其中一种可能性在于流行媒体总是把进化展示为一种基于需求的过程。比如，在《孢子》这款电子游戏中，玩家需要根据当下的环境中自己的角色面对的挑战选择特征使其"进化"。在2001年的电影《进化危机》中，一种来到地球的外星生物产下适应性逐代递增的后代，每一代幼体都拥有能够战胜当前情景遭遇的各种阻碍的特征。

在这些错误的呈现方式之外，我们之所以牢牢地抓着基于需求的解释不放，或许也是因为基于自然选择的解释里有什么内在的因素令我们不满。基于自然选择的解释并没有回答个体生物为什么会适应环境这个问题，它回答的问题是为什么整个物种会适应环境，并指出了进化并不在意个体这个令人不安的真相。个体生物来来去去，它们能否在繁殖上获得成功很大程度上取决于它们在完全随机的基因"抽奖"中运气如何。只有物种的存续才是存续，因此，也只有物种才会发生进化。

就像热量和压力一样，进化也是一种突现进程，是生物适应由无数代不计其数的生物个体共同活动产生的进程。但是，就像第三章提到的那样，我们并不喜欢突现进程。突现现象挑战了我们的简单分析（比如某一物种所有成员都是一样的）和简单期望（比如生物只会遗传它们需要的特征）。虽然诚如达尔文所说，使用这种视角审视生命自有其宏大壮丽之处，但是它也会带来怀疑与不确定性。只有进化过的心智才能拥抱进化论，并认识到进化论是生物以巧妙的方式适应环境这个现象背后唯一的理由。

# 13. 祖先

——物种是从哪里来的？不同物种之间具有什么样的联系？

在我的儿子泰迪7岁、女儿露西两岁的时候，我们有一次一起去动物园，在那里被吼猴吸引了注意力。这些猴子有很多与人类相似的行为：整理仪表、玩耍以及叽叽喳喳地争吵。我抓住了这个机会向孩子们解释，人和猴子之所以如此相似，是因为人类和猴子拥有共同的祖先。泰迪点了点头，然后用自己的话对露西复述了一遍："露西，看见那只猴子没？那是你的祖先。"

像很多人一样，泰迪以为人类和猴的相关性在于直接祖先，而不是共同祖先。他以为猴子就是我们的祖先，而不是表亲，哪怕我之前陈述的完全是相反的事实。

对人类和猴子关联的这种观点被凝固在进化论最典型的一幅插画中。那是一排行进中的灵长类动物，先是猴子，接着是类人猿，后面是穴居人和人类，这幅图景试图暗示猴子变成了类人猿，类人猿变成了穴居人，穴居人最终变成了人类。

可惜这种暗示是错的。今日的猴类（狨猴、猕猴、卷尾猴）并没有变成今日的类人猿（黑猩猩、大猩猩、红猩猩），它们的确拥有同

进化总是被描绘成某种"变形"的过程，或者说同一分类学家族中的一种成员（比如黑猩猩）变形成另一种成员（比如人类）的过程。

一个祖先，但这个祖先既不是猴子，也不是类人猿，而是这二者共有的先辈。现代类人猿也并没有变成现代人类（或者穴居人），虽然他们拥有同一个祖先，但这个祖先同样既不是人类，也不是类人猿，而是这二者共有的先辈。类人猿看起来可能比人类原始，但它们的进化一直是独立于人类进行的，就像人类的进化独立于类人猿一样。类人猿是人类最近的亲属，而不是幸存到今日的先祖。把现代类人猿当成人类的祖先，就像把表亲当成祖母一样荒诞。

共同祖先理论是反直觉的，因为它让一条简单的思维线索（猴子变成类人猿再变成人）变成了错综复杂的层级结构（人类和类人猿拥有共同的先祖，类人猿又和猴子拥有共同的先祖）。这意味着类人猿更接近人类而不是猴子，哪怕在一般看法（或者错误看法）中类人猿的外表和行为更接近猴子而不是人类。我们可能会把类人猿错当成猴子，但我们永远不可能把类人猿错当成人类。

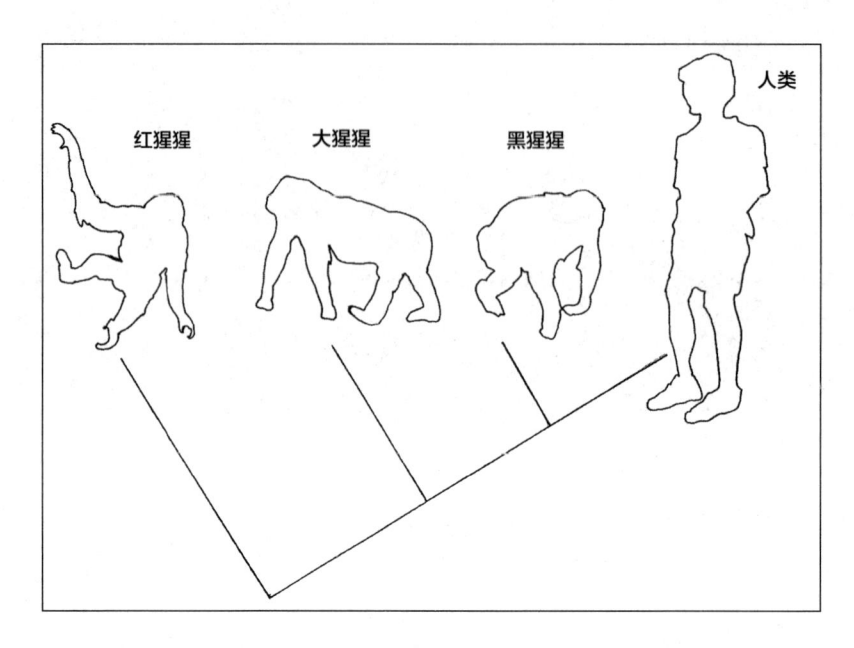

[图示：红猩猩、大猩猩、黑猩猩、人类 的系统发育关系]

一切生物都通过共同祖先彼此联系，这意味着黑猩猩、大猩猩和红猩猩是我们的表亲，而不是我们的祖先。

"好奇的乔治"就是一个很好的例子。这只卡通灵长类动物从解剖学的角度看是一只类人猿——它的手臂比腿长（这很像类人猿），而且没有尾巴（这一点不像猴子）——但在以乔治为主角的动画片和童书中，对它的描述总是"好奇的小猴子"。然而似乎没有人在乎这一点，甚至连公共广播公司那些负责放映动画的、总是用教育思想去想问题的员工也没有感觉有什么不对。我们总是把猴子和类人猿混为一谈，因为这二者看起来都和人类有很大差异，也因为我们并不真正了解猴子和类人猿是从哪里来的。我们并不理解物种形成。

从科学的角度来看，新物种的诞生是自然选择作用于被距离或物理屏障分割的种群的副产品。人类和类人猿并非起源于某个灵长类动物，而是一整个灵长类动物种群，这个种群又被分割为不同的次种群。每个次种群继续以彼此独立的方式各自进化，因为这些次种群中幸存的成员留下的基因都会有轻微的差异，它们的基因池也会逐渐分化。随着时间的推移，次种群之间微小的基因差异变成了巨大的基因差异——甚至大到这两个次种群之间再也不能进行异种繁殖了。

这就是基于选择的进化论视角下物种形成的本质。但是，就像我们在第十二章提到过的那样，大多数人都不会用基于自然选择的视角去看问题。他们秉持的是本质主义的观点，认为一个物种内的所有成员都会共同发生进化，而它们的命运是由某种共有的"本质"决定的。在这种观点的视角下，某个种群是否被分割就并不重要了，因为共同的"本质"会把这一种族所有的成员联系起来。新物种诞生的唯一方式是从既有的物种中产生，是旧的物种变形成新的物种，就像猴子变成类人猿、类人猿再变成人类的设想一样。把进化描述为变形的不仅仅是那张典型的"行进的灵长类动物"插画，进化在大多数流行文化中也是如此呈现的，包括《孢子》《精灵宝可梦》这种进化在其中起到了重要作用的电子游戏。比如，想要在《宝可梦Go》中让一个生物"进化"的话——比方说皮卡丘——那么你要做的不是找到一个野生的皮卡丘种群，并跟踪它们选择性生存及繁衍的过程。你只需要不停地给一只皮卡丘喂食，直到它得到了足够的营养，能够变成更高级的形态（雷丘）。

这类进化被称为"前进进化"，或者说线性进化。与它相对的概念则是"特化进化"，或者说分支进化。前进进化与本质主义的生命观念是一致的，却与基于自然选择的生命观念是不一致的——换句话说，它与现实不符。前进进化也不是一个特别令人满意的观点，它让远古的生命形式为何在变形成新物种后依然存在这个问题成了一个新的谜团。如果猴子变成了类人猿，那为什么一直都有猴子存在呢？如果类人猿变成了人类，那现在的类人猿又是从哪里来的呢？神创论者有时会向进化论者提出这样的问题，以此作为破坏他们的进化论信念的手段。然而这些问题能够破坏的只有神创论者自以为理解进化运行方式的想法。物种形成不是变形，而是一个分化的过程；共同先祖是一个分支关系，而不是线性关系。猴子不是我们的祖先，就像"好奇的乔治"不是标准的猴子一样。

进化论最为深刻的一条见解就是所有生物都是互相联系的。这颗星球上的所有生命体都和其他生物借由共同祖先而彼此联系。与人类拥有共同先祖的不仅有类人猿和猴子，还有麻雀、青蛙、水母和藻类。人类和藻类的共同祖先生活在很久很久以前——具体来说是几十亿年前——而这个先祖既不像藻类，也不像人类。至今没人发现过这个先祖的样本，但我们十分确定它存在过，因为只有这样才能解释人类和藻类在细胞层面为何如此相似。人类和藻类的细胞都拥有染色体、核糖体、线粒体和内质网，更不用说传递基因信息的方式是一模一样的（都是通过DNA和RNA）。

共同祖先理论对我们如何理解生物世界以及人类在其中的位置具有重要的意义。数十年以来，生物学家一直致力于对这种含义进行研究。然而，并非生物学家的普通人却对这一点浑然不觉，并认为生物之间的联系很少。从本质主义的角度来看，认为人类和其他灵长类动物拥有同样的内在本质还算是令人信服的，但人类和水母或藻类拥有相同的内在本质这一点就很难让人相信了。

生物教育工作者近年来也越发关注这个问题，并且已经对此做出了反应，在他们的教学中加入了更多共同祖先理论的视觉展示，尤其是通过进化分支图这种形式。生物学家在20世纪60年代开发了这种用视觉图像展示共同祖先理论的方法，它描绘了生物的不同种群在何时以何种方式产生分化。近年间，进化分支图从科学领域走进了公共领域，成为科学课本和博物馆中进化论的一种常见表现形式。下图是展现了四种类人猿之间进化关系的进化分支图样本：

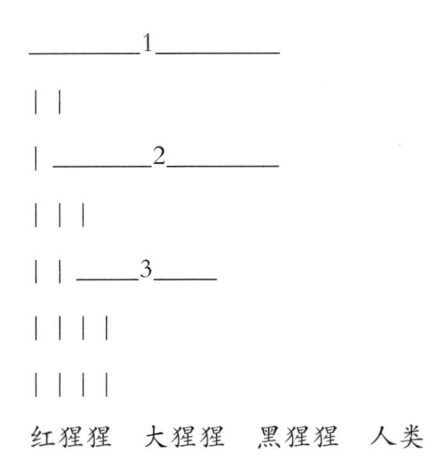

```
_____1_____
| |
| _____2_____
| | |
| | ____3____
| | | |
| | | |
红猩猩  大猩猩  黑猩猩  人类
```

这幅分支图和上文出现过的另一幅进化分支图（包含红猩猩、大猩猩、黑猩猩和人类的剪影的那幅插图）在内容上是一致的，只不过这幅图的表现形式不太一样。进化分支图以展现不同分支的方式呈现了共同祖先理论。在指定了一组预先定义好的物种群的情况下，比其他生物拥有时间上更接近的共同祖先的一堆生物会用在一个节点收敛的线条连接起来。这个节点表示的就是这一组生物的共同先祖，而这一组生物也和其他生物以同样的逻辑联系在一起：拥有时间上更晚的共同先祖的物种彼此相连，且先于拥有时间上更早的共同先祖的物种，以此类推，直到这一物种群中所有物种都彼此连接为止。每一条新的连接都会产生一个新的节点，节点在分支图中位置越深，就代表这一先祖既（在时间上）更古老又（在深度上）更加具有共性。

比如，上面的那幅进化分支图表明，与其他类人猿相比，人类和黑猩猩拥有时间上出现最晚的共同先祖（节点3），而人类、黑猩猩和大猩猩的共同先祖（节点2）出现得比和红猩猩的共同先祖要晚。红猩猩是这一组类人猿中和其他成员亲缘关系最遥远的一环，它和组内其他物种的共同先祖（节点1）在时间线上最为遥远。此处提到的"红猩猩""大猩猩"和"黑猩猩"严格来说不是"种"，而是"属"，这是分类学层级更高的一个概念。但是进化分支图的逻辑适用于所有分类范畴，不管是种、属、科、目、类、门还是界。

进化分支图是当代进化研究的支柱，因为现在的基因序列分析技术让从原子层面寻找共同祖先成为可能。尽管如此，普通人不需要了解进化分支图背后的遗传学背景，就可以从这样的模型中获得深刻的见解。进化分支图可以为我们对不同生物之间的联系方面的常识带来巨大的改变。让我们思考一下，猫鼬、黄鼬、鬣狗以及胡狼在进化上的关系是什么。仅从外表上看，我们很可能会将黄鼬和猫鼬划归一组，将胡狼和鬣狗划归一组。基于基因的进化分支图却告诉我们，与黄鼬相比，猫鼬和鬣狗有着更近的亲缘关系，而黄鼬和胡狼有着比猫鼬更近的亲缘关系。或者让我们思考一下海牛、海豚、大象和奶牛之间的进化关系。仅从栖息地判断的话，我们会倾向于把海豚和海牛划归一组，大象和奶牛划归另一组。但基于基因的进化分支图显示，海牛和大象的亲缘关系比和海豚的更近，海豚和奶牛的亲缘关系也比和海牛的更近。

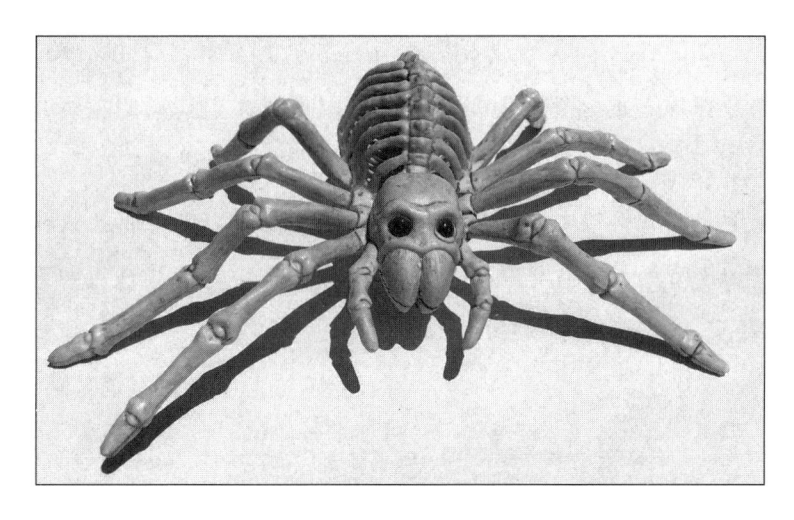

图中这种常见的万圣节饰品正是我们对生物之间的关系理解匮乏的体现。只有有脊椎动物拥有骨骼，像蜘蛛这样的无脊椎动物早在5亿年前就和有脊椎动物分离了。有骨头的蜘蛛在生物学上就像长翅膀的蜘蛛一样，是不可能出现的。

　　进化分支图以及它背后的遗传分析能够透过外表和行为的相似性揭示更加具有意义的关系。它们能够揭露由当下的生命形式的可见属性掩饰的、隐秘的进化历史。然而，进化分支图虽然有着各种好处，对于生物学家之外的人来说却是非常令人困惑的。这种示意图表从构造上就是为了呈现特化进化或者说分支进化，但生物学家之外的绝大多数人士都会把物种形成视作一种线性进程（前进进化），因此，他们会误读进化分支图想要表达的内容。首先，生物学家之外的人士极易产生的一种误读是将表中的物种沿着分支图的末端进行排序，并解读成图表中的分支是实际上并不支持的顺序关系。在很大程度上讲，进化分支图末端的物种的顺序是具有随意性的。拥有时间上最新的共同先祖的物种必须彼此相邻，但它们和其他物种的相对位置是可以调整的。比如，在一幅包含人类、黑猩猩、大猩猩和红猩猩的图表中，人类与黑猩猩必须相邻，但是人类既可以被放在黑猩猩的左边，也可以被放在黑猩猩的右边。虽然大猩猩必须和人类/黑猩猩这一组分支相邻，但是它同样既可以被安排在这一组的左边，也可以被放在这一组的右边。实际上，这四种主要的类人猿在图表中总共有八种正确的排列方式，以下是其中一种。

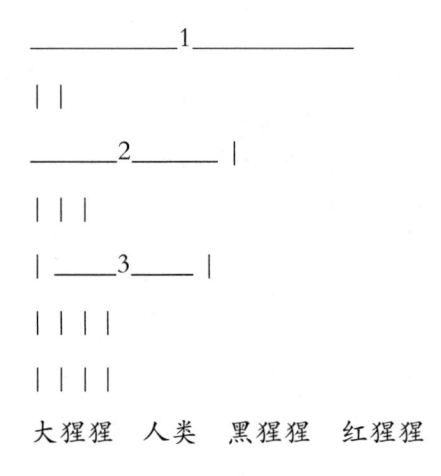

```
        _____1_____
        | |
        _____2_____        |
        | | |               |
        |   ____3____        |
        | |       | |
        | |       | |
       大猩猩  人类  黑猩猩  红猩猩
```

这种不同的排序方式也是成立的，因为将两个物种连接起来的分支唯一的含义是与其他物种相比这两个物种拥有一个更加直接的共同祖先，就像家族树上同胞兄弟姐妹比其他表亲拥有更直接的共同祖先一样。然而，尽管如此，大多数并非生物学家的人还是会错误地以为这些物种是按照图表末端的顺序排列的，这种排列的顺序要么是依照其古老程度（从最古老的到最新的），要么是依照其原始程度（从最原始到最不原始）。

另一个与此相关的误解是，人们以为图表中相距越远的两个物种之间的亲缘关系也越远。比如上方图表中红猩猩与黑猩猩的距离比和人类更近，但这只是人类/黑猩猩这一组碰巧被放在那里而已。红猩猩的进化一直与黑猩猩的彼此独立，就像人类的进化也与它彼此独立一样，因此，它们并不会拥有更接近的亲缘关系。虽然人类和黑猩猩拥有更加直接的共同祖先，但把这三种类人猿联系起来的只有一种共同祖先（节点1）。

还有另外两种常见的误读。首先，人们会误以为物种和节点之间的连线长度揭示了这个物种的历史长度（连线越长，物种的历史也越长）；其次，人们会以为物种之间节点的数量揭露了它们的亲缘关系（节点越多，关系越疏远）。然而，实际上，线条的长度在本质上是具有随意性的，节点的数量也是一样。图表中线条的长度和节点的数量只取决于具体涉及了哪些物种。比如，上面那张示意图中最长的线是将红猩猩与最近的节点（节点1）连接起来的线，然而这条线拥有这样的长度只是因为红猩猩没有以亚种进行细分（比如婆罗洲猩猩和苏门答腊猩猩）。红猩猩和人类之间的节点数量之所以多于红猩猩和大猩猩之间的数量，也只是因为这张图表中包含了黑猩猩。如果把黑猩猩从图表中移除，那么人类和大猩猩之间的节点数量就会跟大猩猩和红猩猩之间的节点数量相等了（这种情况下节点3就不存在了）。

即便如此，生物学家之外的人士还是会着眼于进化分支图中连线的长度和节点的数量，因为这些要素在诸如流程线路图、公路线路图或建筑设计图等其他图表上往往都是有意义的。让这一情况更加复杂的是，教科书作者和博物馆馆长往往会在进化分支图上添加一些设计元素，但这些元素都并没有生物学上的含义，比如粗细和方向都非常随意的线条、位置和颜色同样没什么规律的末端,以及形状和标签随机变化的节点。这样的图表就连生物学家都无法解读,因为它唯一的功能就是好看。用平面设计师的话来说,这些节外生枝的元素纯属"图表中的垃圾"。

虽然进化分支图可以呈现许多信息,但终究有些信息是它无法体现的——这种信息可能会对并非生物学家的人群有很大帮助。比如,进化分支图一般来说无法体现出现存物种和已灭绝物种之间的联系,这方面的信息往往只有方法论上的解释。进化分支图在生物科学中占据主导地位,因为它是建立在高度客观的遗传信息的基础上的。虽然可以根据解剖结构上的信息构建进化分支图,但是这样的信息内在地缺乏可信度,因为很难清晰地判断两个物种共有的某些特征是遗传自某个共有的先祖(比如猴子的尾巴和狐猴的尾巴),还是产生于两条彼此孤立的线索(比如蝙蝠的翅膀和鸟类的翅膀)。

将已灭绝物种纳入进化分支图可能导致各种问题,因为我们对这些生物的认知往往只局限于解剖结构。虽然已灭绝物种会留下化石,但化石终究只是石头,其中并不包含DNA。于是,已灭绝的物种要么从进化分支图中彻底被排除;要么虽然依旧存在于分支图中,并用以展示现存物种和这些灭绝物种拥有共同的祖先,但我们实际上并不能确定真相是不是这样。已灭绝物种没有留下任何后裔的可能性远远大于它们的后继者依旧存在的可能性。在地球上存在过的所有生物中,99.9%的物种如今都已经灭绝了,进化示意图能够呈现的只是碰巧活到今天的那0.1%而已。它只是进化的典型结果的示意图。可以说,能够出现在图表末端的每个物种背后,都有着999种无法出现在这里的生物。

进化分支图同时利用一系列整齐的直线为进化变化这一原本通过变异与自然选择共同演绎的混乱的随机过程提供了一幅相对简洁的示意图。这一过程中原本的错误开局和死胡同存在过的痕迹都被抹去了，留下的只有那些如今看来相对"成功"的进化世系。在一项我带领着自己的学生在洛杉矶自然历史博物馆里开展的研究中，我目睹了进化分支图中灭绝物种的缺席可能会为不了解生物学的人带来多大的困惑。这项研究是在博物馆的"哺乳动物时代"展区开展的，这个区域展示了一幅可互动的进化分支图，其中包括哺乳动物纲以下的十九个目中的动物的进化示意。参观博物馆的游客可以选择代表其中某个目的图标来观看更多和这一目动物的进化有关的信息。他们也可以通过拖动屏幕底部的滑块来观看这一目动物是如何随着时间的推移而逐渐分化的：从最早的胎盘哺乳动物和有袋目哺乳动物的分化，到海牛和大象这样较晚出现的具体分化。

进化分支图旁边的展柜里陈列着一些已灭绝生物的骨骼标本，其中就有巨猪科动物的骨骼，这种一千六百万年前灭绝的动物是当代猪科动物的远古表亲。展柜旁边的进化分支图里并没有巨猪科动物，于是我们向参观博物馆的游客提问，这种动物是否同样可以放在进化分支图里；如果可以，那么它应该被放在什么位置。虽然几乎所有人都同意巨猪科动物应该在进化分支图上拥有一席之地，但是很少有人能够指出它应该被放在"有蹄类动物"这个分支里（这个分支还包括鹿、马、奶牛和猪）。绝大多数人认为巨猪科动物应该被放在位于分支图根部的节点上——这是用于指示最早的共同先祖的节点——或者干脆放在一个完全独立的分支上。换句话说，绝大多数人要么把巨猪科动物当成了所有哺乳动物的共同先祖，要么把它当成了和所有哺乳动物没有任何亲缘关系的一个独立分支。

被进化分支图略过的不仅仅有已灭绝的动物,许多同属一个分类族群的现存物种也被省略了。让我们回忆一下上文那幅类人猿的进化分支图,只有一个分支的末端是一个单一物种,那就是"人类"那一端。其他三个末端每个都能代表两个物种:婆罗洲猩猩(Pongo pygmaeus)和苏门答腊猩猩(Pongo abelii)、东部大猩猩(Gorilla beringei)和西部大猩猩(Gorilla gorilla)、普通黑猩猩(Pan troglodytes)和倭黑猩猩(Pan paniscus)。类人猿家族的规模实际上比进化分支图显示的要大一倍。

大体来说,进化分支图中只会用一个末端条目来代表不同的族群分类,只使用一个样本作为标签。这个做法会影响我们看待这些族群的方式。比如,"黑猩猩属"(Pan)指代的一般来说是Pan troglodytes,也就是我们在很多动物园中能够看到的普通黑猩猩。但是这一类中同样包括Pan paniscus,即所谓的倭黑猩猩。这两种动物在习性上有着巨大的差别:普通黑猩猩具有攻击性,食肉,生活在父系社会里;倭黑猩猩性格温顺,以植物为食,生活在母系社会中。人类与倭黑猩猩和普通黑猩猩的关联是完全相同的——早在倭黑猩猩与普通黑猩猩分离的三百五十万年前,人类就与黑猩猩属分离了——但是,从进化分支图上出现的频率来看,我们会过度强调自身与普通黑猩猩而非倭黑猩猩的联系。

在准备一节关于灵长类动物的性行为的课程时(倭黑猩猩的行为是一个颇具代表性的例子),我第一次发现人类和倭黑猩猩的关联与和普通黑猩猩的关联相同。当我得知这一点时,我简直难以相信这种事真的会发生。我是一个致力于研究进化领域的错误观念的人,所以我怎么可能不知道倭黑猩猩是黑猩猩的一种，因此它们像普通黑猩猩一样和人类拥有98%的共同基因呢？

我只能将自己的无知归咎于灵长类动物进化分支图中倭黑猩猩的缺席。这种类型的省略在以图像展现进化先祖这方面是个由来已久的问题，甚至可以上溯到这类图像的开山之作——恩斯特·海克尔的"进化树"。这棵树首次出现在海克尔1866年出版的著作《自然界的艺术形态》中，它描绘了从昆虫到哺乳动物的所有生物体之间的先祖关系，但是每种生物在树上的比例并不怎么符合实际情况。海克尔把整整一层树枝分配给了哺乳动物——这层树枝位于大树的最顶端，人类处于最中心的位置——却只给昆虫留了一根树枝，哪怕昆虫在物种数量层面以175:1的比例远远超越了哺乳动物。如果真的有哪种动物只用一根树枝就能代表，那也应该是哺乳动物。

一个公认的事实是，进化分支图在设计上的目的是描述某类特定的生物（比如哺乳动物）在一个特定的抽象层级（比如目）的先祖关系，而着眼于这类生物的变化则会偏离这个目标。然而这几十个——或者几百个——物种原本无关紧要的省略却很可能加深我们既有的幼稚的本质主义进化观念。进化分支图中呈现的几个物种是从一系列根本没有得以体现的变化中选出的。如果每幅灵长类动物的进化示意图上都呈现了所有7种类人猿或者全部22种猿类（7种类人猿、15种小猿或长臂猿），我们对人类在生物世界的位置又会有什么不一样的印象呢？如果每幅灵长类动物的进化示意图上都包含了全部400种灵长类动物（7种类人猿、15种小猿、18种跗猴、超过100种狐猴、超过260种猴子），又会是什么情况呢？如果再将几十种只能通过化石确认其存在的已灭绝的灵长类动物加上，就很难在这样多的变化形式中找到人类的一席之地了。

这还只是灵长类动物而已。灵长类动物只不过是现存的大约5400种哺乳动物、66000种有脊椎动物、780万种动物以及870万种生物中的一个微不足道的分支。我们与其他生物之间的祖先关系在其深度和广度上都令人震惊，就像这些关联的历史本身一样。

生物学家大卫·希尔斯制作了一幅包含3000种生物的进化分支图，这是到目前为止规模最大的进化分支图之一。虽然这幅分支图只包含了现存所有物种的0.1%，但是，想要看清楚分支图末端的每个条目的话，也得把这张表格扩大到至少1.5米长才行。这样庞大的表格可能不利于提取具体的进化知识——比如独角鲸和鼠海豚还是逆戟鲸关系更近——但是它无疑有利于为我们对人类进化的理解开拓全新的视角。

我们已经在上文明确地看到，进化分支图和它背后代表的进程（分支进化）对生物学家之外的人士来说颇为令人困惑。但是，想要感知这种困惑的话，你首先得接受进化分支图展现的生物学现象是真实存在的。你要接受所有现存的生命形式都是由更早的生命形式进化而来的这个事实，而很多人并不能接受这一点。他们把进化分支图视作虚构的作品，乃至于精心掩饰的谎言。这样的人更喜欢用神创论来解释物种的起源：今日存在的所有物种都是由某种超自然存在（比如上帝）在约一万年前以它们当前的形式创造出来的。

这种解释在整个人类历史中一直非常受欢迎，其中的原因非常合理：这比进化要简单多了。神创论涉及的只不过是一个瞬间，进化却是一个缓慢而复杂的进程。理解神创论需要的只是人们早已熟知的有意创造，理解进化却需要搞明白令人困惑的变异和自然选择。神创论直接产生完美的形态，而进化论产生的只有（对生存来说）适当的形态。依照神创论的观点，物种是永恒的；而依照进化论的观点，物种不仅出现过变化，并且将永远处于变化之中，其变化的方式还是完全无法预测的。

因为神创论比进化论简单，所以孩子们更喜欢用神创论来解释物种的起源。如果你问一个学龄前儿童或者小学低年级学生，世界上第一只蜥蜴或者第一只熊是哪里来的，他们一般都会用神创论做出解释，要么说它们来自神灵的创造（"上帝创造了这些动物"），要么提到了某种主体没那么精确的创造（"是什么东西创造了它""大概是有人创造了它吧""它就是有一天突然出现了呗"）。不论具体提到的是哪种动物，他们都会用神创论作为解释，全然不在意提问的人有没有把进化论作为另一种明确的选项对他们提出来（"真的是上帝创造了这种动物吗？它有没有可能是另外一种动物变过来的呢？"）。最惊人的是，不论他们的双亲相信进化论还是神创论，孩子们都会在回答问题时引用神创论的观点。换句话说，哪怕父母被问到同样的问题时会引用进化论作答，孩子们还是会给出基于神创论的答案。

儿童对神创论的倾向成了在神学上更为详细的信仰系统的基础（比如《创世记》中七日创世的故事）。这种信仰阻碍了他们接受进化论的进程。许多研究都已经证明，宗教信仰是已知最强大的滋生对进化论的怀疑的源泉，它远比年龄、性别、教育程度、遗传学知识水平、分析推理能力和对待科学的整体态度等因素强大许多。

对宗教的虔信甚至会影响整个国家对进化论的接受程度。宗教虔诚度较高的国家——比如土耳其和埃及——民众对进化论接受的程度较低。而在宗教虔诚度比较低的国家——比如丹麦和法国——进化论的接受程度相对来说较高。就美国而言（60%的国民相信进化论，40%的国民不相信），不同联邦州的宗教虔诚度和进化论的接受程度呈现负相关。宗教虔诚度高的联邦州——比如阿拉巴马和密西西比——对进化论的接受程度较低，而宗教虔诚度较低的联邦州——比如佛蒙特和新罕布什尔——进化论的接受程度相对较高。即使是在控制了高中毕业率、大学出勤率、教师工资、整体科学素养和人均国内生产总值这些因素的前提下，这些发现也是成立的。

这种统计数据虽然令人信服，但并没有捕捉到许多持神创论的人抗拒进化论的思路背后真正的热情所在。这种热情在寄给著名的进化论者和无神论者理查德·道金斯的充满恨意的信件中倒是得到了很好的体现。以下是其中的一些选段：

- "你和你的那些进化理论都让我恶心，你可能真的是从猴子进化过来的，但我可不是。你有没有试过和猴子上床？我觉得你有的话我也不会感觉意外的。"
- "你这个愚蠢的无神论人渣……你只相信自己想要相信的东西，你坚定不移地相信自己的曾曾……曾祖父母其实是细菌，然后你就是这么'进化'过来的。看来你比起当人更想当细菌啊。"
- "先生，你就是个不折不扣的浑蛋。你那著名的智慧连上帝的一个屁也比不上。"
- "你怎么可能证明进化论是对的呢？你自己就是地球上最恶心的一坨屎。"
- "理查德·道金斯就是个人渣，他就应该在飞机坠毁或者火焰喷射器故障之类的事故里死掉。"

• "理查德·道金斯，我祝你赶紧得狂犬病死掉。"

这种针对进化论（和为其辩护的支持者）的恶意对科学教师教授进化论的意愿有着惊人的负面效果，在美国尤其严重。一份最新的针对高中生物教师的调查问卷显示，只有28%的生物教师会把进化论作为一种无可争议的科学事实教给学生。换句话说，只有28%的教师会向学生解释进化论是什么，并讲解支持进化论的证据。大多数教师（60%）都会回避这个主题。他们要么教授进化论，但只讲解它适用于非人生物的微观进化（适应）的部分；要么利用国家规定来证明进化论的合理性（"你们必须学进化论，因为生物课程就是按照进化论是真的那样设计的"）；要么把进化论和神创论作为两种同样真实的不同可能性介绍给学生。

剩下的12%的生物教师是支持神创论的。被问及理由时，一位教师表示："我这辈子从来没在课上讲过进化论，也没在地球科学课上讲过大爆炸理论……我们可没有时间浪费在这种说到底都不能算科学的东西身上。"另一位教师说："我一直震惊于进化论和神创论得到的待遇就好像一个必然正确、另一个必然错误一样。它们只是不同的思想体系，所以，就算不能完全被证实，也不可以被贬得一文不值。"这两位老师都在公立学校工作，而在公立学校为神创论辩护是不合法的。

从自然选择这个概念第一次映入达尔文的眼帘，进化论的创立刚刚进入初始阶段开始，它们和宗教就一直处于对立之中。达尔文起初也是一名虔诚的基督徒，并且有过加入英国国教教会的意图。但是，在剑桥大学求学期间，他选择了研究生物学。这个选择让他之后的人生一直被童年获得的宗教信仰和成人后习得的科学之间的冲突困扰。早在研究初期，达尔文就意识到生命的进化论观点与神创论观点是无法相容的。在《物种起源》出版的十五年前，达尔文在一封给友人约瑟夫·道尔顿·霍克爵士的信中写道："（与我开始研究时所持的观点相反）我已经快要相信物种并非永恒不变了（这种感觉就像坦白自己杀了人一样）。"对于年轻的达尔文来说，承认物种是可变的就像"坦白自己杀了人一样"。时至今日，很多人依旧认为宗教和进化论在本质上无法进行类比，但也有一些人认为它们可以互补。盖洛普组织近三十年的调研结果向我们清晰地展示了这一点。盖洛普通过以下这个问题对美国人看待进化论的态度进行了调查："以下哪一条论述最符合你对物种起源和人类进化的看法？（1）人类是在几百万年里由相对低级的生命形式进化而来的，但是上帝指引了这一过程；（2）人类是在几百万年里由相对低级的生命形式进化而来的，上帝在这个过程中没有发挥任何作用；（3）上帝在距今约一万年时以十分接近当前形态的模样创造了人类。"

每一次，在这种调研之后，往往会出现这样的头条新闻："每四个美国人里就有一个笃信狭义神创论。"但是，这种调查同样揭示了每十个美国人中就有四个相信"人类是在几百万年里由相对低级的生命形式进化而来的，但是上帝指引了这一过程"。换言之，40%到45%的美国人选择论述（3），即完全属于神创论的选项；10%到15%的美国人选择论述（2），即体现了世俗进化论的选项；更有35%到40%的美国人选择论述（1），即体现了神导进化论思路的选项。严格的神创论者虽然数量可观，但相对来说终究只是少数。

那么，科学教育工作者和科学支持者是否应该因为至少40%的美国人接受神导进化论这一点而感到高兴呢？从社会学的角度来看，我会给出一个肯定的答案。在不到一个世纪之前，进化论及相关话题还是美国公立学校的禁忌。而现在，它已经是公立学校生物课程中的必备内容了。在短短三代人的时间里，我们对进化论的看法已经发生了剧变，对神导进化论的高度接受正是这种变化的体现。当然，美国依然有很多社区宣称只要你表示自己相信进化论（不管是不是神导进化论），就等同于你承认自己不道德、不忠诚、目无法纪并且不敬上帝。对进化论的信仰并不仅仅是基于经验现实的立场问题，而且是社会身份的标签，就像自由主义、女权主义或者赞成妇女自主选择节育等标签一样。

但是它原本不必如此。许多出于宗教因素而拒绝进化论的人会接受其他与宗教学说不相容的科学事实，比如恐龙曾经统治地球、地震和洪水是自然因素导致的、地球会运动、地球会围绕太阳公转、地球不是宇宙的中心。曾经有人因为支持这些真相而被处以火刑，而如今信教的人和不信教的人都能够接受它们。进化论只是在社会政治层面被人控诉过的科学事实之一，如果没有足够的人支持它——哪怕是既支持这种理论，又相信上帝在其中发挥了作用——那么它很可能会在这种控诉中落于下风。

因此，对神导进化论的广泛接受在社会学层面是有好处的。但是，它在认知方面未必同样有益，因为神导进化论在逻辑上是有问题的。由自然选择和变异驱动的进化机制（见第十二章）中并没有神力介入的余地——至少，在不带这种预设的前提下，科学家对进化论了解到的范围内并不存在这种余地。神导进化论同样违背了人们对上帝的本质的认知。人们认为上帝是全知、全能且全善的，那么，为什么全能的上帝会让随机变异成为进化的起点，而不是有引导地变异或者直接进行创造呢？为什么全知的上帝会创造出冗余或不完美的形态，比如人类的尾椎、鲸鱼的髋骨、蛇类的腿骨、鸵鸟的翅膀、兔子的胃（它吸收营养的效率实在是太低了，以至于兔子不得不吃自己的粪便再把食物消化一次）之类的东西呢？而且，最令人不解的是，为什么全善的上帝会将自然选择作为创造世界的工具呢？就像第十二章写明的那样，自然选择是一个残酷的过程，绝大部分动物在到达性成熟之前就会死于饥饿、疾病或者天敌捕杀。难道上帝乐于观看逆戟鲸将数十头海豹幼崽淹死的场景？难道他喜欢看着黄蜂幼虫将毛虫从内脏开始吃得只剩空壳？喜欢看病毒将包含婴儿和儿童在内的整个人类族群消灭殆尽？数以十亿计的"上帝的造物"都要面对暴力且痛苦的死亡，而世界上99.9%的物种都走向了灭绝。为什么全知、全能且全善的存在要在创造了这么多生命形式后又如此毁灭它们？

居于这些对上帝本质的理性考量之上的是对人类在自然界的位置的道德考量。宗教规定人类是一切生命形式的顶点，进化论则认为人类不过是庞大的进化树上的一根枝条。宗教规定人类拥有非物质的灵魂，进化论则指出人类从里到外都是物质生物。宗教规定善人注定会拥有永恒的救赎，进化论则表明生命本身就是短暂、残酷且不公平的。

从宗教的视角来看，进化论指示出的人类在自然中的位置可能难以接受。然而，站在世俗的视角来看的话，这一点反而是颇为振奋人心且启迪心智的。人类只是进化树上百万条分支之一这个观点，可以激发人与自然共为一体的认知，并鼓励人们保护自然。人类从内到外都是物质生物这一点又可以引发人们对当下和自身的欣赏，有助于自我理解和自我实现。最终，生命从本质上说就是不公平的这一点能够引起人们对歧视更广泛的关注，并推动有益于社会公正的行动。

进化论者一度被责骂为邪恶之中的至恶——被骂成"地球上最恶心的一坨屎"——但是，与接受进化论相关的一切都不会把人推向残酷、自私与冷漠的深渊。如果接受进化论能够带来什么，那就是它会让我们拥有完全相反的倾向，让我们倾向于接受人类的存在是一个宝贵且来之不易的天赋，让我们倾向于为了自己和他人而充分利用这难得的天赋。

在第八章至第十三章中，我们讨论了以下这些生物学世界的直觉理论：

（1）生命的直觉理论。在这种理论中，动物被视作心理的载体，而不是由维持生命的器官推动运行的有机体。

（2）生长的直觉理论。在这种理论中，进食被视作追求满足的行为，而不是获取营养；衰老也被视作一系列彼此离散的变化，而不是一项持续的变化。

（3）遗传的直觉理论。在这种理论中，亲子之间的相似性被认为来自养育，而不是基因信息在繁殖过程中的传递。

（4）疾病的直觉理论。在这种理论中，疾病被认为是不谨慎或不道德的行为导致的后果，而不是微生物传播导致的后果。

（5）适应的直觉理论。在这种理论中，进化被视为一整个物种共同进行的变化，而不是某个物种内的一部分生物选择性生存和繁衍的结果。

（6）祖先的直觉理论。在这种理论中，物种的形成被视为来自直接祖先的线性进程，而不是来自共同先祖的分支进程。

就像本书第二章至第七章讨论过的那些直觉理论一样，上述直觉理论给我们提供了自然现象的系统性解释，只不过它们的来源是不同的。这些直觉理论之所以会出现，并不是因为我们对相关现象的观察带有内在的偏见，而是我们的观察受到了制约。我们不能观察到内脏器官之间功能上的联系、生长和衰老的生物过程、遗传现象背后的遗传学基础、疾病的微生物诱因、生物种群在适应过程中单体生物的选择性生存或者不同生命形式之间的祖先关系。我们无法感知到生物系统内部的运动，所以我们会默认选择更加普遍的推论方式：万物有灵论、生机论、本质主义、目的论或者蓄意设计理论。这些推论方式让我们得以在一定程度上理解生物学世界，但并不足以做出一贯准确的预判或始终如一的最优选择。想要实现后者的话，我们需要科学理论为我们提供对生物现象更加专注细节、更偏向机械论的理解。

# 14. 结论

——如何正确地理解世界？为什么挪亚的乌鸦会"踩进"恐龙的脚印？

1802年，生活在马萨诸塞州南哈德利农场的一个男孩在父亲的土地上耕作时有了非同寻常的发现。这个名叫普利尼·穆德的男孩挖出了一块上面留着一些庞大的、像是鸟类脚印的痕迹的石头。这些脚印是恐龙留下的，这是有史以来最早发现的恐龙足迹之一。但是穆德一家对恐龙一无所知。他们把这块石头扔在家门口，惹得邻居猜测他们家是不是养了什么大块头的家禽。

几年后，这块石头被一个名为伊莱胡·怀特的医生买下，这个医生宣称自己发现了那些奇怪痕迹的来源：挪亚放出的乌鸦留下的。按照《圣经》的说法，在大洪水开始消退时，挪亚从方舟上放出乌鸦，让它去寻找陆地。这只乌鸦从未飞回方舟，这样看来，那是因为它在南哈德利安家了。如今，古生物学家已经确定，这些足迹属于大约两亿年前在康涅狄格河流域生活的似鸟类恐龙。

对这些痕迹进行正确的解读同时需要生物学和地质学方面的理论进步，而怀特只能依赖直觉：那些足迹看起来是鸟的脚印，所以一定是某种已知鸟类留下来的；而这些痕迹看起来十分古老，那么它们一

当这些足迹在马萨诸塞州一家农场中被发现时（1802年），恐龙的存在还不为人所知。因此，它们被认为是挪亚的乌鸦留下的脚印。

定是在已知时间中最早的时间点被制造出来的（比如《创世记》中描述的大洪水时期）。

这种解释凸显了前几章讨论的直觉理论的几种特点。首先，直觉理论不仅会影响我们对世界的观点，还会影响我们对世界的洞察。那些脚印化石每个都长达12英寸，这可比乌鸦的爪子要大很多，但是这种差异没有让怀特停止把它们视作乌鸦留下的脚印。哪怕猜测那是火鸡的脚印也要更合理一些。怀特还需要解释为什么脚印变成了化石，而大洪水刚好能为这一点提供绝佳的理由。这不仅是因为大洪水发生在上千年前——这么长的时间足够脚印变成化石了——而且是因为洪水后地面会变得泥泞不堪，乌鸦这种体重只有三磅左右的鸟类也能轻松地留下脚印。

怀特的说法揭示的第二条特点是，直觉理论是以人类为中心的，它建立的基础是人类的时间尺度、人类的观察视角以及人类的价值观与目标。他对脚印的解释同时包含了一段人类已知的时间（几千年前）、一种人类已知的生物（乌鸦）以及对人类来说具有重要含义的事件（上帝为了惩罚人类而降下大洪水）。另一方面，想要对这些足迹进行正确的解释的话，则需要远在人类出现之前的时间点（两亿年前）、人类从未亲眼观察过的动物（恐龙）以及与人类活动完全无关的事件（远古爬行动物的日常生活）这三点要素。

怀特的推论显示出的直觉理论的最后一条特点是，直觉理论虽然建立在经验的基础上，却深受文化的影响。如果没有《圣经》中关于挪亚和乌鸦的内容，那么怀特应该永远不会认为那些足迹是乌鸦留下的。假如《圣经》中描写的情况与现在流传的不同，比如挪亚放出的不是乌鸦而是猫头鹰，或者他从中挽救了所有生物的那场天灾不是洪水而是大火，那么对这些足迹的解释也势必会发生改变（比如说它们是猫头鹰在固化的灰烬中留下的脚印之类的）。

科学理论像直觉理论一样是文化的产物，因此，怀特不应该为不能成功地辨认出恐龙足迹而受到责备，因为他的文化中还没有形成对恐龙的认识，更不用说对进化、灭绝以及深度时间的概念了。我们超越直觉理论带来的局限的能力既是一种文化成就，也是一种个人成就。怀特也许的确没能正确地辨认那些足迹，但是如今生活在南哈德利的每个人——哪怕只是个孩子——都认识它们。科学完善并拓展了人类的思路，让我们得以接受前人从未接受过的思想，这只需要我们保持思维的开放，不完全被直觉理论所蒙蔽。

本书的主要目标是向各位读者介绍我们自己的直觉理论——那些各位在过去明确拥有、如今只是以相对隐蔽的形式存在的理论，其中一些可能时至今日依旧明显地存在。这本书总共讨论了十二条直觉理论，然而这并不意味着人类的直觉理论只有这么多。除此之外，我们还拥有心理学方面的直觉理论（比如与记忆和知识有关的直觉理论）和数学方面的直觉理论（比如算数和有理数的直觉模型）。但本书讨论的十二条理论足够丰富多样，足以用来展示直觉理论不会局限于单一的模式。每种理论都诞生于不同的原因，哪怕其中一部分原因是围绕着共同的主题产生的。

　　直觉理论的其中一个共同主题是它们都建立在感知的基础上。它们依赖于我们能够感知到的特性，而不利于我们无法感知的内容。在很多情况下，我们能够感知到的属性和不能感知到的属性之间的区别无法得到体现。比如，关于物质的直觉理论并不能区分无法感知的"密度"和能够感知的"重量感"，关于温度的直觉理论无法区分不能感知的"热量"和可以感知的"温度"。其他因为无法感知而在直觉理论中缺席的概念还包括：原子、元素、分子、电子、光子、力、惯性、引力、轨道、构造板块、器官、基因、细胞、营养物质、胚胎、胚芽、共同祖先和自然选择。

　　直觉理论也倾向于以具体事物为基础，它们把世界分割成各种离散且有形的事物，科学理论则把世界中同样的内容划分为各种过程。热量、声音、电、闪电、火、磁力、压力、气候、天气、地震、潮汐、彩虹、云、生命、活力——这些全部都是过程，并非事物。它们是由事物构成的系统互相作用而突现的进程，构成系统的事物在比这一进程低一层的水平上共同运行（比如电力来自电子的共同作用，生命来自各器官的共同运转）。从历史来看，对突现进程从"事物"到"现象"的重新分类是许多科学领域发展史上至关重要的第一步。但是，这种重新分类很少能渗透到大众的意识之中，因为基于系统的思维认知的需求相对来说过高了（这部分在第三章有过讨论）。

最后，直觉理论倾向于关注对象而非背景。因背景变化而发生变化的属性往往被假定为表现出这一属性的物质的本质属性。比如，浮力并不是适用于所有情况的，在某些液体中可以漂浮的对象换一种液体就可能下沉（比如覆盆子可以在水中漂浮，但是到了油里就会沉下去）。与此近似的有重量会因海拔高度而异，溶解度会因溶质而异，颜色会因为观察条件而发生变化。具体问题具体分析需要的视角比直觉理论更加宽泛，因为直觉理论关注的是典型的真相（比如香蕉是黄色的），而不是具有普适性的原理（香蕉吸收了在人眼看来是黄色的光之外的所有波长的光）。

简而言之，直觉理论更关注可感知的东西，而不是不可感知的东西；直觉理论更关注具体的事物，而不是进程；直觉理论更关注具体的对象，而不是背景。以上每个主题都能够扩展到几条直觉理论中，但不会波及全部。

直觉理论在形式和功能上各不相同，因此，试图将所有理论都塞进某个单一分类里无疑是错误的。不能理解热传导过程中分子运动的作用与无法认识到火山活动中构造板块的作用，二者有着本质的不同。无法从来自重量感的经验中提炼出密度这个抽象概念，与不能从感染这一感性经验中得到细菌这个抽象概念也截然不同。任何想要帮助学生直面且纠正他们的直觉理论的教育者，都必须根据具体理论的不同来调整自己的教学策略。

然而，至少有一条共通的线索贯穿在所有的直觉理论中，那就是它们都比对应的科学理论要狭窄而浅薄，在解释的范围上更狭窄，在解释的深度上更浅薄。直觉理论旨在应对眼前的情况，解决"当前"和"当下"的问题。科学理论则事关完整的因果——从过去到现在，从可观察到不可观察，从微观到宏观。

例如，我们关于宇宙的直觉理论把地球视作宇宙的中心，而在科学理论中，地球只不过是太阳系中的无数星球之一，这个太阳系又只不过是整个银河系中众多太阳系之一，甚至连这个银河系也不过是浩瀚宇宙中的诸多银河系之一。我们对生命的直觉理论把身体理解为结构和功能统一的实体，科学理论却指出身体是由器官组成的，而器官是由细胞组成的，组成细胞的是细胞器，组成细胞器的是分子。我们对祖先的直觉理论将我们置于造物的顶峰，科学理论却把人类置于灵长类动物的诸多分支之一，而灵长类动物是哺乳动物的分支，哺乳动物是有脊椎动物的分支，有脊椎动物是动物的分支，最终动物这个概念都只是进化树上的一条枝丫而已。直觉理论可能帮我们解决一些小问题（"我应该吃什么？""我应该往哪里走？""我生病了怎么康复？"），但只有科学理论能帮助我们回答那些大问题（我们是谁？我们从哪里来？我们将去向何方？）。

在第一章中，我把学习新知识类比为搭乐高积木。就像很多雕塑可以用最基本的乐高积木套装搭成一样，很多形式的性质都可以从我们天生的概念储备中建立起来。但是，某些形式的知识则需要全新的概念类型（比如惯性、行星、胚芽），就像有些乐高雕塑需要全新类型的乐高积木插块一样（比如车轮、轴承、齿轮）。这个类比恰如其分地体现了直觉理论和科学理论的差异，但是并没有涉及我们要如何跨越这种差异，也就是我们要如何获得科学概念。我们可不能直接走进卖"概念"的商店（大概和卖乐高的商店在一条街上）买一个亮闪闪的全新概念。我们必须以渐进的方式获得新概念，从我们已经拥有的概念开始，一点点地打造一条通往我们尚未拥有的概念的道路。

对这个过程更好的类比也许是第四章中奥托·纽拉特那个在海洋中间建造一艘船的比喻。就像水手一旦启航就被困在一艘固定的船上一样，一旦开始观察世界并与其互动，具有认知能力的生物就被困在了一套固定的观念之中。即使水手在航行的途中突然意识到他们的船不足以应对面前的挑战，也不能从头开始再建造这艘船，只能利用既有的部件来重组船只。当人类在成长的路上突然意识到自己的知识不足以面对即将到来的挑战时，我们一样不能从头开始学习全新的知识，但可以通过调整既有的概念来重新组建我们的知识构成。

那么，我们具体应该怎么做呢？我们要怎么重新组建受到我们先前的观念和进化过的认知能力的局限的知识构成？如果从抽象层面来看，这个问题看起来要比实际上困难很多，而且不能在抽象层面得到解决。想要重新组建我们的知识的话，我们首先必须亲自动手搞清楚知识的细节，弄明白我们需要辨别、击溃、重新分析或者彻底抛弃的概念究竟有哪些。

这种亲自动手的一个好例子是一套面向家禽养殖户的教他们如何确定一日龄雏鸡性别的教程。判断雏鸡的性别非常困难，刚出生的雏鸡在体形、形状和羽毛上都难以区分，而能够用来判断性别的特征——比如雄鸡的冠——直到出生的几周后才会出现。但是，等到那时候的话，养殖户就势必要在不会下蛋的小鸡（雄鸡）上浪费额外的资源。雄性雏鸡也会扰乱孵化场的运作，阻碍雌性雏鸡获取饲料和水。因此，出于经济上的考虑，养殖户需要尽早把雌性雏鸡和雄性雏鸡分开。

想要这么做的话，就需要检查雏鸡身上一种像大头针一样小的结构——生殖器隆起，也叫作"珠子"——但是这种结构雌性和雄性之间并没有很大的区别，至少在未经训练的人看来几乎没有区别。接受过训练的人能够以每秒两只的速度进行判断，准确率高达99%，但是达到这种熟练程度需要在专业人士身边进行几年的锻炼与学习。

视觉科学家了解到这个有趣的感知问题后，拿出了业内的一种工具——某种可以用于区分反复出现的视觉特征和完全随机的视觉特征的分析框架——并在其中录入了上百张雏鸡"珠子"的图片。他们通过分析发现，雄性雏鸡的"珠子"在尺寸、位置、纹理和分割上都与雌性雏鸡没有明显的区别，唯独在一个特征上始终存在明显的差异，那就是凸性——雄性雏鸡的"珠子"比雌性雏鸡的要圆一些。然后，研究人员开发了一套教程，用来教新手养殖户依靠"珠子"的凸性来区分雏鸡的性别。

实践证明这套教程非常有效。辨别雏鸡性别的新手——从来没有观察过雏鸡"珠子"并且对此没什么兴趣的成年人——拿到了十八张雏鸡"珠子"的照片，并被要求按照性别分类。使用教程之前，他们的分类完全是随机的。但是，在使用教程之后，他们分类的准确率达到了90%，这个准确率甚至接近使用同一套照片进行分类的专家的水平。这些专家平均拥有三年的鉴定雏鸡性别的经验，而新手只接受了五分钟训练而已。

因此，具有针对性的训练——对相关知识领域深入分析的培训——比在未经指导（或只经过最低限度的引导）的情况下对这一领域的探索效率要高上数倍，这一现象在第五章有过讨论。这个观点的另一个很好的例子来自如何教授二年级学生数学等值概念的研究。数学的所有分支——从简单算术到微积分——都依赖这样一个观点：变量可以用不同的方式呈现在同一个等式上，等式左侧的变量（比如1+5）必须等同于右边的变量（比如8-2）。分隔这两部分变量的数学符号——等号——意味着"与之相等"。

儿童很难通过这些术语来理解等号，他们只是把它作为执行计算的提示。比如，在4+3=__这个算式中的等号被解读为把3和4相加并将结果写在空白处的提示符。所以，将数学运算放在等号右边（__=4+3）或两侧（4+3=__+1）的算式会让年幼的孩子陷入困惑的循环，因为这些安排违背了运算严格的程序解释。数学教育工作者早就知道，幼儿通常不能理解等号在概念上的含义，成年人传达这种含义时却总是给他们更多相同的东西，更多以"操作=答案"的形式呈现的问题。老师认为，孩子们必须先学会解决标准问题，才能进一步过渡到非标准问题，在这些问题中，对等号的程序定义就不再适用了。

然而，事实证明，同时利用标准问题和非标准问题教授数学等值更加有效。在一项研究中，研究人员设计了两套练习册，一套只包含标准问题（4+3=__），另一套则包含以非标准形式呈现的同一类加法题（__=4+3、4+3=__+1）。他们以此测验二年级学生回答标准与非标准两种问题的能力。毫不意外的是，分别做完两套练习册后，使用包含非标准问题的练习册的学生不仅能够比使用标准问题练习册的学生答对更多的非标准问题，还能答对更多的标准问题——实际上，他们解答标准问题时的正确率是另一组学生的一倍。六个月后，这种差异依然存在。从概念的角度来讲，两组学生解答的都是同一类问题，但结构上的些微差别在学习成果方面带来了巨大且可信的差异。

这项研究和雏鸡性别鉴定研究的重点并不是要说明一种学习材料就一定优于另外一种，而是指出有效的教育需要对用到的概念进行深度分析，以及探讨这些概念应该用什么手段传达。在本书中，我们也读到了其他几种概念性引导的例子：卡罗尔·史密斯的物质微粒性教学（第二章）、季清华的热的动力学性质教学（第三章）、约翰·克莱门特关于力的普遍存在的教学（第五章）、迈克尔·兰尼关于气候变化的人为性质的教学（第七章）、弗吉尼亚·斯拉夫特关于生物活动本质的教学（第八章）、莎拉·格里斯霍夫关于进食的代谢本质的教学（第九章）、肯·斯普林格关于遗传的生物性质的教学（第十章）以及区洁芳关于疾病的微生物性质的教学（第十一章）。

这些教程都被证明是行之有效的，因为它们和雏鸡性别鉴定教程或者数学等值教程一样，使用了同一种分析能力。这种能力建立在对这一领域的分析上，该分析应用了学习者在这一领域认为正确的内容，并终将挑战这些想法（如果这些想法是错误的）、对这些想法进行精炼（如果这些想法是正确的，但是不够精确）或是对这些想法进行展开详述（如果这些想法是正确的，但不够完整）。行之有效的教程将在学习者的直觉理论和专家的科学理论之间建立起一条道路，这条道路虽然不是唯一的途径——其他可能性也是存在的——但它无论如何都算是一条可行之道。不能构建途径的教学方式包括"即插即用"型问题组、对微观世界的自由探索以及不经引导的实验（你不妨回忆一下第五章写到的这些失败的方法）。这样的教学引导会让学生继续专注于自己的直觉理论，并因此不会对它们进行挑战或精炼。

同样无效的手段是培养所谓的一般能力，比如批判性分析、定向推理或者探究能力，因为这些能力不能够解决直觉理论中固有的概念问题。学习如何分析一段关于天文学的文章并不会让地平论者转而认为地球是圆的。学习怎么在可控条件下做物理实验并不会让持动力理论的人变成牛顿理论的支持者。学生需要的是对他们的直觉理论进行解释，解释为什么这些理论有缺陷，并证明为什么关于同一现象的科学理论要更加优越。当然，批判性分析、定向推理或者探究能力对成长来说也很重要，但它们不是针对特定领域的概念错误的补救措施。

从本质上讲，科学是一项特定领域内的事业。特定学科的科学家（比如古生物学家）执行特定种类的实验（比如碳定计年），这些实验服务于验证某一特定推论（比如这块化石比另一块古老）的目的，并产生特定类型的数据（比如同位素衰减的不同程度）。就像科学是属于特定领域的一样，学习科学也是属于特定领域的。学生参加特定学科的课程（比如微生物学），他们在课上必须学到特定类型的概念（比如细菌、RNA、线粒体），这些概念嵌套在特定类型的理论（比如细菌理论、细胞理论）之中，理论又与特定的现象相关（比如发酵、分解和疾病）。忽视了直觉理论和科学理论对应某一具体领域的特质的话，这种教学能够奏效的概率大概就跟核物理学家在免疫学方面取得重大突破——或者反过来，免疫学家在核物理方面取得重大突破——的概率不相上下，虽然有可能发生，但我可不会抱太大的期待。

从直觉理论向科学理论的转变是困难的，这种困难还会因为我们无法意识到直觉理论的局限而加剧。这些直觉理论给我们以理解的错觉——一种恰当而充分的感觉——而我们很少主动去优化这种理解。

我们不妨思考一下彩虹这种现象。你可能亲眼看见过几次彩虹，很熟悉它们的形状、颜色以及颜色的排列方式。你知道彩虹是转瞬即逝的，并且看得见摸不着。你甚至可能知道彩虹在什么样的条件下才会出现。但是，你能够宣称自己非常了解彩虹吗？如果我们用从1到7的数字来表示理解程度，1代表"理解得很少"，7代表"专家级理解"，你会把自己定位在哪一点上呢？

你到目前为止已经读完了一整本关于直觉理论的局限性的书，因此可能会对自己关于彩虹的知识感到警惕，并且认识到了你对光和光学的直觉理论也许并不足以让你掌握彩虹真正的本质。但整体来看，成年人在一般情况下是不会感到警惕的。他们认为自己知道的远比他们实际知道的要多。如果让他们给自己对彩虹或其他自然现象（地震、彗星、潮汐）的了解程度打分，绝大多数成年人都认为自己拥有"适度"的了解——从1分到7分的评分表中的4分。如果你接下来让成年人写出对这种现象的解释（"请你告诉我，彩虹是怎么形成的？"），他们对自己的理解的信心就会立刻从4降到3。如果你又问了一个与他们的理解相关的问题（"为什么彩虹是弯的而不是直的？为什么彩虹的颜色总是有固定顺序？"），他们的信心就会从3掉到2。

这种高估我们对自然现象的理解的倾向被称为解释性知识深度错觉。它之所以被称为"错觉"，是因为我们的解释性知识植根于直觉理论，并且运行得远远比它实际涉及的范围要广得多。从4岁到40岁，不同年龄段的人身上都会体现出这种错觉；从最低限度接触科学到研究生级别的科学培训，教育程度不同的人身上也会体现出这种错觉。甚至在那些对涉及的领域拥有重要的第一手经验的人身上都能发

| 人们知道的 | 人们以为自己知道的 |

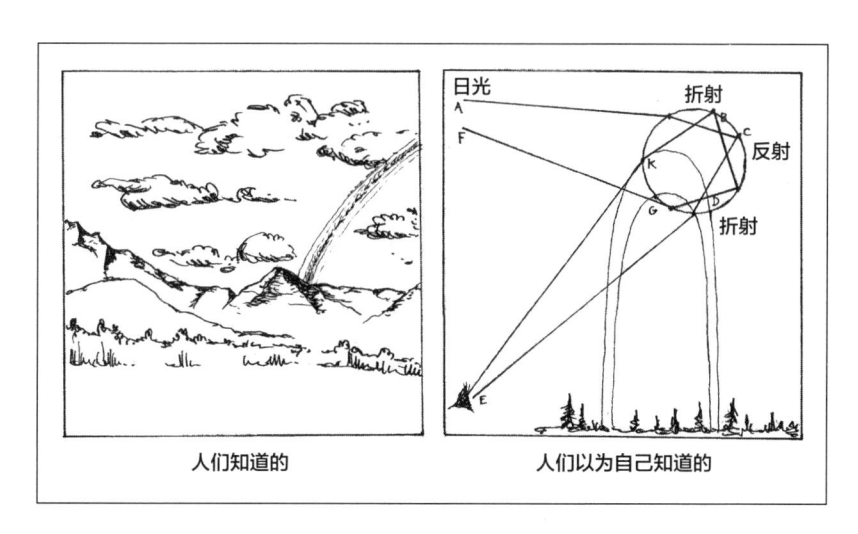

我们对诸如彩虹的自然现象成因的了解其实远比我们想象得要少很多。

现这种错觉（比如让专业自行车手讲解自行车的机械原理的时候）。作为一个拥有心理学博士学位的人，我应该有资格被称为这一领域的专家。然而，每次准备一堂心理学主题的新课程时，我都会陷入这种深度错觉。当我开始做准备的时候，我十分确定自己对这个话题有足够的了解，我拥有的知识足以填满这一个小时的课程。但是，我很快就发现，我知道的东西可能还不足以在课堂上讲五分钟。我教学生涯的第一年就是在不断应付解释的深度错觉的突袭中度过的。

研究这些错觉的研究人员确信，这种错觉并非普遍的过度自信的问题，就像我们也会对自己的驾驶能力或者投资眼光过度自信一样。它针对的是某种特定的因果系统——具有多种因果途径、多个层次的分析、不可见的机制以及不可确定的末端状态的系统。因此，错觉跟程序（比如知道如何烤巧克力饼干）和叙述（比如知道《星球大战》

的情节）不一样，它并不符合缺乏这些属性的知识形式的情况。如果你认为自己会烤巧克力饼干或者能完整复述《星球大战》的剧情，那么你就是可以。

我们关于自然现象的知识主要受到两方面因素的影响：一是我们（准确地）解释这些现象的能力有限，二是我们对这种有限能力的认识也有限。换言之，我们对自己的盲目视而不见。

从直觉理论转换到科学理论的另一个复杂因素在于，我们的直觉理论具有惊人的韧性。正如经济学家约翰·梅纳德·凯恩斯谈论理论修正过程时指出的那样："其中的困难与其说在于开发新思想，不如说在于如何逃离旧思想。"在本书中，我们已经阅读到了很多旧思想限制我们接受新看法的例子，即便我们能够清晰地将新观点表述出来，这种限制依旧存在。比如，在物理学领域，即便某个成年人清楚地知道浮力是由密度决定的，在判断某物是否会漂浮时依然会参照物体的重量（参见第二章）。即便知道完整的电路需要至少两条电线才能完成，成年人还是会在否认电力不能通过一条电线从电源流向用电器这一点时遭遇困难（参见第三章）。哪怕是清楚地知道不同质量的两个物体将以同样的速度下落的成年人，也很难承认铅球不会比木球落得更快（参见第五章）。此外，值得注意的是，那些知道地球是一个球体的人在估算各个城市之间的距离时也会把地球视作一个平面（参见第六章）。

我们在生物学领域也会表现出这种倾向。知道植物是活物的成年人在匆忙或者精神不集中的状态下还是会认定它们"没有生命"（参见第八章）。知道个人身份会随着年龄增长而变化的成年人一样会拒绝承认某些因素会在未来发生改变（参见第九章）。虽然成年人知道传染性疾病是通过细菌传播的，但他们还是会谴责超自然因素让人生病（参见第十一章）。一些成年人明知道人类是由非人类的先祖进化而来的，却同样会拒绝承认人类像所有生物一样来自某个共同的祖先——哪怕是最低级的草履虫也是这样（参见第十三章）。

这些发现表明，特定的科学知识并不能纠正我们对世界的理解，而是会使我们既有的理解变得更加复杂，一层层地添加全新的解释。这种对概念变化的思考方式相对来说比较新颖，它是在过去的十年中才出现的。在此之前，对概念变化感兴趣的研究人员倾向于假设科学理论会覆盖既有的直觉理论，这可能是因为研究人员太过专注于寻找科学新手（比如九年级学生）和科学专家（比如物理学博士）之间的区别了，而没有测试在这些专家匆忙、承受负担或者分心的情况下，之前发现的那种差异是否依然成立。研究者对这一现象的研究才刚刚开始，还有很多亟待发现的内容。比如，为什么科学理论不会抹掉直觉理论呢？发现基于直觉的推理和基于科学的推论之间的差异需要什么技能呢？利用科学战胜直觉所必要的技能又是什么呢？

想要解决最后一个问题的话，知道许多科学知识看起来并不足够，我们必须积极主动地像科学家一样思考。比如，我们知道，接受人类在生物世界的位置需要的不仅仅是知道所有物种都借由共同祖先联系在一起，还需要从进化树的分支中分辨遗传上的亲缘关系的能力。与此相似的是，我们不可能仅仅通过知道病菌存在这一点就理解传染病的生物学基础，我们必须拥有把细菌视作具有生命并可以繁殖的活物的能力。如果像科学家一样思考对于收获科学带来的好处具有关键意义，那么教育者需要的就不再是仅仅把科学观点作为一种知识的载体来讲授，而是让它作为一种推理的手段，作为解决问题的方式而不是答案。直觉理论

## 300

为我们提供的是解决日常问题的日常方法，这就是它们存在的理由。我们在匆忙或注意力不集中的情况下之所以会默认使用这些直觉理论，原因可能是我们从未学过用同样的方式去运用科学理论。

读研究生的时候，我在一门关于认知发展的心理学课程上当助教。这门课从科学认知的发展讲到道德认知的发展，道德认知是课程涉及的最后一个话题。讲授道德认知这部分内容的讲师在结束她的演讲时指出，道德认知的发展比科学认知的发展更具有社会意义。她争辩道，不论你的邻居是否具有道德上的美德，或者是否能够以道德上的尊严来对待你，都不影响你的邻居在物理学或生物学方面的认知更精准这一点。这位导师的观点是，科学推论中的错误是私人且无关紧要的，但道德推理中的错误是公开且具有明确影响的。而我却感到这个类比是错误的，它的错误之处不仅在于过度强调了道德推理的重要性，而且在于她低估了科学推理的重要性。我们对自然现象的理解对我们如何与世界互动有着广泛的影响，它决定着我们如何判断某个表面是否可以安全地行走、如何判断某个物体是否可以安全地触碰、如何举起物体和堆叠物体、如何为洪水或地震做准备、如何选择食物、如何选择服装、如何应对衰老、如何应对死亡、如何解读血液测试的结果、如何解读基因筛查的结果、如何避免疾病、如何治疗疾病以及如何对待其他动物……我只是简单举几个例子而已。

我们对自然现象的认识也在社会中有着广泛的实践：疫苗接种、巴氏消毒法、干细胞研究、克隆技术、土壤保肥、食品的基因编辑技术、微生物的基因编辑技术、抗生素、杀虫剂、低温技术、核能源、气候变化……这些与科学紧密相关的问题影响着整个社会。重要的是，不仅仅是科学家要理解它们，而且我们每个人都要理解它们，就像我们必须一起决定应该用什么政策来应对这些问题、调动什么资源来研究它们。

疫苗接种这个例子就明确体现了集体理解和集体行动的重要性。1796年，爱德华·琴纳开创了疫苗接种的先河，把它作为一种引发针对某些致命病毒——比如天花和脊髓灰质炎——的免疫力的手段。这项技术需要把死亡或者失活的病毒细胞注射进人体，以激励人体的免疫系统在被活体病毒感染之前产生特定的针对该病毒的抗体。如果有足够多的人接种了预防某种疾病的疫苗，那么这种疾病的传播就会逐渐减少，最终达到根除的程度。在麻疹疫苗引入不足四十年的20世纪90年代，麻疹在美国彻底被根除。麻疹一度感染了几乎所有美国儿童，并且每年都会夺去上百名儿童的生命，但当时它在美国境内已经不复存在。

然而，2014年，麻疹卷土重来，并在两次大爆发中感染了将近六百人。它并没有出现在那些因为过于年幼而没有接种疫苗或者因为免疫系统过弱而无法接种疫苗的人群之中，它感染的是那些故意避免接种疫苗的人——或者说那些被父母刻意规避了疫苗接种的儿童。这些家长无法理解给孩子注射包含失活病毒的神秘"化学制品"的理念，于是他们把孩子的健康平安托付给上帝或者自然。这样做导致了一场公共卫生灾难，让上百名儿童被我们在两百年前就已经征服了的疾病折磨，甚至有些孩子不幸去世。值得庆幸的是，最近的一系列麻疹爆发终于引发了行动。越来越多的联邦州通过了限制出于个人或宗教原因避免注射疫苗的法律，越来越多的社区也在开展向公众宣扬不注射疫苗的危险性的教育项目。

　　正如疫苗接种的失败表现出来的那样，科学与技术在当代的发展无法在直觉理论的基础上得到理解。对直觉理论的依赖无疑会影响我们追求更加具有生产力的经济、更加健康的社会以及更加宜居的环境。"科学人"比尔·奈尔从教育的角度提出，拒绝科学的现象不仅对我们的精神生活有所威胁，还会威胁到整个社会的福祉。"对于成年人来说，"奈尔表示，"如果你想要既否认科学，又生活在你自己的那个与我们在宇宙中观察到的一切都完全不一致的世界里，那没有问题。但是你不能让你的孩子也这样做，因为我们需要他们。为了未来，我们需要拥有科学知识的选民和纳税人，我们需要为了解决问题而制造方法的工程师。"

　　从社会学的角度来看，对科学的否认毫无疑问是有问题的；但是，从心理学的角度来看，它又是无法避免的。人类个人的认知能力与当代社会需要的认知能力之间存在着根本性的脱节现象。在过去的两千年中，人类创造出了需要更高层次的认知程序的社会，这些认知程序包括阅读、书写以及更高层级的认知结构，比如科学概念和科学理论。如今，那些曾经属于科学研究前沿的概念和理论也会被常规地传授给幼儿。一个对科学知识一无所知的人在过去的社会中可以正常地生活且融入，在当今社会却不行。在当下的社会中，日常生活离不开对科学最基础程度的熟练掌握，就像离不开烹饪、清洁、梳妆和修补方面最基本的熟练掌握一样。

　　我们的现代生活完全依赖于科学，因此，我们必须认真面对科学路上的障碍，我们必须认真对待直觉理论。不管是在教室内还是教室外，我们都必须创造能够帮助我们认识到这些直接理论的环境，并建立克服它们的指导手段。就像每一代孩童都会重新塑造自己的直觉理论一样，直觉理论将永远伴随着我们，而我们必须避免这些童年建构的理论限制我们长大成人后追逐机遇的步伐。

**图书在版编目（CIP）数据**

迷人的误解：从引力、宇宙到生命、进化，万物运转背后的神奇盲区／（美）安德鲁·斯托曼著；夏高娃译.—北京：北京联合出版公司，2020.4
　　ISBN 978-7-5596-3440-5

Ⅰ.①迷… Ⅱ.①安… ②夏… Ⅲ.①认知科学－通俗读物 Ⅳ.①B842.1-49

中国版本图书馆CIP数据核字（2019）第263040号

Scienceblind：Why Our Intuitive Theories About the World Are So Often Wrong
Copyright © 2017 by Andrew Shtulman. All rights reserved.

## 迷人的误解：从引力、宇宙到生命、进化，万物运转背后的神奇盲区

| 作　　者：（美）安德鲁·斯托曼 | 译　　者：夏高娃 |
|---|---|
| 责任编辑：楼淑敏 | 特约编辑：王周林 |
| 产品经理：魏　傩 | 版权支持：张　婧 |
| 封面设计：人马艺术设计·储平 | 内文排版：任尚洁 |

北京联合出版公司出版
(北京市西城区德外大街83号楼9层　100088)
北京联合天畅文化传播公司发行
廊坊市祥丰印刷有限公司印刷　新华书店经销
字数200千字　710毫米×1000毫米　1/16　19.5印张
2020年4月第1版　2020年4月第1次印刷
ISBN 978-7-5596-3440-5
定价：98.00元

版权所有，侵权必究
未经许可，不得以任何方式复制或抄袭本书部分或全部内容
如发现图书质量问题，可联系调换。质量投诉电话：010-57933435/64258472-800